基于ARM Cortex-M0+的CW32嵌入式开发实战

许弟建 主编

陈巧 李家庆 李芳 张常友 张亚凡 编著

U0280276

人民邮电出版社

北　京

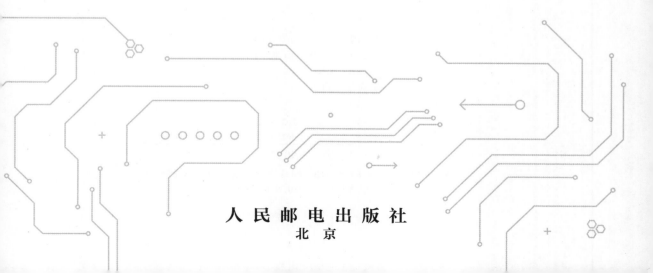

图书在版编目（CIP）数据

基于 ARM Cortex-M0+的 CW32 嵌入式开发实战 / 许弟建主编；陈巧等编著. -- 北京 : 人民邮电出版社，2025. -- ISBN 978-7-115-65709-1

Ⅰ. TP368.1

中国国家版本馆 CIP 数据核字第 2024AV7069 号

内 容 提 要

本书以基于 ARM Cortex-M0+内核的典型国产芯片——CW32 系列单片机为例，从嵌入式产品开发工程师的视角，深入讲解从基本原理、电路设计、软件开发到项目实战的全过程，帮助读者掌握基于 ARM Cortex-M0+的嵌入式系统开发的核心技能。

此外，本书还注重嵌入式系统开发的实用性、拓展性和可迁移性，旨在使读者不但可以通过本书实战案例掌握 CW32 的开发应用，还可以轻松地推及、掌握 Cortex-M 系列（包括 STM32 系列及衍生的各种国产芯片）单片机产品设计技能。

本书既适合作为电子、机电、自动化、物联网及其他相关专业的本、专科学生开展课程设计、毕业设计、电子竞赛培训等的教材，也可作为从事嵌入式系统开发的工程技术人员的参考书。

无论读者是嵌入式开发的初学者，还是有一定经验的开发者，本书都能为读者提供全面的学习资源和实用的实战指导，助力读者在嵌入式开发领域取得更大的进步和成就。

◆ 主　　编　许弟建
　　编　著　陈　巧　李家庆　李　芳　张常友　张亚凡
　　责任编辑　李永涛
　　责任印制　王　郁　马振武
◆ 人民邮电出版社出版发行　　北京市丰台区成寿寺路 11 号
　　邮编　100164　　电子邮件　315@ptpress.com.cn
　　网址　https://www.ptpress.com.cn
　　三河市兴达印务有限公司印刷
◆ 开本：787×1092　1/16
　　印张：18.75　　　　　　　　　　2025 年 2 月第 1 版
　　字数：552 千字　　　　　　　　2025 年 2 月河北第 1 次印刷

定价：99.90 元

读者服务热线：(010)81055410　印装质量热线：(010)81055316
反盗版热线：(010)81055315

序言

在数字化浪潮席卷全球的今天，单片机技术已成为智能电子产品的核心驱动力。作为控制各种设备和系统的"大脑"，单片机的应用广泛，在工业自动化、智能家居、汽车电子等诸多领域发挥着不可替代的作用。因此，对单片机技术的深入掌握，不仅对电子工程领域从业者来说非常重要，也是培养新时代创新人才的重要一环。

在这样的大背景下，一本全面系统、理论与实践相结合的单片机图书显得尤为重要。当我得知有这样一本汇聚了多位专家心血的图书即将问世时，我感到由衷的高兴和期待。这不仅是因为这本书填补了市场空白，更因为它肩负着推动国产芯片教育普及和人才培养的重要使命。

本书的编写团队堪称豪华阵容。大学教师们凭借深厚的学术功底和丰富的教学经验，为本书奠定了坚实的理论基础。他们深入浅出地阐述了单片机的基本原理、内部结构和工作机制，使得读者能够从根本上理解并掌握单片机的核心知识。同时，他们还结合最新的科研成果和技术动态，对单片机技术的发展趋势进行了前瞻性的探讨。

而来自行业的营销专家们则为本书注入了鲜活的市场气息。他们凭借敏锐的市场洞察力和丰富的行业经验，提供了大量关于单片机市场需求、竞争格局以及应用前景的宝贵信息。这些信息不仅有助于读者把握市场脉搏，也为他们未来的职业规划和创新创业提供了指引。

此外，经验丰富的应用工程师们则是本书的实战派代表。他们结合自己在项目开发中的亲身经历，分享了单片机在实际应用中的典型案例和解决方案。这些案例既具有针对性，又富有启发性，是读者将理论知识转化为实践能力的桥梁和纽带。通过学习这些案例，读者可以更加深入地理解单片机的应用场景和技术细节，从而提升自己的实战能力。

值得一提的是，本书在编写过程中得到了武汉芯源半导体有限公司的大力支持。作为国产芯片行业的领军企业，武汉芯源半导体有限公司一直致力于推动我国半导体技术的发展和普及。他们对本书的贡献不仅体现在技术资料的提供和专家建议的给予上，更重要的是他们秉持的"科教结合、产学共融"的理念与本书的编写宗旨高度契合。这种深度的合作，无疑进一步提升了本书的学术价值和实践指导意义。

在国际竞争日趋激烈的背景下，国产芯片的发展已成为国家科技自立自强的重要标志。因此，本书的出版不仅是对单片机技术的一次全面梳理和总结，更是对国产芯片教育和人才培养事业的一次有力推动。我相信，通过学习和使用本书，读者将能够更加深入地了解单片机的魅力和价值，更加坚定地投身到国产芯片的研发和推广事业中。

最后，我要对本书的编写团队表示衷心的祝贺和崇高的敬意。他们辛勤工作和无私奉献，为我们呈现了一本高质量的单片机图书。同时，我也要对所有关心和支持国产芯片事业的朋友们表示诚挚的感谢。正是有了你们的共同努力和不懈奋斗，国产芯片事业才能不断取得新的突破和成就。让我们携手并进，共同为推动我国单片机技术的繁荣和发展贡献智慧和力量！

是为序。

麦满权博士
中国信息产业商会电子元器件应用与供应链分会（ECAS）特聘专家
璞励咨询（深圳）有限公司创始人及高级合伙人
2024 年春

前言

随着科技的飞速发展，我们已经迈入了人工智能（Artificial Intelligence，AI）时代。AI 的基石——嵌入式系统，已成为我们生活中不可或缺的一部分。从智能手表到智能家居，从无人机到自动驾驶汽车，嵌入式系统正在改变我们的生活方式。而在这个变革中，基于 ARM Cortex-M0+ 内核的系列微控制器，凭借其出色的性能、高性价比、极低的功耗和广泛的生态系统，成为众多嵌入式项目的理想选择。随着国产化的推进，基于 ARM Cortex-M0+的国产芯片系列的嵌入式开发，是智能产品工程师必备的技能，也是电子信息技术、物联网、机电等相关专业的学生必须学习和掌握的技能。

全书共 12 章，各章内容简要介绍如下。

- **第 1 章**：简要介绍与 ARM Cortex-M0+内核相关的基本概念和 CW32 单片机等。
- **第 2 章**：指导读者如何快速入门，创建 CW32 工程模板，点亮一个 LED。这对有其他 Cortex-M 内核单片机开发经验的读者很友好，他们可快速学习完本章内容，然后上手 CW32 的实战开发。
- **第 3～6 章**：主要讲解 CW32F030 原理及基础、GPIO 端口、高级定时器、ADC 等。
- **第 7～8 章**：主要讲解嵌入式硬件设计工具、CW32 最小系统电路设计。先简单介绍嘉立创 EDA 的功能特点，再详细讲解 CW32 核心板的原理图及 PCB 的设计过程和要点。
- **第 9 章**：讲解 CW32_IoT_EVA 评估板的基本硬件构成及核心特性，使读者能够基于此平台快速进行嵌入式基础开发实战，完成 GPIO、定时器、OLED 显示、ADC 及串行接口等应用实验。
- **第 10 章**：重点讲解基于 CW32L083 的超低功耗开发实战。
- **第 11 章**：详细讲解 CW32 多功能测试笔产品的硬件、软件开发的完整流程，为读者展示一系列产品级的设计思维。
- **第 12 章**：以 2023 年全国大学生电子设计竞赛 E 题为实例，深入介绍基于 CW32 的运动目标控制系统与自动追踪系统的基本原理、设计思路和实现方法。

本书由大学教师团队、原厂团队及应用方案公司团队合作编写，各团队成员互相取长补短，有效地消除了学术界与工业界之间的隔阂，可为读者提供兼具理论深度和实践应用的全面指导。大学教师团队有来自重庆科技大学电气工程学院的许弟建、李家庆、彭宇兴、青美伊等教师，还有来自江西工程学院的张常友等教师。原厂团队有来自武汉芯源半导体有限公司的陈巧、张亚凡，以及来自嘉立创 EDA 原厂的莫志宏、赖鹏威等高级工程师。应用方案公司团队有来自重庆优易特智能科技有限公司的李芳、李本飞，以及来自 CW32 生态社区的热心工程师何元弘、宋晓泽等工程师。重庆科技大学的刘显荣、柏俊杰、胡文金、吴云君等教师在本书成书过程中，帮助审核内容，并提供了很多宝贵的建议。重庆科技大学电气工程学院的陈杭、苟洪嘉、石登云 3 位电子竞赛参赛同学贡献了第 12 章原始内容，唐云杰同学参与了全书的整理。

这种合作模式确保了本书内容的准确性和实用性。大学教师团队提供了扎实的理论基础，保证了知识的系统性，为本书注入了深厚的学术底蕴；原厂团队则从产业实际出发，分享了宝贵的行业经验和技术细节，使本书内容更加贴近实际应用；应用方案公司团队则以其丰富的项目经验和创新思维，为本书增添了实际问题的实用解决方案。这种合作方式，打破了市场上很多嵌入式图书主要讲理论，不讲项目实践，或者主要讲软件，不详细讲原理图设计、PCB 设计等的习惯。

本书"软硬兼施"，由产品的全设计理念驱动，十分契合社会对高级嵌入式工程师的职业要求。同时，本书围绕的核心——CW32 芯片及嘉立创 EDA 工具均为国产高科技产品，在大力推动国产替代设计的今天，值得读者学习与应用。

无论是在校的师生，还是从事嵌入式系统开发的专业人士，或者只是对嵌入式系统和智能化技术感兴趣的爱好者，通过对本书的学习，都将获得宝贵的实践经验和启示，为今后的学习、竞赛或实际项目开发打下坚实的基础。

再一次感谢所有对本书编写和审阅提供过帮助的专家、同事和朋友们，感谢他们对本书的付出和支持。希望本书能为读者的嵌入式开发之旅提供指引和帮助，让我们一起探索嵌入式世界的无限可能，共创美好未来！

由于编者水平有限，书中难免存在不足之处，恳请同行专家和读者不吝指正（邮箱：583508038@qq.com）。

编者

2024 年 3 月

目录

第1章

CW32 单片机概述

单片机（Single-Chip Microcomputer），也被称为微控制器（Micro-Controller Unit，MCU）。

单片机采用超大规模集成电路（Integrated Circuit，IC）技术，把具有数据处理能力的中央处理器（Central Processing Unit，CPU）、随机存储器（Random Access Memory，RAM）、只读存储器（Read-Only Memory，ROM）、多种输入输出（Input/Output，I/O）接口和中断系统、定时器/计数器等（可能还包括显示驱动电路、脉冲宽度调制电路、模拟多路转换器、模数转换器等）功能集成到一块硅片上，构成一个微型的计算机系统。其中，ROM 现在多用 FLASH 存储器（即闪存）替代。

这种设计使单片机具有体积小、功耗低、功能强、可靠性高等特点，因此单片机被广泛应用于各种电子设备中，涉及手机、智能家居、工业控制、汽车电子等领域。

单片机的应用非常广泛，它已经成为现代电子设备中不可或缺的一部分。同时，随着技术的不断发展，单片机的性能在不断提高，功能在不断扩展，将为人们的生活和工作带来更多的便利和乐趣。

1.1 单片机及 Cortex-M0+内核概述

从 1971 年英特尔（Intel）公司的 4004 面世开始，单片机技术发展迅速。短短 50 余年的时间，从 4004 的 4 位，经历 8 位、16 位，迅速发展到现在主流的 32 位；内核也从 8080 发展到 MCS-51、MIPS、Cortex-M 等。

Cortex-M 系列是目前流行的 MCU 内核之一，它是 ARM 公司推出的针对微控制器的内核，具有高性能、低功耗、易于编程等特点。它包括 Cortex-M0、Cortex-M0+、Cortex-M3、Cortex-M4 等子系列。

Cortex-M0+是 Cortex-M 系列中广受欢迎并得到广泛应用的子系列，具有更低的功耗和更高的性能，适用于各种嵌入式应用。

本书主要介绍的对象——CW32 单片机，就是由武汉芯源半导体有限公司基于 Cortex-M0+内核进行自主研发而成的。

1.1.1 单片机发展史简述

单片机中的"位"是衡量单片机及其内核技术性能的一个重要指标。"位"是指"字长"，即单片机内 CPU 每次处理的二进制数的位数，有 4 位、8 位、16 位、32 位及 64 位等。

位数越多，数据有效数越多，精确度越高，运算误差越小。在运算速度一样的情况下，位数越多，处理速度越快。

下面将以"位"为脉络，梳理单片机的发展史，从时间维度简述单片机技术的飞速发展进程。

一、单片机起源与早期发展（4 位单片机时代）

1971 年，英特尔公司的特德·霍夫在与日本商业通信公司合作研制台式计算机时，将原始方案的十几个芯片压缩成了 3 个集成电路芯片，其中的两个芯片分别用于存储程序和数据，另一个芯片集成了运算器和控制器及一些寄存器，这就是 4 位微处理器 Intel 4004，它的出现标志着第一代微处理器问世。

二、8 位单片机时代

1972 年，霍夫等人研制出首个 8 位微处理器 Intel 8008。由于 Intel 8008 采用的是 P 沟道金属氧化物半导体（Metal-Oxide-Semiconductor，MOS）微处理器，因此它仍属于第一代微处理器。

1973 年，霍夫等人研制出 8 位微处理器 Intel 8080，以 N 沟道 MOS 电路取代了 P 沟道 MOS 电路，第二代微处理器就此诞生。Intel 8080 芯片主频为 2MHz，运算速度比 Intel 8008 快 10 倍，可存取 64KB 存储器，使用了基于 6μm 技术的 6000 个晶体管，处理速度为 0.64MIPS。

1975 年，德州仪器公司首次推出 4 位单片机 TMS-1000，标志着单片机正式诞生。随后，各家半导体设计公司竞相推出自己的 4 位单片机，如美国国家半导体公司的 COP4XX 系列、日本电气公司的 PD75XX 系列、日本东芝公司的 TMP47XXX 系列等。

1976 年，英特尔公司研制出了 MCS-48 系列 8 位单片机，这是现代单片机的雏形，通常称其为第一代单片机。它首次将处理器与内存集成到一块芯片中，该系列芯片迅速成为行业标准，1984 年，英特尔公司将其作为产品代表在美国国家历史博物馆中进行展览。

20 世纪 70 年代后期，许多半导体公司看到单片机的巨大市场前景，不断加入该领域的研发。1978 年，摩托罗拉公司推出 M6800 系列单片机，齐洛格公司推出 Z80 系列单片机；1979 年，日本电气公司推出 μPD78XX 系列。

1980 年，MCS-51 系列 8 位单片机问世，这是由英特尔公司在 MCS-48 系列单片机的基础上研发成功的。MCS-51 系列是完全按照嵌入式应用而设计的单片机，与 MCS-48 系列相比性能有明显提升，在片内增加了串行 I/O 接口、16 位定时器/计数器，片内 ROM 和 RAM 的存储容量都相应增大，寻址范围可达 64KB，片内 ROM 容量为 4～8KB，并且有多级中断处理功能。

MCS-51 系列是伟大的、划时代的产品。该系列单片机因其性能可靠、简单实用、性价比高而深受欢迎，代表产品有 8031、8051、80C51 系列等。

20 世纪 80 年代中后期，英特尔公司集中精力在 CPU 的研发上，逐渐放弃了单片机的生产，故以专利或技术交换的形式把 80C51 内核技术转让给其他集成电路厂商，如飞利浦、日本电气、Atmel、亚德诺、华邦等。这些公司在保持与 80C51 单片机兼容的基础上，进行了一些功能扩充。这样，80C51 就变成受众多厂商支持、有上百个品种的大家族。一般习惯把兼容机等衍生产品统称为 80C51 系列，这是单片机应用的主流产品，功能和市场竞争力强，直到现在仍在广泛使用。

从此，单片机开始迅速发展，应用领域不断扩大，成为微型计算机的重要分支。

三、16 位单片机崛起

1983 年，英特尔公司推出了高性能的 16 位 MCS-96 系列单片机，采用当时最新的制造工艺，芯片集成度高达 12 万只晶体管/片。它同样具有划时代意义。它的各项性能都有所提高，然而因其性价比不理想而未得到广泛的应用，只能算中间产品。

与 8 位单片机相比，16 位单片机具有更大的数据宽度、更高的主频、更高的集成度、更多的 RAM 和 ROM，以及更多的中断源和模数转换通道。这些特点使得 16 位单片机能够更好地满足更复杂的控制系统的需求。

随着技术的发展，世界各大半导体公司相继开发了功能更为强大的 16 位单片机，进一步推动了 16 位单片机的普及和应用。例如，Microchip 公司发布的 PIC 系列单片机以其精简指令集和低功耗等特点吸引了大量用户，进一步推动了 16 位单片机的市场应用。

四、32 位单片机时代的到来

1990 年，英特尔公司推出了 80960 超级 32 位计算机，引起了计算机界的轰动，成为单片机发展史上的又一重要里程碑。在同时期，摩托罗拉以及早被收购的齐洛格公司也研发出了颇具影响力的单片机。

五、单片机内核百花齐放的时代

随着集成电路技术的发展，单片机在集成度、功能、速度、可靠性、应用领域等各个方面向更高的水平发展。MCU 内核除了前文介绍过的 80C51 外，还出现了 AVR、MIPS、自研内核等，以及对当下影响重大的 ARM Cortex-M 内核、RISC-V 内核。

1997 年，Atmel 公司研发出增强型内置 FLASH 存储器的高速 8 位单片机，简称 AVR。AVR 具有创新的系统架构、更高的集成度，同时采用 Atmel 自有的 FLASH 存储器工艺，在性能和功耗上相较于之前的冯·诺依曼架构产品均有较好表现。该类型单片机电路简单、故障率低、可靠性高、成本低。

与此同时，各家厂商积极开发自有架构及内核，成立于 2003 年的瑞萨电子公司采用自有的瑞萨内核，此外还有飞思卡尔公司的 HC05/HC08 系列、摩托罗拉公司的 MC68HC 系列、德州仪器公司的 MSP430 系列等。

2002 年，MIPS 公司推出了 M4K 内核，这是一款专为 MCU 和小尺寸嵌入式控制器设计的高性能综合性处理器内核。Microchip 公司的 32 位 PIC 系列 MCU 产品部分使用了 M4K 内核。

2004 年开始，ARM 公司推出一系列 32 位 Cortex-M 内核，意法半导体公司率先成功使用，32 位单片机迅速取代了 16 位单片机，占据主流市场地位。

2010 年，开源指令集 RISC-V 项目始于加州大学伯克利分校。

六、ARM 内核单片机的出现，造就 32 位单片机的崛起

随着 ARM 公司推出的 ARM 内核单片机在市场上取得的巨大成功，32 位单片机迅速取代了 16 位单片机。ARM 内核单片机具有高性能、低功耗、低成本等特点，因此在许多领域得到了广泛应用。在智能家居、智能汽车等领域，ARM 内核单片机成为控制核心。

由于 ARM 内核单片机是从 ARM 内核发展出来的一个分支，所以，下面先介绍 ARM 内核的发展史，再介绍 ARM 内核单片机的发展史。

（1）ARM 内核的发展史。

ARM 是 Advanced RISC Machines 的缩写。ARM 架构是一个 32 位精简指令集（Reduced Instruction Set Computer，RISC）处理器架构，其广泛地应用于嵌入式系统设计。

1985 年，ARMv1 架构诞生，该版架构只在原型机 ARM1 上出现过，且只有 26 位的寻址空间（即 64MB），没有用于商业产品。1986 年，ARMv2 架构诞生，开始商用；此后，ARM 公司一直推陈出新，ARMv3、ARMv4、ARMv5、ARMv6 相继诞生。

2004 年，ARMv7 架构诞生，从这时开始，ARM 以 Cortex 来重新命名处理器，Cortex-M3/4/7、Cortex-R4/5/6/7、Cortex-A8/9/5/7/15/17 都基于该架构。

2007 年，在 ARMv6 基础上衍生出了 ARMv6-M 架构，该架构专门为低成本、高性能设备而设计，向由 8 位设备占主导地位的市场提供 32 位功能强大的解决方案。Cortex-M0/1/0+即采用该架构。

2011 年，ARMv8 架构诞生，Cortex-A32/35/53/57/72/73 采用的是该架构，这是 ARM 公司首款支持 64 位指令集的处理器架构。

2015 年，在 ARMv6-M 基础上衍生出了 ARMv8-M baseline，在 ARMv7-M 基础上衍生出了 ARMv8-M mainline，Cortex-M23 采用的是 ARMv8-M baseline 架构，Cortex-M33 采用的是 ARMv8-M mainline 架构。这两款处理器加入了 TrustZone 支持，面向物联网（Internet of Things，IoT）市场。

（2）ARM 内核单片机的发展史。

2004 年，ARM 公司推出了 Cortex-M3 内核。但是飞利浦等半导体厂商认为 ARM7 处理器卖得很好，所以并没有多少动力基于 Cortex-M3 内核开发新产品。而 ARM 公司眼看开发出的 Cortex-M 系列内核无人问津，干脆自己投资成立了 Luminary Micro（流明诺瑞）。

2006 年 3 月，流明诺瑞率先推出了第一款基于 ARM Cortex-M3 处理器的 Stellaris LM3S 系列 MCU。但是因为采用的是新内核，熟悉 Cortex-M3 的工程师比较少，所以当时反响寥寥。

随着时间的推移，其他半导体厂商也加入了开发 Cortex-M3 处理器的行列。

2007 年 6 月，意法半导体公司同样推出基于该内核的 STM32 F1 系列 MCU，才使该内核大放光芒。

2009 年 3 月，恩智浦半导体公司率先推出了第一款基于 ARM Cortex-M0 处理器的 LPC1100 系列 MCU。

2021 年开始，武汉芯源半导体有限公司在总结前人积累的经验的基础上，推出了一系列基于 ARM Cortex-M0+内核的 CW32 单片机。CW32 芯片具有后发者优势，生态完善友好，具有高性能、低功耗、高可靠性、低成本等显著优点，迅速在市场上得到推广，在工业控制、电机控制、电力控制等领域应用广泛。

1.1.2　Cortex-M0+内核介绍

ARM Cortex-M0+是 2012 年 3 月 14 日 ARM 公司发布的一款低功耗、高能效的 ARM 处理器，可用于存在设计约束的嵌入式应用。它具有极小的硅面积和极少的代码量，处理器的低门数使其能够部署在需要简单功能的应用中。

作为 ARM Cortex-M 处理器系列的最新成员，32 位 Cortex-M0+处理器采用了低成本 90nm 低功耗（Low Power，LP）工艺，功耗仅 9μA/MHz，约为主流 8 位或 16 位处理器的 1/3，却能提供更高的性能。这种低功耗和高性能的结合为仍在使用 8 位或 16 位架构的用户提供了一个转型开发 32 位器件的理想机会，从而可在不牺牲功耗和面积的情况下，提高日常设备的智能化程度。该款经过优化的 Cortex-M0+处理器可针对家用电器、医疗监控、电子测量、照明设备以及汽车控制器件等各种广泛应用的智能传感器与智能控制系统，提供超低功耗、低成本微控制器。

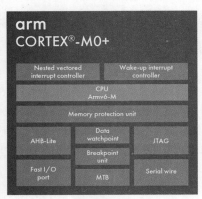

图 1-1

Cortex-M0+集成了存储器保护单元（Memory Protection Unit，MPU）、单周期 I/O 接口和微跟踪缓存（Micro Trace Buffer，MTB）。ARM Cortex-M0+框图如图 1-1 所示。

ARM Cortex-M0+内核具有以下关键特征。

- 采用 ARMv6-M 架构。
- AHB-Lite 总线接口，冯·诺依曼总线架构，带可选单周期 I/O 接口。
- Thumb/Thumb-2 子集指令支持。
- 两段流水线。
- 可选 8 区域 MPU，带子区域和背景区域。
- 不可屏蔽中断和 1～32 个物理中断。
- 唤醒中断控制器。
- 硬件单周期（32×32）乘法。
- 多种休眠模式，带集成式等待中断（Wait for Interrupt，WFI）、等待事件（Wait for Event，WFE）以及退出时休眠功能、休眠和深度休眠功能。
- 根据实现方式提供多种保留模式。
- 联合测试工作组（Joint Test Action Group，JTAG）和串行线调试（Serial Wire Debug，SWD）接口，具有多达 4 个断点和两个观察点。
- 可选 MTB。

ARM Cortex-M0+ MCU 的关键优势如下。

- 小尺寸内核使其能够用作小设备中的单核心，或在需要特定硬件隔离或任务划分时，用作额外的嵌入式配套内核。
- Cortex-M0+内核不会影响基于 I/O、模拟和非易失性存储器的典型 MCU 的各元件之间的取舍。因此在划分 MCU 产品组合时，总线位宽（8 位、16 位或 32 位）不再相关。
- M0+微控制器在入门级应用中得到广泛使用，并带来了巨大优势。它们能满足计算性能要求，其基本架构允许 M0+ MCU 在开关门数量较少的应用中达到超低功耗性能。Cortex-M0 内核可减少噪声发射，并满足使用最佳时钟速度的性能要求。
- 内核的动态功率为 5～50μW/MHz，这取决于所采用的技术。但是，内核功耗并不能代表设备的整体功耗，并且不是要考虑的唯一因素。
- Thumb 指令集是 Cortex-M 系列所采用指令集的子集。它可以重复使用任何经验证的

Cortex-M 产品软件块，从而可以简化产品组合，提高可扩展性。

● MPU 管理 CPU 对存储器的访问，确保任务不会意外破坏其他激活任务所使用的存储器或资源。MPU 通常由实时操作系统（Real-Time Operating System，RTOS）控制。若程序访问的存储器位置被 MPU 禁止，则 RTOS 可检测到它并采取行动。内核可基于执行的进程，动态更新 MPU 区的设置。

1.1.3　Cortex-M0+到底"+"了什么

Cortex-M0+相比于 Cortex-M0，其核心优势在于"+"所代表的多个方面。下面将从性能、功耗、功能、可扩展性、可靠性、应用场景和生态系统等方面详细介绍 Cortex-M0+的"+"到底代表些什么。

（1）更高的性能。

Cortex-M0+相对于传统的 Cortex-M 系列微控制器，具有更高的性能。它采用了先进的指令集架构和优化设计，在相同的工作频率下能够处理更多的任务，提高系统的运行效率。此外，Cortex-M0+还支持一些新的硬件加速器，可进一步提升性能。

（2）更低的功耗。

Cortex-M0+在降低功耗方面也表现出色。它采用了多种低功耗技术，如动态电压和频率调整、空闲模式等，使得微控制器在运行时能够降低功耗，延长电池寿命。同时，Cortex-M0+还支持多种低功耗模式，可以根据应用需求进行灵活配置。

（3）更多的功能。

Cortex-M0+在功能方面也进行了增强。它支持更多的外设接口，如通用异步接收发送设备（Universal Asynchronous Receiver/Transmitter，UART）、串行外设接口（Serial Peripheral Interface，SPI）、内部集成电路总线接口（Inter-Integrated Circuit，I^2C）等，使得开发者能够更容易地实现与外部设备的通信。

（4）更强的可扩展性。

Cortex-M0+具有更强的可扩展性。它支持多种不同的处理器核心和外设接口，可以根据应用需求进行灵活配置。此外，Cortex-M0+还支持多种不同的操作系统和开发工具，使得开发者能够更容易地进行开发和调试。

（5）更优秀的可靠性。

Cortex-M0+在可靠性方面也表现出色。它采用了多种错误检测和纠正技术，如奇偶校验、循环冗余校验（Cyclic Redundancy Check，CRC）等，提高了系统的可靠性。此外，Cortex-M0+还支持多种安全协议和加密算法，保护了系统的数据安全。

（6）更广泛的应用场景。

Cortex-M0+适用于各种应用场景。它可以应用于智能家居、工业控制、医疗设备、消费电子等领域。其高性能、低功耗和功能丰富等特点，使得 Cortex-M0+成为这些领域的理想选择。

（7）更丰富的生态系统。

Cortex-M0+拥有丰富的生态系统。ARM 公司提供了完整的开发工具链和参考设计，使得开发者能够更容易地进行开发和调试。此外，大量的第三方厂商也提供了各种外设接口和开发套件，进一步丰富了 Cortex-M0+的生态系统。

综上所述，Cortex-M0+在性能、功耗、功能、可扩展性、可靠性、应用场景和生态系统等方面都表现出色。它的"+"代表了多个方面的提升和创新，使得 Cortex-M0+成为微控制器领域的优秀选择之一。

1.2　CW32 单片机介绍

2021 年开始，武汉芯源半导体有限公司陆续推出了基于 Cortex-M0+内核的 32 位微控制器——

CW32 系列 MCU。它具有后发优势，在多项指标上大幅领先于其他品牌同类产品，可以满足通用、低成本、超低功耗以及高性能等不同应用领域的 MCU 需求。

CW32 单片机具有安全稳定、超强抗干扰、超低功耗、开发者友好等显著的特点。

1.2.1　武汉芯源半导体有限公司简介

武汉芯源半导体有限公司，于 2018 年 8 月 28 日成立，是上市公司武汉力源信息技术股份有限公司的全资子公司，专注于芯片的设计、研发、销售及技术服务。

武汉芯源半导体有限公司可为电子行业用户提供 MCU、小容量存储芯片、功率器件 SJ-MOSFET 等系列产品，具有产品质量保证、技术性能可靠、供货能力稳定三大竞争优势。

目前，该公司推出的产品广泛应用于消费电子、智能家居、物联网、工业控制、医疗电子以及汽车电子行业。未来还将继续推出更多高性能、更有性价比的芯片，以满足更多的市场需求。

武汉芯源半导体有限公司具有以下优势。

- 拥有先进的集成电路设计平台和规范的产品开发流程。
- 专注于半导体器件的技术创新，设计开发具有自主知识产权的各类半导体器件，拥有多项发明专利和核心技术。
- 与华虹宏力半导体制造有限公司进行战略合作，产能稳定，质量可靠，可以满足市场各种需求。
- 核心骨干有近 20 年混合信号集成电路设计经验。

武汉芯源半导体有限公司将持续进行技术革新，确保稳定可靠的供应链能力，致力于成为国产芯片产业的领航者。

1.2.2　CW32 全系列产品概览

武汉芯源半导体有限公司自 2021 年推出首款 M0+内核的 CW32F030C8T6 后，持续进行技术革新及产品迭代，截至 2023 年 12 月，已经推出 5 条产品线、近 30 个料号的芯片产品。

CW32 系列单片机已推出的产品线如下。

- 通用高性能 CW32F030/002/003 系列。
- 安全低功耗 CW32L083/031/052 系列。
- 无线射频 CW32W031/CW32R031 系列。
- 车规级 CW32A030 系列。

未来还会推出极具性价比的 M0+内核系列、更高性能的 M4 系列等芯片。

CW32 全系列 MCU 的命名规范如图 1-2 所示。

CW32	F	030	C	8	T	7
家族	产品系列	子系列	引脚数	FLASH/RAM(KB)	封装	温度范围(℃)
CW32 = ARM-based 32 位 MCU	F = 通用系列 L = 低功耗系列 A = 车规系列 R/W = 射频系列	030：通用主流型 64MHz 主频 003：通用超值型 48MHz 主频 083：低功耗全能型 64MHz 主频 031：低功耗超值型 48MHz 主频 052：低功耗超值型 48MHz 主频	F = 20 E = 24 K = 32 C = 48 R = 64 M = 80 V = 100	4：20 6：32 8：64 B：128 C：256	P：TSSOP T：LQFP U/V：QFN	6 = − 40～85 7 = − 40～105

图 1-2

CW32 系列产品型号分布如图 1-3 所示。

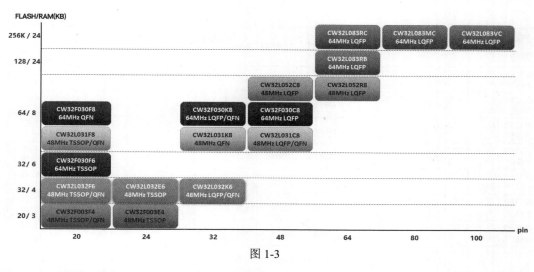

图 1-3

CW32 系列微控制器选型如表 1-1 所示。

表 1-1　CW32 系列微控制器选型

产品型号	描述	封装	内核	主频	FLASH	RAM	定时器	12 位 ADC	GPIO	I²C	SPI	UART	工作电压	工作温度
CW32R0 31C8U6	无线射频 MCU 产品, GFSK	QFN48	ARM Cortex-M0+	48MHz	64KB	8KB	6	1（9 外 3 内）	31	1	1	3	2.2 ～ 3.6V	−40 ～ 85℃
CW32W 031R8U6	无线射频 MCU 产品, ChirpIoT	QFN64	ARM Cortex-M0+	48MHz	64KB	8KB	6	1（13 外 3 内）	33	1	1	3	1.8 ～ 3.6V	−40 ～ 85℃
CW32L0 52C8T6	超低功耗 MCU 产品	LQFP48	ARM Cortex-M0+	48MHz	64KB	8KB	8	1（13 外 3 内）	39	2	2	3	1.65 ～ 5.5V	−40 ～ 85℃
CW32L0 52R8S6	超低功耗 MCU 产品	LQFP64（7×7mm）	ARM Cortex-M0+	48MHz	64KB	8KB	8	1（13 外 3 内）	55	2	2	3	1.65 ～ 5.5V	−40 ～ 85℃
CW32L0 52R8T6	超低功耗 MCU 产品	LQFP64（10×10mm）	ARM Cortex-M0+	48MHz	64KB	8KB	8	1（13 外 3 内）	55	2	2	3	1.65 ～ 5.5V	−40 ～ 85℃
CW32L0 31F8P6	超低功耗 MCU 产品	TSSOP20	ARM Cortex-M0+	48MHz	64KB	8KB	6	1（9 外 3 内）	14	1	1	3	1.65 ～ 5.5V	−40 ～ 85℃
CW32L0 31F8U6	超低功耗 MCU 产品	QFN20	ARM Cortex-M0+	48MHz	64KB	8KB	6	1（7 外 3 内）	14	1	1	3	1.65 ～ 5.5V	−40 ～ 85℃
CW32L0 31K8U6	超低功耗 MCU 产品	QFN32（5×5mm）	ARM Cortex-M0+	48MHz	64KB	8KB	6	1（10 外 3 内）	25	1	1	3	1.65 ～ 5.5V	−40 ～ 85℃
CW32L0 31C8U6	超低功耗 MCU 产品	QFN48	ARM Cortex-M0+	48MHz	64KB	8KB	6	1（13 外 3 内）	39	1	1	3	1.65 ～ 5.5V	−40 ～ 85℃
CW32L0 31C8T6	超低功耗 MCU 产品	LQFP48	ARM Cortex-M0+	48MHz	64KB	8KB	6	1（13 外 3 内）	39	1	1	3	1.65 ～ 5.5V	−40 ～ 85℃
CW32L0 83RBT6	超低功耗 MCU 产品	LQFP64（10×10mm）	ARM Cortex-M0+	64MHz	128KB	24KB	9	1（13 外 3 内）	55	2	2	6	1.65 ～ 5.5V	−40 ～ 85℃
CW32L0 83RCS6	超低功耗 MCU 产品	LQFP64（7×7mm）	ARM Cortex-M0+	64MHz	256KB	24KB	9	1（13 外 3 内）	55	2	2	6	1.65 ～ 5.5V	−40 ～ 85℃
CW32L0 83RCT6	超低功耗 MCU 产品	LQFP64（10×10mm）	ARM Cortex-M0+	64MHz	256KB	24KB	9	1（13 外 3 内）	55	2	2	6	1.65 ～ 5.5V	−40 ～ 85℃
CW32L0 83VCT6	超低功耗 MCU 产品	LQFP100	ARM Cortex-M0+	64MHz	256KB	24KB	9	1（13 外 3 内）	87	2	2	6	1.65 ～ 5.5V	−40 ～ 85℃
CW32L0 83MCT6	超低功耗 MCU 产品	LQFP80	ARM Cortex-M0+	64MHz	256KB	24KB	9	1（13 外 3 内）	71	2	2	6	1.65 ～ 5.5V	−40 ～ 85℃
CW32F0 30C8T7	通用 MCU 产品	LQFP48	ARM Cortex-M0+	64MHz	64KB	8KB	8	1（13 外 3 内）	39	2	2	3	1.65 ～ 5.5V	−40 ～ 105℃
CW32F0 30K8T7	通用 MCU 产品	LQFP32	ARM Cortex-M0+	64MHz	64KB	8KB	8	1（10 外 3 内）	25	2	2	3	1.65 ～ 5.5V	−40 ～ 105℃
CW32F0 30K8U7	通用 MCU 产品	QFN32	ARM Cortex-M0+	64MHz	64KB	8KB	8	1（10 外 3 内）	27	2	2	3	1.65 ～ 5.5V	−40 ～ 105℃
CW32F0 30F6P7	通用 MCU 产品	TSSOP20	ARM Cortex-M0+	64MHz	32KB	6KB	8	1（9 外 3 内）	15	2	2	3	1.65 ～ 5.5V	−40 ～ 105℃

续表

产品型号	描述	封装	内核	主频	FLASH	RAM	定时器	12 位 ADC	GPIO	I²C	SPI	UART	工作电压	工作温度
CW32F0 30F8V7	通用 MCU 产品	QFN20	ARM Cortex-M0+	64MHz	64KB	8KB	8	1（9 外 3 内）	15	2	2	3	1.65～ 5.5V	−40～ 105℃
CW32F0 03E4P7	通用 MCU 产品	TSSOP24	ARM Cortex-M0+	48MHz	20KB	3KB	5	1（13 外 3 内）	21	1	1	2	1.65～ 5.5V	−40～ 105℃
CW32F0 03F4P7	通用 MCU 产品	TSSOP20	ARM Cortex-M0+	48MHz	20KB	3KB	5	1（13 外 3 内）	17	1	1	2	1.65～ 5.5V	−40～ 105℃
CW32F0 03F4U7	通用 MCU 产品	QFN20	ARM Cortex-M0+	48MHz	20KB	3KB	5	1（13 外 3 内）	17	1	1	2	1.65～ 5.5V	−40～ 105℃
CW32F0 20C6U7	超值 MCU 产品	QFN48	ARM Cortex-M0+	48MHz	32KB	8KB	7	1（13 外 3 内）	39	2	2	3	1.65～ 5.5V	−40～ 105℃
CW32F0 20K6U7	超值 MCU 产品	QFN32	ARM Cortex-M0+	48MHz	32KB	8KB	7	1（11 外 3 内）	27	2	2	3	1.65～ 5.5V	−40℃ −105℃
CW32F0 20F6U7	超值 MCU 产品	QFN20	ARM Cortex-M0+	48MHz	32KB	8KB	7	1（9 外 3 内）	15	2	2	3	1.65～ 5.5V	−40～ 105℃
CW32F0 02F3P7	超值 MCU 产品	TSSOP20	ARM Cortex-M0+	48MHz	16KB	2KB	4	1（13 外 1 内）	17	1	1	2	1.65～ 5.5V	−40～ 105℃
CW32F0 02F3U7	超值 MCU 产品	QFN20	ARM Cortex-M0+	48MHz	16KB	2KB	4	1（13 外 1 内）	17	1	1	2	1.65～ 5.5V	−40～ 105℃
CW32A0 30C8T7	车规 MCU 产品	LQFP48	ARM Cortex-M0+	64MHz	64KB	8KB	8	1（13 外 3 内）	39	2	2	3	1.65～ 5.5V	−40～ 105℃

1.2.3　通用高性能 CW32F 系列简介

通用高性能 CW32F 系列产品主要包括 CW32F030/003/020/002 等 4 个系列，均是基于 ARM Cortex-M0+内核的 32 位工业级微处理器。

本系列产品已全面实现−40～105℃超宽温度范围和 1.65～5.5V 超宽工作电压范围，面向广泛的各种基础应用。

一、CW32F 系列主要功能

通用高性能 CW32F 系列 MCU 具有以下功能及优势。

- 超宽工作电压：1.65～5.5V。超宽工作温度：−40～105℃。
- 采用 Prefetch+Cache 架构，同频算力功耗比（CoreMark/mA）超越同类产品。
- 12 位模数转换器（Analog to Digital Converter，ADC），可达到±1.0LSB INL（非线性积分）、11.3ENOB（有效位数）。
- 采用稳定可靠的 eFLASH（嵌入式闪存）工艺，支持工业级高可靠应用。
- HBM ESD 8kV，全部 ESD 可靠性达到国际标准最高等级。其中，HBM 指人体放电模型（Human Body Model）；ESD 指静电释放（Electro-Static Discharge）。

图 1-4 所示为 CW32F003 系列产品的主要功能，图 1-5 所示为 CW32F030 系列产品的主要功能。

外设		CW32F003F4	CW32F003E4
FLASH		20KB	20KB
SRAM		3KB	3KB
定时器	高级定时器	1	1
	通用定时器	1	1
	基本定时器	3	3
SPI		1	1
I²C		1	1
UART		2	2
12 位 ADC（输入通道数）		1（13 外 3 内）	1（13 外 3 内）
GPIO		17	21
内核主频		48MHz	
工作电压		1.65～5.5V	
工作温度		−40～105℃	
封装		TSSOP20、QFN20	TSSOP24

图 1-4

外设		CW32F030F6	CW32F030K8	CW32F030C8	CW32F030F8
FLASH		32KB	64KB	64KB	64KB
SRAM		6KB	8KB	8KB	8KB
定时器	高级定时器	1			
	通用定时器	4			
	基本定时器	3			
SPI		2			
I²C		2			
UART		3			
12 位 ADC （输入通道数）		1 （9 外 3 内）	1 （10 外 3 内）	1 （13 外 3 内）	1 （9 外 3 内）
GPIO		15	25	39	15
内核主频		64MHz			
工作电压		1.65～5.5V			
工作温度		−40°～105℃			
封装		TSSOP20	LQFP32、QFN32	LQFP48	QFN20

图 1-5

二、CW32F 系列主要封装形式

CW32F030 系列产品可提供 LQFP48、LQFP32、TSSOP20、QFN32 和 QFN20 等多种封装形式，如图 1-6 所示。

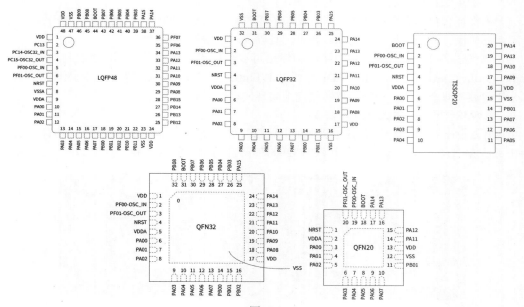

图 1-6

与此同时，同内核低成本版本的 CW32F003 系列也推出了 TSSOP24、TSSOP20 和 QFN20 等多种封装形式，如图 1-7 所示。

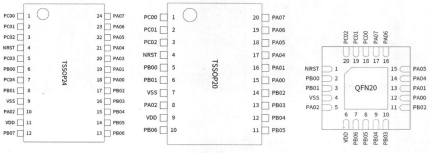

图 1-7

三、CW32F 系列性能优势

CW32F 系列芯片借助后发优势，充分结合市面上各品牌同类产品的实际应用需求，做了多项重要改良，在对通用需求保持广泛支持的同时，深入解决了多项技术痛点问题，使得新产品更易于替换，并提升了如下多项关键性能指标。

（1）得益于专门设计的内置 Capless LDO，本款产品在满足 1.65～5.5V 的超宽工作电压范围的同时，无须单独外接供内部 LDO（Low Dropout Regulator，低压差线性稳压器）使用的电容器。

（2）集成了指令 Prefetch 和 Cache，在内核频率 64MHz 的状态下相较竞品 MCU 性能总得分提升 30%以上。

（3）使用成熟的 ULL（Ultra-Low Leakage，超低漏电）工艺，以及创新的设计方法，使得算力功耗比（CoreMark/mA）达到 19.18，性能较市场通用产品大幅提升。

（4）使用创新的补偿电路，实现多项内部时钟振荡器全温度、全电压范围精度误差不超±2.0%。

（5）通过创新的软硬件过采样算法，实现较高的 ADC 测量精度，相较竞品增加约 1 位有效值。

（6）增强芯片内部端口设计，实现 ESD 性能和 LatchUp 等性能大幅提升至国际标准 JEDEC JS-001-2017、JEDEC STANDARD NO.78E NOVEMBER 2016、JEDEC EIA/JESD22-A115C、JEDEC EIA/JESD22-C101F 的最高等级。

（7）增加多级程序加密安全防护，妥善保护客户知识产权。

（8）为保证客户顺利完成开发，同时发布了相关的技术支持网站、数据表和用户手册、各种封装的配套评估板、调试工具、批量离线烧录工具以及配套软件库和例程。

（9）作为标准的 Cortex-M0+产品，当然也可以使用市场流行的 Keil 微控制器开发工具包（Microcontroller Development Kit，MDK）或 IAR Embedded Workbench 等开发环境和软硬件工具，大部分使用过类似产品的工程师都能够便捷地实现快速替换和测试验证。

四、CW32F 系列开发工具及评估板

主流开发设计工具和编程器厂家已实现对 CW32F 系列的支持。同时还有配套的官方评估板，用于 CW32F 系列 MCU 的评估。图 1-8 所示为 CW32F003 系列评估板，图 1-9 所示为 CW32F030 系列评估板。

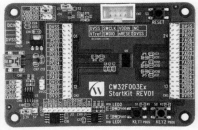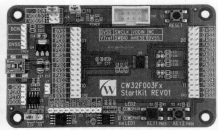

图 1-8

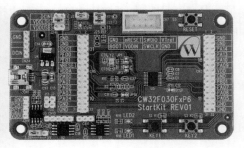

图 1-9

1.2.4　安全低功耗 CW32L 系列简介

安全低功耗 CW32L 系列选型如表 1-2 所示。

表 1-2　CW32L 系列选型

产品型号	描述	封装	内核	主频	FLASH	RAM	定时器	12 位 ADC	GPIO	I²C	SPI	UART	工作电压	工作温度
CW32L052C8T6	超低功耗 MCU 产品	LQFP48	ARM Cortex-M0+	48MHz	64KB	8KB	8	1（13 外 3 内）	39	2	2	3	1.65 ～ 5.5V	-40 ～ 85℃
CW32L052R8S6	超低功耗 MCU 产品	LQFP64 (7×7mm)	ARM Cortex-M0+	48MHz	64KB	8KB	8	1（13 外 3 内）	55	2	2	3	1.65 ～ 5.5V	-40 ～ 85℃
CW32L052R8T6	超低功耗 MCU 产品	LQFP64 (10×10mm)	ARM Cortex-M0+	48MHz	64KB	8KB	8	1（13 外 3 内）	55	2	2	3	1.65 ～ 5.5V	-40 ～ 85℃
CW32L031F8P6	超低功耗 MCU 产品	TSSOP20	ARM Cortex-M0+	48MHz	64KB	8KB	6	1（9 外 3 内）	14	1	1	3	1.65 ～ 5.5V	-40 ～ 85℃
CW32L031F8U6	超低功耗 MCU 产品	QFN20	ARM Cortex-M0+	48MHz	64KB	8KB	6	1（7 外 3 内）	14	1	1	3	1.65 ～ 5.5V	-40 ～ 85℃
CW32L031K8U6	超低功耗 MCU 产品	QFN32 (5×5mm)	ARM Cortex-M0+	48MHz	64KB	8KB	6	1（10 外 3 内）	25	1	1	3	1.65 ～ 5.5V	-40 ～ 85℃
CW32L031C8U6	超低功耗 MCU 产品	QFN48	ARM Cortex-M0+	48MHz	64KB	8KB	6	1（13 外 3 内）	39	1	1	3	1.65 ～ 5.5V	-40 ～ 85℃
CW32L031C8T6	超低功耗 MCU 产品	LQFP48	ARM Cortex-M0+	48MHz	64KB	8KB	6	1（13 外 3 内）	39	1	1	3	1.65 ～ 5.5V	-40 ～ 85℃
CW32L083RBT6	超低功耗 MCU 产品	LQFP64 (10×10mm)	ARM Cortex-M0+	64MHz	128KB	24KB	9	1（13 外 3 内）	55	2	2	6	1.65 ～ 5.5V	-40 ～ 85℃
CW32L083RCS6	超低功耗 MCU 产品	LQFP64 (7×7mm)	ARM Cortex-M0+	64MHz	256KB	24KB	9	1（13 外 3 内）	55	2	2	6	1.65 ～ 5.5V	-40 ～ 85℃
CW32L083RCT6	超低功耗 MCU 产品	LQFP64 (10×10mm)	ARM Cortex-M0+	64MHz	256KB	24KB	9	1（13 外 3 内）	55	2	2	6	1.65 ～ 5.5V	-40 ～ 85℃
CW32L083VCT6	超低功耗 MCU 产品	LQFP100	ARM Cortex-M0+	64MHz	256KB	24KB	9	1（13 外 3 内）	87	2	2	6	1.65 ～ 5.5V	-40 ～ 85℃
CW32L083MCT6	超低功耗 MCU 产品	LQFP80	ARM Cortex-M0+	64MHz	256KB	24KB	9	1（13 外 3 内）	71	2	2	6	1.65 ～ 5.5V	-40 ～ 85℃

　　CW32L 系列是武汉芯源半导体有限公司的拳头产品，它们在安全和低功耗的各项指标上都有优异的表现，特别适合有相应要求的应用领域。

　　除此之外，武汉芯源半导体有限公司还将发布基于全新工艺的，具有超低功耗、超高性价比的 CW32L010/L032 系列等。有兴趣的读者可以随时关注官网选型表的更新情况。

　　本小节以 CW32L083 系列产品为例进行详细介绍。

　　CW32L083 系列产品，外设主要包括 1 路 12 位 ADC、6 路 UART、2 路 SPI、2 路 I²C 以及多路定时器等功能模块。相较其他系列产品，CW32L083 系列还新增了 1 路低功耗定时器（Low Power Timer，LPTIM）、1 个液晶控制器（用于单色无源液晶显示器的数字控制与驱动）、真随机数发生器（True Random Number Generator，TRNG）、高级加密标准（Advanced Encryption Standard，AES）模块等数字模块。

　　CW32L083 系列产品非常适用于各种小、中型电子产品，比如医疗和手持设备、计算机外围设备、游戏设备、运动装备、报警系统、智能门锁、有线和无线传感器模块、表计等产品。

　　CW32L083 系列目前可提供 LQFP100、LQFP80、LQFP64 这 3 种封装形式，如图 1-10 所示。

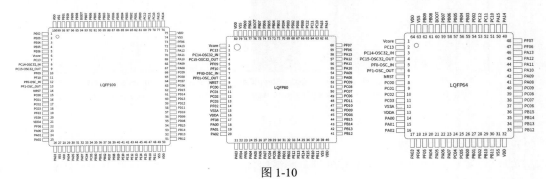

图 1-10

一、CW32L083 系列主要功能

图 1-11 所示为 CW32L083 系列主要功能。

外设		CW32L083VC	CW32L083MC	CW32L083RC	CW32L083RB
闪存		256KB	256KB	256KB	128KB
SRAM		24KB	24KB	24KB	24KB
定时器	高级定时器	1	1	1	1
	通用定时器	4	4	4	4
	低功耗定时器	1	1	1	1
	基本定时器	3	3	3	3
SPI		2	2	2	2
I²C		2	2	2	2
UART		6	6	6	6
12 位 ADC（输入通道数）		1（13 外 3 内）	1（13 外 3 内）	1（13 外 3 内）	1（13 外 3 内）
GPIO		87	71	55	55
内核主频		64MHz			
工作电压		1.65～5.5V			
工作温度		−40～85℃			
封装		LQFP100	LQFP80	LQFP64	

图 1-11

二、CW32L083 系列功能优势

（1）深度休眠（DeepSleep）模式 0.6μA。

CW32L083 系列产品在深度休眠模式下电流只有 0.6μA（所有时钟关闭，上电复位有效，I/O 状态保持，I/O 中断有效，所有寄存器、RAM 和 CPU 数据保存状态时的功耗），极大地降低了工作功耗，能使电池待机时间更长，在运行模式下（代码在 FLASH 存储器中运行），功耗也仅为 113μA/MHz。CW32L083 系列功耗典型值如图 1-12 所示。

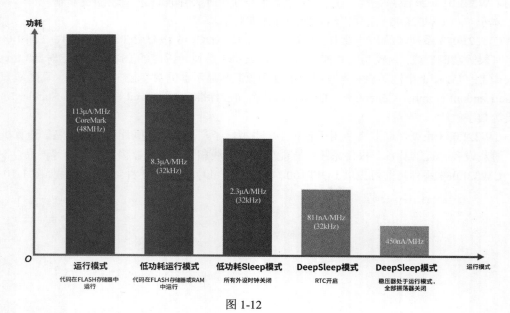

图 1-12

（2）2.4μs 超低功耗唤醒时间。

在实测中，CW32L083 系列产品超低功耗唤醒时间仅需 4μs，使模式切换更加灵活高效，系统反应更为敏捷，表现非常亮眼。同时，CW32L083 可以在−40～85℃的温度范围内工作，且具有超

宽工作电压范围 1.65～5.5V，可极大程度地满足用户各种使用环境需求。

（3）具备 LCD 段码液晶驱动器。

CW32L083 系列产品配置了 4×56、6×54 或 8×52 LCD 段码液晶驱动器。LCD 段码液晶驱动器的驱动原理是：具有偶极矩的液晶棒状分子在外加电场的作用下其排列状态发生变化，使得通过液晶显示器件的光被调制，从而呈现明与暗或透光与不透光的显示效果。液晶显示器件中的每个显示像素都单独被电场控制，不同的显示像素按照控制信号的"指挥"便可以在显示屏上组成不同的字符、数字及图形。

（4）TRNG。

CW32L083 系列产品配置了一个 TRNG。TRNG 是一种用于生成随机数的设备，其输出的随机数是基于物理随机现象或过程产生的，这些现象或过程具有固有的随机性。

（5）AES 模块。

CW32L083 系列产品中的 AES 模块，采用的是密码学中的 AES，又称 Rijndael 加密法，是一种区块加密标准，可实现对隐私内容的安全加密保护。

1.2.5 无线射频系列简介

无线射频系列具有以下功能特性。

- 12 位高速 ADC：1Mbit/s。
- 双路电压比较器。
- 低电压检测器。
- 内置电压参考，温度系数的绝对值不大于 60ppm/℃。
- 内置温度传感器，精度为±3%。
- 一次性可编程（One Time Programmable，OTP）存储器。
- 丰富的定时器资源。
- 多路内置时钟。
- 独立、窗口看门狗。
- 实时时钟和日历。
- 四通道直接存储器访问（Direct Memory Access，DMA）控制器。
- CRC 计算单元。
- 红外线（Infrared Ray，IR）调制发送器。

无线射频系列选型如图 1-13 所示。

产品型号	内核	调制方式	协议类别	工作频段 (MHz)	输出功率 (dBm)	灵敏度 (dBm)	工作电流 (射频部分)	主频 (MHz)	FLASH (KB)	RAM (KB)	GPIO	通信接口	工作电压 (V)	工作温度 (℃)	封装
CW32R031C8	M0+	GFSK	2.4G私有,蓝牙Beacon	2400~2483	-40~10	-88@1Mbits	Sleep: 100nA RX: 20mA TX: 25mA@0dBm	48	64	8	31	1×I²C 1×SPI 3×UART	2.2~3.6	-40~85	QFN48
CW32W031R8	M0+	ChirpIoT™	私有协议	370~590 740~1180	-7~22	-140@62.5kHz	Sleep: 400nA RX: 12.5mA@DCDC模式 TX: 25mA@0dBm	48	64	8	33	1×I²C 1×SPI 3×UART	LDO模式1.8~3.6 DCDC模式2.0~3.6	-40~85	QFN64

图 1-13

CW32R031C8 支持 2400MHz～2483MHz 通信频段，兼容低功耗蓝牙（Bluetooth Low Energy，BLE）及 XN297L 数据包，可编程输出功率高达 10dBm，拥有-88dBm 良好的接收灵敏度，支持自动应答及自动重传功能，适用于短距离无线连接。

CW32R031C8 的应用领域包括遥控器、无人机、玩具、电子围栏、电子标签、照明、门锁、键盘、鼠标等产品。

CW32W031R8 嵌入低功耗远距离 ChirpIoT™射频子系统，工作频段为 370MHz～590MHz 和 740MHz～1180MHz，支持半双工无线通信，支持 0.08～20.4kbit/s 的低速率模式，支持扩频因子自动识别和 CAD 功能，具有高抗干扰性、高灵敏度、低功耗和超远距离通信等特性，适用于长距离无线连接。

CW32W031R8 的应用领域包括无线自动抄表、远距离数据通信、智能家居、工业物联网、智慧农业、供应链物流等。

1.2.6　车规级 CW32A 系列简介

车规级芯片 CW32A030C8T7 的产品特性如下。

- 内核为 ARM Cortex-M0+，最高主频为 64MHz。
- 工作温度：−40～105℃。工作电压：1.65～5.5V。
- 存储容量：64KB 的 FLASH 存储器，数据保持 25 年，8KB 的 RAM，支持奇偶校验，128B 的 OTP 存储器。
- CRC 计算单元。
- 复位和电源管理。
  低功耗模式（Sleep、DeepSleep）。
  上电复位/掉电复位（POR/BOR）。
  可编程低电压检测器（LVD）。
- 时钟管理。
  4MHz～32MHz 的晶体振荡器。
  32kHz 的低速晶体振荡器。
  48MHz 的 RC 振荡器。
  32kHz 的 RC 振荡器。
  10kHz 的 RC 振荡器。
  150kHz 的 RC 振荡器。
  时钟监测系统。
  允许独立关断各外设时钟。
- 支持最多 39 路 I/O 接口。
  所有 I/O 接口支持中断功能。
  所有 I/O 接口支持中断输入滤波功能。
- 5 通道 DMA 控制器。
- ADC。
  12 位精度，±1LSB。
  最高 1M SPS 转换速度。
  内置电压参考。
  模拟看门狗功能。
  内置温度传感器。
- 双路电压比较器。
- 实时时钟和日历，支持由 Sleep/DeepSleep 模式唤醒。
- 定时器。
  16 位高级控制定时器，支持 6 路比较捕获通道和 3 对互补脉冲宽度调制（Pulse with Modulation，PWM）输出、死区时间和灵活的同步功能。

4 个 16 位通用定时器。

3 个 16 位基本定时器。

窗口看门狗定时器（Window Watchdog Timer，WWDT）。

独立看门狗定时器（Independent Watchdog Timer，IWDT）。

- 通信接口。

3 路低功耗 UART，支持小数波特率。

两路 SPI，12Mbit/s。

两路 I²C 接口，1Mbit/s。

IR 调制发送器。

- SWD 接口。
- 80 位唯一 ID。
- AEC-Q100（Grade 2）车规标准。

1.3 CW32 单片机的优点

CW32 单片机凭借其安全稳定、超强的抗干扰性、超低功耗等特性，可以满足客户极其苛刻的应用要求。

1.3.1 质量可靠

武汉芯源半导体有限公司具有完备且严格的质量管理体系。2022 年 12 月 22 日，经过中国质量认证中心（CQC）全面、严格、系统的审查考核，该公司顺利通过 ISO 14001:2015 环境管理体系认证、ISO 45001:2018 职业健康安全管理体系认证、ISO 9001:2015 质量管理体系认证，标志着武汉芯源半导体有限公司在环境管理、职业健康安全管理、质量管理方面达到了国际或国家指定的质量控制标准，为产品进入市场提供了必要的资质保证；也标志着武汉芯源半导体有限公司已具备科学、稳定的质量管理能力，在设计研发、过程控制、产品质量及改进、客户服务等方面的质量控制得到肯定。

CW32 全系列产品符合 IEC 60730、IEC 61508 功能安全设计规范。

CW32A030C8T7 通过了 AEC-Q100 车规级可靠性测试。

（1）CW32F 系列 HBM ESD、MM ESD、CDM ESD、LatchUp@105℃全面达到 JEDEC 数个标准的最高等级。

CW32F 系列的 ESD 性能测试结果如图 1-14 所示。

Test Model : HBM		ESD Sensitivity Passed：±8000V		ANSI/ESDA/JEDEC JS-001-2017 Classification Class : 3B
Test condition		Sample Quantity	Passed Volts	Class 0Z ： ＜ 50V
ALL OTHER PINS TO VSS（±） STEP: 8000V ALL OTHER PINS TO VSSA（±） STEP: 8000V ALL OTHER PINS TO VDD（±） STEP: 8000V ALL OTHER PINS TO VDDA（±） STEP: 8000V IOGroup01 TO IOGroup01（±） STEP: 8000V		3	±8000V	Class 0A ： ≥ 50V，＜125V Class 0B ： ≥ 125V，＜250V Class 1A ： ≥ 250V，＜500V Class 1B ： ≥ 500V，＜1000V Class 1C ： ≥1000V，＜2000V Class 2 ： ≥2000V，＜4000V Class 3A ： ≥4000V，＜8000V Class 3B ： ≥8000V

Group Set Pin List
IOGroup01 2-7,10-22,25-46
VDD 1,24,48
VDDA 9
VSS 23,47
VSSA 8

图 1-14

（2）CW32F 系列的 EFT 性能测试结果如图 1-15 所示。

According to failure judgment before and after zapping, the EFT Sensitivity of the samples provided to Giga-Force can PASS: ±4000V(Power)/ ±2000V(IO)				
IEC61000-4-4 Classification, Class : 4(Power)/4(IO)				
Level	Power ports, earth port (PE)		Signal and control ports	
	Voltage peak (kV)	Repetition frequency (kHz)	Voltage peak (kV)	Repetition frequency (kHz)
1	0.5	5 or 100	0.25	5 or 100
2	1	5 or 100	0.5	5 or 100
3	2	5 or 100	1	5 or 100
4	4	5 or 100	2	5 or 100
Xᵃ	Special	Special	Special	Special

The use of 5 kHz repetition frequency is traditional, however, 100 kHz is closer to reality.   Product committees should determine which frequencies are relevant for specific products or product types.
With some products, there may be no clear distinction between power ports and signal ports, in which case it is up to product committees to make this determination for test purposes.
" Xᵃ" can be any level, above, below or in between the others. The level shall be specified in the dedicated equipment specification.

图 1-15

（3）CW32F 系列采用稳定可靠的 eFLASH 工艺，支持工业级高可靠应用。

CW32F 系列 eFLASH 制造参数如图 1-16 所示。

Symbol	Parameter	Minimum Specification	Units
NENU	Sector Endurance	20,000(min)@1.5V	Cycles
TDR[2]	Data Retention	100year@25C，25year@85C，10year@125C	Years

图 1-16

1.3.2　性能优越

一、ADC 采样精度高

ADC 采样精度相较竞品增加约 1 位有效值：±1.0LSB INL（非线性积分）、11.3ENOB（有效位数）。CW32 系列的 ADC 性能测试结果如图 1-17 所示。

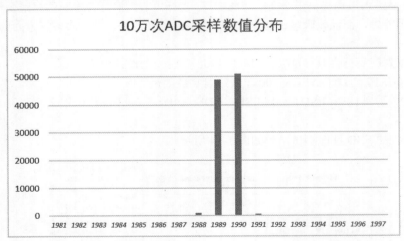

图 1-17

二、具有高可靠性

- CW32F 系列支持工业级温度−40～105℃。
- 全系列支持 1.65～5.5V 的超宽工作电压范围。
- ESD 8kV。
- 支持奇偶校验。

三、低功耗，高性能

- 算力功耗比（CoreMark/mA）达 19.18。

- 性能较市场通用产品大幅提升。
- ESD 和 LatchUp 等性能达到 JEDEC 数个标准的最高等级。

四、加密安全防护

增加多级程序加密安全防护，妥善保护客户知识产权。

1.3.3　开发者友好

MCU 产品是一类特殊的半导体产品，它的价值必须经过开发者的参与才能体现。开发者需要承担起关键的角色和责任，从系统设计、硬件选择、软件编程、调试和测试到定制化开发等多个方面进行全面的考虑和实现。

武汉芯源半导体有限公司充分为 CW32 的开发者考虑，实行一系列"开发者友好"的措施，涉及硬件设计、软件工具、社区支持、培训和认证、开发者扶持计划、大学计划等多个方面，旨在提高开发效率和体验，促进产品的创新和发展。

（1）硬件设计。

CW32 产品的硬件设计与市场上其他主流 MCU 相近，提供了丰富的外设接口和功能模块，同时提供内容清晰的硬件手册和设计指南，以便开发者进行硬件设计和调试。

（2）软件工具。

CW32 产品的软件工具沿用了 ARM 生态下的开发环境和调试工具，简单易用，支持多种编程语言和开发框架，同时提供丰富的示例代码和文档，以帮助开发者快速上手并解决问题。

（3）社区支持。

专门打造了 CW32 生态社区，通过由生态社区公众号、视频号、B 站、21ic 专业论坛等构成的媒体矩阵，为开发者提供丰富的技术支持和讨论资源。同时，提供在线帮助和邮件、QQ 群等支持，以便开发者进行交流和解决问题。

（4）培训和认证。

提供一系列学习与培训课程，帮助开发者提高水平。同时，提供专业的技术支持和解决方案，以帮助开发者解决开发过程中的疑难问题。未来还会开展线下培训及认证。

（5）开发者扶持计划。

为 CW32 的开发者提供了一系列扶持计划，并对有突出贡献的开发者发放支持奖励金及证书等。

（6）大学计划。

积极支持高校师生的学习与创新，定期开展创新训练营、CW32 讲座沙龙等活动。与愿意使用 CW32 系列产品进行教学的高校签订共建实验室协议，捐赠 CW32 创新实验教学设备，提供全方位的教学支持，以支持师生更好地学习专业知识与掌握相关技能。

1.4　CW32 官方网站及芯片选型

武汉芯源半导体有限公司在技术上采取开放、包容的态度，在官方网站全面公开产品资料，包括数据手册、用户手册、固件库、应用笔记等。用户可以随时登录官方网站，获取最新的技术资料及芯片选型手册。

1.4.1　CW32 官方网站及资料获取

在 MCU 开发过程中，数据手册、编程手册、固件库等资料为必备文档，要获取这些资料请进入官方网站搜索下载，具体步骤如下。

1. 进入武汉芯源半导体官方网站首页，如图 1-18 所示。

图 1-18

2．单击"技术支持"，如图 1-19 所示。

图 1-19

3．在"技术支持"页面单击"资料下载"，如图 1-20 所示。

图 1-20

4．进入资料下载中心后，用户可以自行选择资料进行下载，还可以在搜索框中进行搜索，如图 1-21 所示。

图 1-21

1.4.2 CW32 芯片选型

　　CW32 系列目前已经推出 5 条产品线、近 30 个料号的芯片产品，未来还会不断推陈出新。用户要获得最新的芯片选型信息，最佳的方法是登录武汉芯源半导体有限公司的官方网站进行获取。

　　用户在进行芯片选型时，不用拘泥于产品线的名称或分类，根据自己的需求选择合适的型号即可。例如，若需要一款 64 脚的 MCU（I/O 接口需求较多），但是并没有低功耗的特别需求，可以考虑选择 CW32L052R8T6，而不必纠结它是不是低功耗系列产品。

　　CW32 芯片选型如图 1-22 所示。

产品系列	产品型号	内核	主频(MHz)	FLASH(KB)	RAM(KB)	OTP(B)	GPIO	封装	工作电压(V)	工作温度(℃)	DMA	AWT	RTC	BTIM	GTIM	ATIM	LPTIM	WDT	I2C	SPI	UART	IR	12位ADC	VC	LVD	CRC	TRNG	AES	LCD
F030 系列	CW32F030C8T7	M0+	64	64	8	128	39	LQFP48	1.65-5.5	-40~105	5	1	1	3	4	1		√	2	2	3	√	1 (13外3内)	2	√	CRC16/CRC32			
	CW32F030K8T7	M0+	64	64	8	128	25	LQFP32	1.65-5.5	-40~105	5	1	1	3	4	1		√	2	2	3	√	1 (10外3内)	2	√	CRC16/CRC32			
	CW32F030K8U7	M0+	64	64	8	128	27	QFN32	1.65-5.5	-40~105	5	1	1	3	4	1		√	2	2	3	√	1 (10外3内)	2	√	CRC16/CRC32			
	CW32F030F6P7	M0+	64	32	6	128	15	TSSOP20	1.65-5.5	-40~105	5	1	1	3	4	1		√	2	2	2	√	1 (9外3内)	2	√	CRC16/CRC32			
	CW32F030F8V7	M0+	64	64	8	128	18	QFN20	1.65-5.5	-40~105	5	1	1	3	4	1		√	2	2	2	√	1 (9外3内)	2	√	CRC16/CRC32			
F003 系列	CW32F003E4P7	M0+	48	20	3	22	21	TSSOP24	1.65-5.5	-40~105	-	1	1		3	1		√	1	1	2	√	1 (13外3内)	2	√	CRC16			
	CW32F003F4P7	M0+	48	20	3	22	17	TSSOP20	1.65-5.5	-40~105	-	1			3	1		√	1	1	1	√	1 (13外3内)	2	√	CRC16			
	CW32F003F4U7	M0+	48	20	3	22	17	QFN20	1.65-5.5	-40~105	-	1			3	1		√	1	1	1	√	1 (13外3内)	2	√	CRC16			
L083 系列	CW32L083VCT6	M0+	64	256	24	128	87	LQFP100	1.65-5.5	-40~85	5	1	1	3	4	1	1	√	2	2	6	√	1 (13外3内)	2	√	CRC16	1	1	1
	CW32L083MCT6	M0+	64	256	24	128	71	LQFP80	1.65-5.5	-40~85	5	1	1	3	4	1	1	√	2	2	6	√	1 (13外3内)	2	√	CRC16	1	1	1
	CW32L083RCT6	M0+	64	256	24	128	55	LQFP64 (10×10mm)	1.65-5.5	-40~85	5	1	1	3	4	1	1	√	2	2	6	√	1 (13外3内)	2	√	CRC16	1	1	1
	CW32L083RCS6	M0+	64	256	24	128	55	LQFP64 (7×7mm)	1.65-5.5	-40~85	5	1	1	3	4	1	1	√	2	2	6	√	1 (13外3内)	2	√	CRC16	1	1	1
	CW32L083RBT6	M0+	64	128	24	128	55	LQFP64 (10×10mm)	1.65-5.5	-40~85	5	1	1	3	4	1	1	√	2	2	6	√	1 (13外3内)	2	√	CRC16	1	1	1
L031 系列	CW32L031C8T7	M0+	48	64	8	128	39	LQFP48	1.65-5.5	-40~85	4	1	1	3	4	1		√	1	1	2	√	1 (13外3内)	2	√	CRC16			
	CW32L031C8U6	M0+	48	64	8	128	39	QFN48	1.65-5.5	-40~85	4	1	1	3	2	1		√	1	1	2	√	1 (13外3内)	2	√	CRC16			
	CW32L031K8U6	M0+	48	64	8	128	25	QFN32	1.65-5.5	-40~85	4	1	1	3	2	1		√	1	1	2	√	1 (10外3内)	2	√	CRC16			
	CW32L031F8U6	M0+	48	64	8	128	14	QFN20	1.65-5.5	-40~85	4	1	1	3	2	1		√	1	1	1	√	1 (7外3内)	2	√	CRC16			
	CW32L031F8P6	M0+	48	64	8	128	14	TSSOP20	1.65-5.5	-40~85	4	1	1	3	2	1		√	1	1	1	√	1 (7外3内)	2	√	CRC16			
F020 系列	CW32F020C6UT	M0+	48	32	8	128	39	QFN48	1.65-5.5	-40~105	2	1	1	3	2	1		√	1	2	2	√	1 (13外3内)	2	√	CRC16			
	CW32F020K6U7	M0+	48	32	8	128	25	QFN32	1.65-5.5	-40~105	2	1	1	3	2	1		√	1	2	2	√	1 (10外3内)	2	√	CRC16			
	CW32F020F6U7	M0+	48	32	8	128	15	QFN20	1.65-5.5	-40~105	2	1	1	3	2	1		√	1	1	2	√	1 (9外3内)	2	√	CRC16			
F002 系列	CW32F002F3P7	M0+	48	16	2	22	17	TSSOP20	1.65-5.5	-40~105	-	1	1		3	1		√	1	1	1	√	1 (13外3内)	2	√	CRC16			
	CW32F002F3U7	M0+	48	16	2	22	17	QFN20	1.65-5.5	-40~105	-	1	1		3	1		√	1	1	1	√	1 (13外3内)	2	√	CRC16			
W031 系列	CW32W031K8U6	M0+	48	64	8	128	33	QFN64	1.8-3.6	-40~85	4	1	1	3	2	1		√	1	1	1	√	1 (13外3内)	2	√	CRC16			
L052 系列	CW32L052R8T6	M0+	48	64	8	128	55	LQFP64 (10×10mm)	1.65-5.5	-40~85	4	1	1	3	4	1		√	1	2	2	√	1 (13外3内)	2	√	CRC16			1
	CW32L052R8S6	M0+	48	64	8	128	55	LQFP64 (7×7mm)	1.65-5.5	-40~85	4	1	1	3	4	1		√	1	2	2	√	1 (13外3内)	2	√	CRC16			1
	CW32L052C8T6	M0+	48	64	8	128	39	LQFP48	1.65-5.5	-40~85	4	1	1	3	4	1		√	1	2	2	√	1 (13外3内)	2	√	CRC16			1
R031 系列	CW32R031C8U6	M0+	48	64	8	128	31	QFN48	2.2-3.6	-40~85	4	1	1	3	2	1		√	1	1	1	√	1 (9外3内)	2	√	CRC16			
A030 系列	CW32A030C8T7	M0+	64	64	8	128	39	LQFP48	1.65-5.5	-40~105	5	1	1	3	4	1		√	2	2	3	√	1 (13外3内)	2	√	CRC16/CRC32			

图 1-22

第2章

CW32 开发快速入门

在当今的嵌入式系统开发领域，ARM Cortex-M0+系列处理器的强大性能和低功耗特性使其成为众多应用的首选。

而 CW32 作为基于 ARM Cortex-M0+处理器的微处理器，它与几乎所有 ARM 工具和软件兼容，为开发者提供了便捷、高效的开发平台。

通过对本章的学习，读者可快速掌握如何利用 CW32 进行嵌入式系统的开发，包括开发环境搭建及程序的编写、下载、调试等，直至快速点亮一个 LED（Light Emitting Diode），即发光二极管。

2.1　软件开发环境搭建

CW32 系列产品均是基于 ARM Cortex-M0+内核设计的，并与几乎所有 ARM 工具和软件兼容，这意味着用户可以选择多种流行的软件开发环境进行开发。

以下是 3 款流行的适用软件开发环境简介。

- Keil MDK 是一个流行的嵌入式开发环境，特别适用于 ARM Cortex-M 系列的微控制器。它提供了完整的集成开发工具，包括编译器、调试器、RTOS 和中间件等，以简化嵌入式应用程序的开发。
- IAR Embedded Workbench 也是一个功能强大的开发环境，专门用于嵌入式系统的开发。它支持多种微控制器和处理器架构，包括 ARM Cortex-M 系列。IAR Embedded Workbench 提供了一套完整的工具链，包括编译器、调试器、模拟器和代码分析器等。
- Visual Studio Code 是一个轻量级的代码编辑器，它可以通过插件来支持嵌入式开发。通过安装适当的插件（如 CMSIS-DAP Debug Adapter），用户可以在 Visual Studio Code 中使用 Keil MDK 或 IAR Embedded Workbench 的工具链进行 ARM Cortex-M 微控制器的开发。

MDK 软件在我国比较流行，并且现在 Keil 公司还推出了完全免费的 MDK 社区版（MDK-Community edition），可供电子爱好者、创客、学生、学者等群体免费使用。

本节重点介绍 MDK 开发环境的搭建。本书所有软件例程均是基于 MDK 开发环境开发的，除非另有说明。

2.1.1　MDK 开发环境概述

RealView MDK 开发工具源自 Keil 公司，被全球超 10 万的嵌入式开发工程师验证和使用，是 ARM 公司目前新推出的针对各种嵌入式处理器的软件开发工具。RealView MDK 集成了业内领先的技术，融合了我国多数软件开发工程师所需的特点和功能，包括 μVision 集成开发环境（Integrated Development Environment，IDE）与 RealView 编译器，支持 ARM7、ARM9、Cortex-M3 核处理器及 Cortex-M0 核处理器，可自动配置启动代码，集成 FLASH 烧写模块，具有强大的 Simulation 设备模拟、性能分析等功能。与 ARM 之前提供的工具包 ADS 等相比，RealView 编译器新版本的性能提升了约 20%。

MDK5 使用 μVision5 IDE，是目前针对 ARM 处理器（尤其是 Cortex-M 内核处理器）的较佳开发工具。MDK5 向后兼容 MDK4 和 MDK3 等，相应项目同样可以在 MDK5 上进行开发，但应注意头文件需由用户自行添加。MDK5 同时加强了针对 Cortex-M 微控制器开发的支持，并且对传统的开发模式和界面进行了升级。

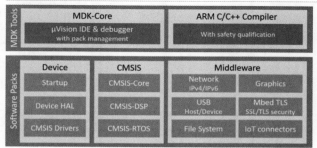

图 2-1

MDK5 的组成如图 2-1 所示。

MDK5 由 MDK Tools（MDK 工具）和 Software Packs（包安装器）两部分组成。其中，Software Packs 可以独立于工具链进行新芯片支持和中间库的升级。

MDK Tools 分为 MDK-Core（核心）和 ARM C/C++ Compiler（编译器）两部分。

MDK-Core 又分为 μVision IDE 和 μVision debugger（调试跟踪器）。它基于 μVision IDE，在单个环境中结合了项目和运行时环境管理工具，以及支持源代码编辑和程序调试的构建工具，为基于 ARM Cortex-M 的设备提供领先的支持，包括 ARMv8-M 架构（Cortex-M23/M33/M35P）。μVision debugger 用于在单个环境中测试、验证和优化应用程序代码。MDK 支持运行/停止调试，支持数据跟踪甚至是非介入式指令跟踪，以促进调试和系统优化。通过 ULINK 调试探针，可以使用流跟踪和功率测量等功能。

ARM C/C++ Compiler 专为生成最佳代码大小和最佳性能而设计，它包括汇编程序、链接程序和高度优化的运行时库，以确保最佳性能。

Software Packs 分为 Device（芯片支持）、CMSIS（Cortex Microcontroller Software Interface Standard，Cortex 微控制器软件接口标准）和 Middleware（中间库）3 个部分。MDK 使用软件包来提供设备和板卡支持，对于 CMSIS 库、中间件、代码模板以及示例项目，可随时将软件包添加到 MDK-Core 中，从而支持独立于工具链的新设备和中间件更新，加速产品开发。

其中，CMSIS 是 ARM 公司为统一软件结构而为 Cortex 微控制器制定的软件接口标准。CMSIS 为处理器和外设提供了一致且简单的软件接口，可方便软件开发，易于软件重用，缩短开发人员的学习过程和应用项目的开发进程。目前，很多针对 Cortex-M 微控制器的软件产品都与 CMSIS 兼容。CMSIS 提供了一个与供应商无关的、基于 Cortex-M 处理器的硬件抽象层，基于 CMSIS 的开发结构如图 2-2 所示。

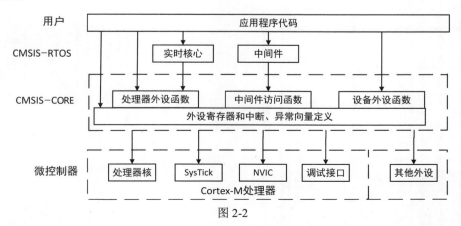

图 2-2

CMSIS 始于为 Cortex-M 微控制器建立统一的设备驱动程序库，即其核心组件 CMSIS-CORE。之后，添加了其他 CMSIS 组件，如 CMSIS-RTOS 等。

- CMSIS-CORE 为 Cortex-M 处理器核和外设定义应用程序接口（Application Program Interface，API），也包括一致的系统启动代码。从软件开发角度看，CMSIS-CORE 进行了一系列标准化工作：标准化处理器外设定义、标准化处理器特性的访问函数、标准化系统异常处理程序的函数等。用户的应用程序既可以通过 CMSIS 层提供的函数（包括设备厂商提供的外设驱动程序）访问微控制器硬件，也可以利用 CMSIS 的标准化定义直接对外设编程，以控制底层的设备。如果移植了 RTOS，用户应用程序也可以调用操作系统函数。
- CMSIS-RTOS 提供用于线程控制、资源和时间管理的 RTOS 的标准化编程接口，以便软件模板、中间件、程序库和其他组件能够获得 RTOS 支持。

2.1.2　MDK 的安装与配置

针对 MDK 社区版，可按照以下详细步骤进行注册、登录、安装、激活。

1．打开 Keil 官网下的二级地址"/mdk-community"，进入登录页面，如图 2-3 所示。

2．若已经注册过账号，可以直接登录。若没有注册，需要单击右下角的"Sign up"超链接进行注册，注册页面如图 2-4 所示。选择"Email Adress"并输入用户邮箱地址，然后单击"Send verification code"按钮，由官方向用户邮箱发送验证码。

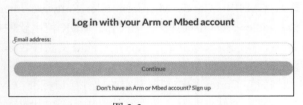

图 2-3

图 2-4

3．单击弹出的对话框中的"OK"按钮，如图 2-5 所示。

4．等待一会儿之后，用户邮箱会收到验证码。在"Verification code"文本框中输入收到的验证码，如图 2-6 所示，然后单击"Verify code"按钮。

图 2-5

图 2-6

5．进入用户个人信息注册页面，在其中填入相关信息，填好基本信息之后勾选"I would like to receive marketing communications from Arm"复选框，单击"Create"按钮完成信息注册，如图2-7所示。

6．信息注册完成之后，进入登录页面，在"Email Address"文本框中输入用户邮箱地址，在"Password"文本框中输入登录密码，单击"Log in"按钮，如图2-8所示，进入下载软件资源页面。

图 2-7

图 2-8

7．单击"Download Keil MDK"按钮，下载MDK社区版软件资源包，如图2-9所示。

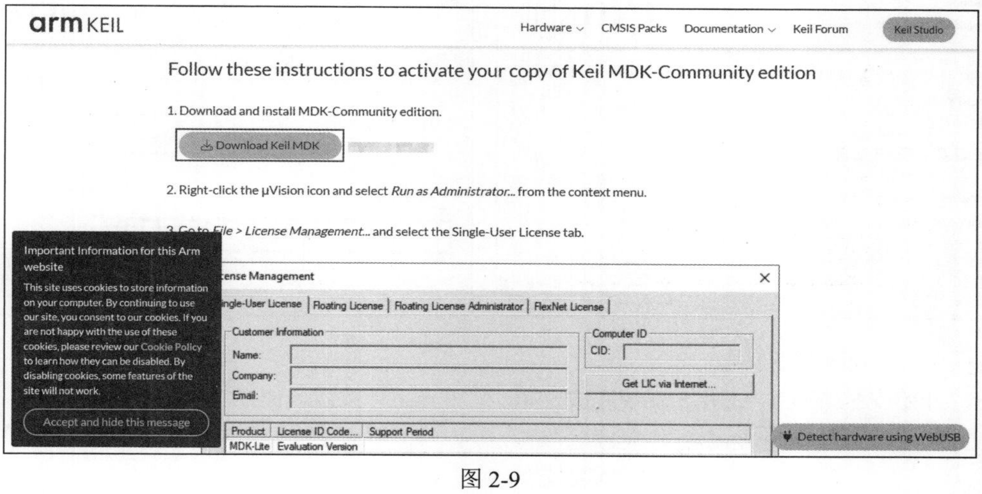

图 2-9

注意：这个网页千万不要关，因为后面会回来复制这里的 PSN（产品序列号），如图 2-10 所示。

8．下载完成后，解压缩下载的文件，打开文件夹，以管理员身份运行 MDK536.exe 安装包，如图 2-11 所示。

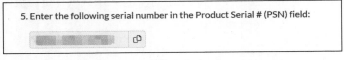

<table>
<tr><td>图 2-10</td><td>图 2-11</td></tr>
</table>

9．在安装界面单击"Next"按钮进入下一步，如图 2-12 所示。

10．勾选"I agree to all the terms of the preceding License Agreement"复选框，同意该软件的相关安装协议，单击"Next"按钮，如图 2-13 所示。

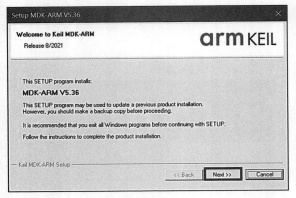

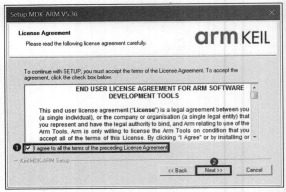

<table>
<tr><td>图 2-12</td><td>图 2-13</td></tr>
</table>

11．根据需要选择安装路径（可以使用默认路径），选择完成后单击"Next"按钮，如图 2-14 所示。

注意：路径名中不能出现中文字符，建议使用默认路径，切勿胡乱修改。

12．依次填入用户资料（姓名、公司名、邮箱地址等），然后单击"Next"按钮，如图 2-15 所示。

注意："E-mail"文本框中必须填入用户的真实邮箱地址，之后需要使用该邮箱接收邮件并用其中的 LIC 激活 Keil MDK。

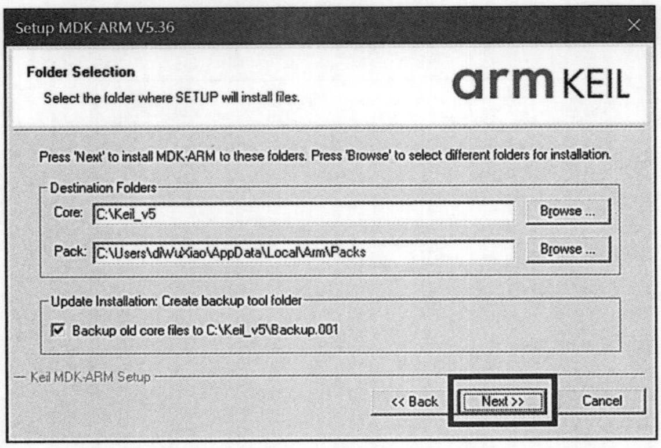

图 2-14

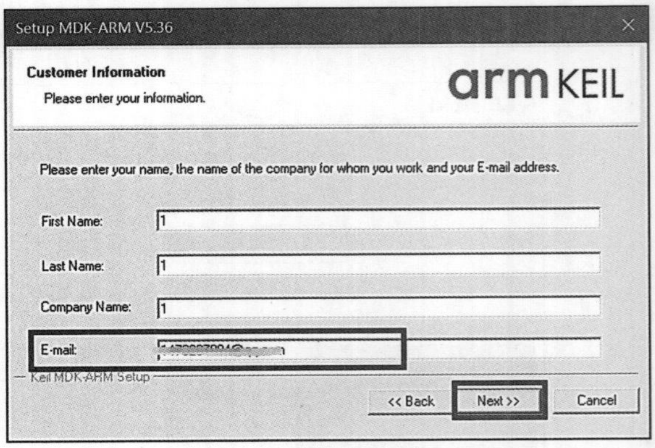

图 2-15

13．开始安装，直到 MDK5 安装完成，单击"Finish"按钮，如图 2-16 所示。

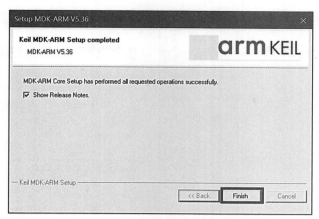

图 2-16

14. 此时会弹出图 2-17 所示的界面，要求安装对应系列 MCU 的 Pack，这里可以先不安装。单击"OK"按钮，关闭"Pack Installer"对话框。

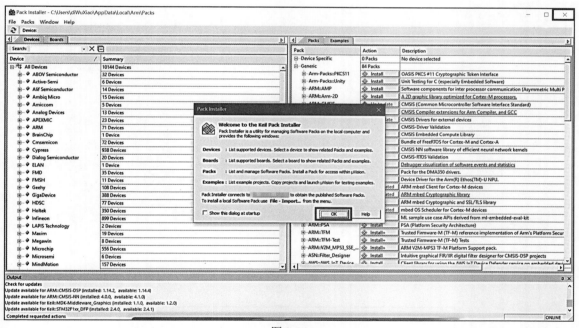

图 2-17

15. 找到软件的桌面快捷图标，在其上单击鼠标右键，在弹出的快捷菜单中选择"以管理员身份运行"，如图 2-18 所示。

图 2-18

16. 打开的 MDK5 主界面如图 2-19 所示。单击"File"，选择"License Management..."，如图 2-20 所示。

17. 单击"Get LIC via Internet..."按钮，如图 2-21 所示。在弹出的"Obtaining a License ID Code(LIC)"对话框中单击"确定"按钮，如图 2-22 所示。

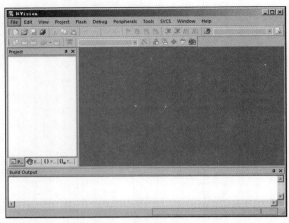

图 2-19

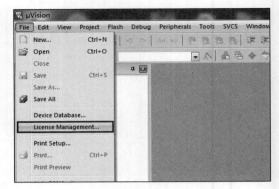

图 2-20

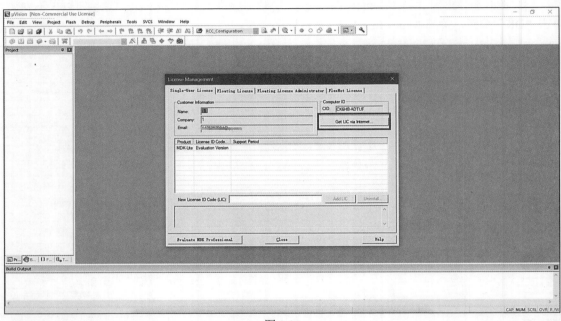

图 2-21

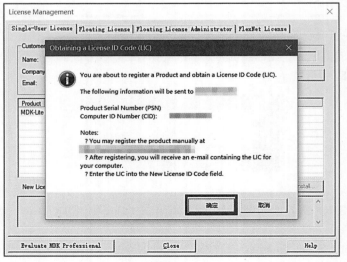

图 2-22

18．此时，将自动打开浏览器，进入图 2-23 所示的个人信息页面。"Computer ID(CID)"文本框中已自动填入计算机 ID。在图 2-9 所示页面找到 PSN 并复制，然后粘贴至"Product Serial # (PSN)"文本框。之后，在"PC Description"和"Country/Region"等文本框中进行信息填写，如图 2-24 所示。

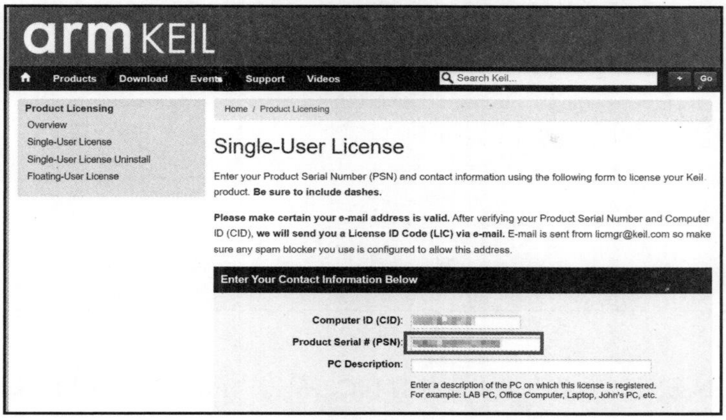

图 2-23

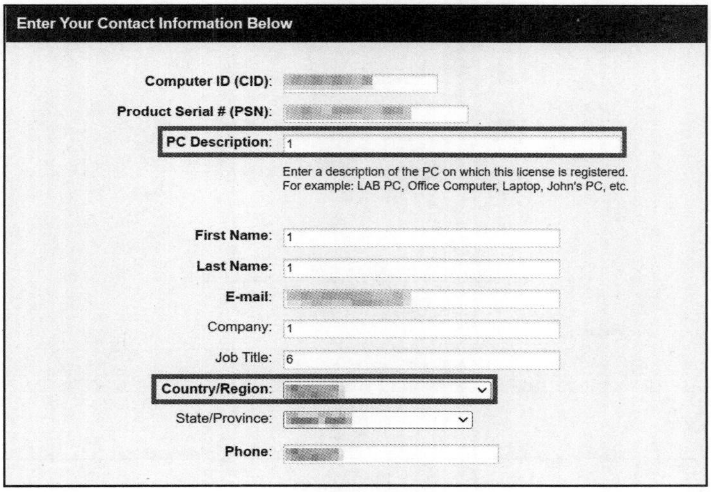

图 2-24

19．将该页滚动到底部，单击"Submit"按钮，如图 2-25 所示。

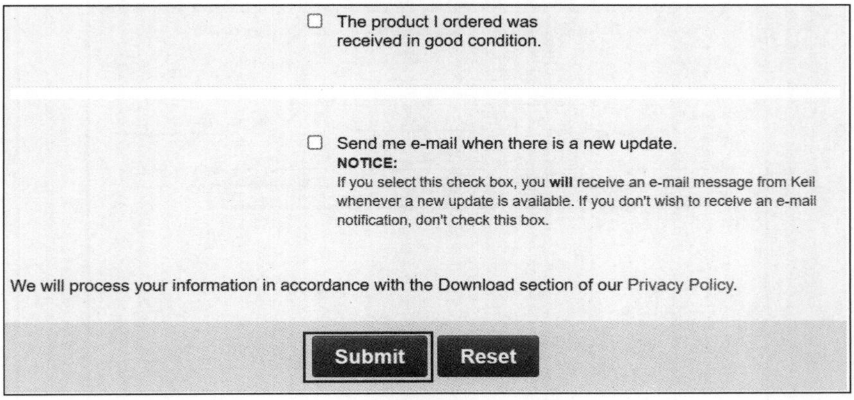

图 2-25

20．稍后，用户邮箱会收到一封邮件，查看邮件并复制"License ID Code(LIC)"后的 LIC，如图 2-26 所示。

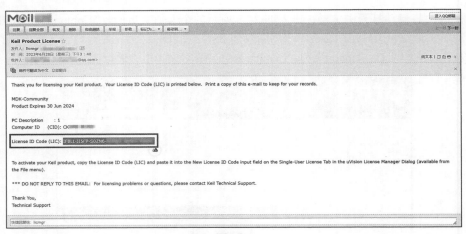

图 2-26

21. 回到 MDK5 软件，粘贴上一步复制的 LIC，单击"Add LIC"按钮，如图 2-27 所示。

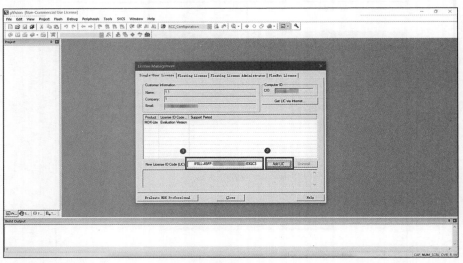

图 2-27

完成后显示的界面如图 2-28 所示。至此，MDK5 社区版就可正常使用了。

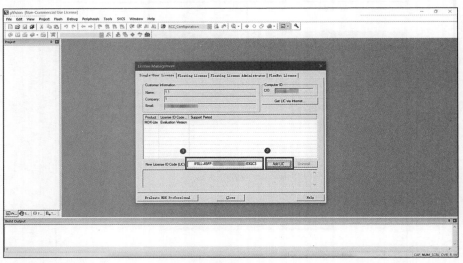

图 2-28

2.2　固件库及 PACK 的安装

进行 CW32 的开发，首先需要在武汉芯源半导体官方网站中下载对应芯片的固件库（PACK 一般会包含在下载的固件库文件中）。

2.2.1　CW32 固件库简介

此处以 CW32F030 为例，下载芯片固件库文件并解压后如图 2-29 所示。CW32 固件库包含 5 个文件夹，分别为"Documents""Examples""IdeSupport""Libraries""Utilities"。

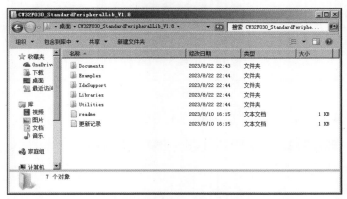

图 2-29

- "Documents"文件夹中包含"CW32 系列微控制器软件开发工具入门 V1.1(PSMCU0004).pdf"文件。
- "Examples"文件夹中包含多个可以直接运行的外设示例的工程，存放的是官方提供的固件实例源代码文件，在之后的开发过程中可参考官方提供的实例进行修改，从而快速驱动用户需要的外设。
- "IdeSupport"文件夹中存放的是用于支持 Keil 和 IAR 的 IDE 软件的插件，还有 CW32 系列 MCU 的启动文件（例如"startup_cw32f030.s"文件）。
- "Libraries"文件夹中是外设的驱动程序，可在建立工程时根据需要使用。
- "Utilities"文件夹中是官方评估板对应的工程源代码文件。

2.2.2　PACK 的安装

此处以 CW32F030 系列芯片、在 MDK 下开发为例，安装步骤如下。

1．打开 PACK 所在文件夹，CW32F030 芯片的 PACK 在"IdeSupport"文件夹的"MDK"子文件夹下，如图 2-30 所示。

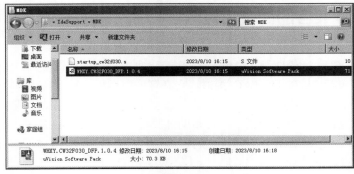

图 2-30

2．双击"WHXY.CW32F030_DFP.1.0.4.pack"文件，单击"Next"按钮进行安装，如图 2-31 所示。

图 2-31

3．安装完成后单击"Finish"按钮，如图 2-32 所示。

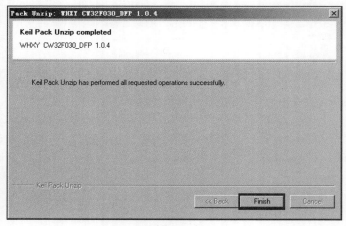

图 2-32

其他 CW32 芯片的 PACK 的安装方式与此相同。

2.3 CW32 的开发工具

CW32 是基于 ARM Cortex-M0+内核设计的，并与几乎所有 ARM 工具和软件兼容。所以开发 CW32 几乎可以使用所有与 M0+兼容的调试工具。

2.3.1 与 M0+兼容的调试工具

与 M0+兼容的调试工具有很多个，这里介绍一些常见的调试工具。

- ST-Link/V2。ST-Link/V2 是 STMicroelectronics 官方推出的调试工具，支持多种微控制器和调试接口，包括 SWD 和 JTAG 接口。它具有体积小巧、易于携带的特点，并且可以通过 USB 接口与计算机连接，方便开发者进行调试。ST-Link/V2 提供了基本的调试功能，如程序下载、断点设置、变量监视等，可帮助开发者进行问题定位和程序调试。
- J-Link。J-Link 是 SEGGER 公司推出的调试工具，支持多种 ARM Cortex-M 系列的微控制器。它提供高速的下载和调试功能，支持 SWD 和 JTAG 接口。J-Link 具有高度的可定制性和扩展性，可以与多种开发环境无缝集成，如 Keil MDK 和 IAR Embedded Workbench 等。

J-Link 还提供了高级的调试功能，如断点设置、单步调试、变量监视等，让开发者能够轻松地进行程序调试和性能优化。

- SWD Programmer。SWD Programmer 是一款开源的调试工具，支持 SWD 和 JTAG 接口。它支持多种 ARM Cortex-M 系列的微控制器，包括 M0+内核。SWD Programmer 提供了基本的调试功能，如程序下载、断点设置、变量监视等，并且具有易于使用的界面和简单的操作方式。它还支持多种操作系统（如 Windows、Linux 和 macOS 等）和开发环境。
- DAP-LINK。DAP-LINK 是一款开源的调试工具，支持多种 ARM Cortex-M 系列的微控制器，包括 M0+内核。它通过 USB 接口与计算机连接，提供了高速的下载和调试功能。同时，DAP-LINK 还支持 SWD 和 JTAG 接口，具有低功耗的特性，适用于各种低功耗应用。

这些工具各有特点和优势，用户可以根据实际需求选择合适的调试工具。同时，为了确保正确设置和使用调试工具，建议参考相关文档和开发指南。

本书将重点介绍武汉芯源半导体有限公司推出的 CW-DAPLINK 调试工具。

2.3.2 CW-DAPLINK 调试工具

CW-DAPLINK 是武汉芯源半导体有限公司专为 CW32 系列 MCU 的在线调试和编程工具而设计的。

它通过 SWD 接口和应用单板的 MCU 进行在线通信。通过 CW-DAPLINK 的全速 USB 接口，CW32 系列产品可以和个人计算机（Personal Computer，PC）端的 IAR、MDK 等开发软件进行通信，如图 2-33 所示。

一、CW-DAPLINK 特性

通过 USB 接口 5V 电源给调试器供电。

- 全速 USB 2.0，Type-C 接口。
- USB 连接线（Type-A 转 Type-C）。
- SWD 接口具有以下特性。
  接口电平 1.8～5.5V 自适应，参考电压由目标板输出。
  最高支持 10Mbit/s 通信速率。
  6PIN PA2.0 接口转 IDC 2.54 接口。
- 状态指示灯指示 USB 通信/调试/编程等状态。
- 工作温度范围为 0～50℃。

二、CW-DAPLINK 描述

CW-DAPLINK 调试器及附件如图 2-34 所示，从上到下依次为 USB 连接线（Type-A 转 Type-C）、CW-DAPLINK 调试器、SWD 连接线。

图 2-33

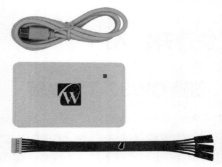

图 2-34

三、CW-DAPLINK 调试器外观

CW-DAPLINK 调试器采用 ARM 内核 MCU 设计，集成高性能 ARM Cortex-M3 内核，其外观

如图 2-35 和图 2-36 所示。

图 2-35   图 2-36

四、CW–DAPLINK 调试接线

对于开发基于 CW32 系列 MCU 的应用，CW-DAPLINK 需要通过 6PIN SWD 接口与目标 MCU 进行连接。

五、引脚定义

SWD 接口引脚定义如表 2-1 所示。

表 2-1   SWD 接口引脚定义

引脚编号	信号定义	I/O 特性	说明
1	VDD	电源输出	电源正极，如目标单板自供电可不连接
2	NRESET	输出	复位信号，用于对目标板 MCU 进行复位
3	SWCLK	输出	SWCLK 信号
4	SWDIO	输入输出	SWDIO 信号
5	GND	电源接地	电源负极
6	VTREF	电源输入	连接到目标板电源

注意： VTREF 引脚需要连接到目标板 MCU 工作电源端，实现目标板 MCU 供电电压的侦测，并实现调试信号线电平的自动匹配。

六、状态指示灯

CW-DAPLINK 顶面标识为 STATUS 的指示灯指示 CW-DAPLINK 的工作状态，具体如下。
- 绿灯闪烁（亮 100ms，灭 900ms）：调试器和 PC 通信正常，和目标 MCU 未连接。
- 绿灯常亮：调试器和目标单板进行持续通信。

七、CW–DAPLINK 驱动

若使用的是 Windows 10 系统，CW-DAPLINK 是免安装驱动程序的。对于部分 Windows 7 或 Windows 8 系统，会存在 CW-DAPLINK 虚拟串口不可用的情况，这时需要手动添加驱动程序。驱动程序可在武汉芯源半导体官方网站上下载。

2.4   快速开发入门

2.4.1   创建 CW32 工程模板

1. 参考标准库中的 GPIO（General-Purpose Input/Output，通用输入输出）例程新建工程。

2. 新建 "GPIO" 文件夹，在 "GPIO" 文件夹内建立 user 文件夹。

3. 复制 MDK 安装目录下的 4 个文件，如 "C:\Users\Administrator\AppData\Local\Arm\Packs\ARM\CMSIS\5.7.0\CMSIS\Core\Include" 目录下的 "cmsis_armcc.h" "cmsis_compiler.h" "cmsis_version.h" "core_cm0plus.h" 文件。在 "user" 文件夹下新建 "SYSLIB" 文件夹，并将这 4 个文件复制进去，如图 2-37 所示。

4．复制标准库中"\CW32F030_StandardPeripheralLib_V1.8\Examples\gpio\gpio_input_output\USER"目录下的"SRC"文件夹与"INC"文件夹到"GPIO"文件夹下的"user"文件夹里。

5．将标准库中的"Libraries""IdeSupport"文件夹复制到"GPIO"文件夹，如图2-38所示。

图2-37

图2-38

6．打开MDK开发环境，选择"Project"→"New μVision Project"新建工程，如图2-39所示。

7．输入工程名称，保存在"GPIO"文件夹内，之后会弹出选择芯片型号界面，此处选择"CW21F030C8"，如图2-40所示。

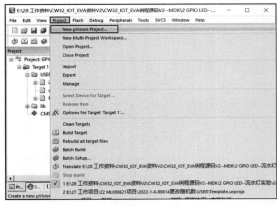

图2-39

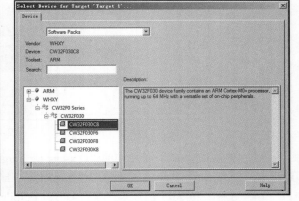

图2-40

8．单击"OK"按钮并进行保存。

9．在"Target 1"上单击鼠标右键，在弹出的快捷菜单中选择"Manage Project Items…"，在工程目录中添加扩展名为".c"的文件，如图2-41所示。

10．在出现的对话框中，增加"USER"和"Libraries"两个Groups，并添加标准库的.c源文件到"Libraries"的"Groups"中，如图2-42所示。

11．将"Libraries"工作组名称改为"LIB"，添加"user"文件夹下"SRC"文件夹下的文件到"USER"的"Groups"中，如图2-43所示。

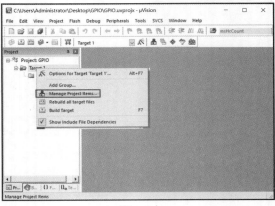

图2-41

12．添加启动文件。启动文件"startup_cw32f030.s"在标准库的"IdeSupport\MDK"路径下，如图 2-44 所示。

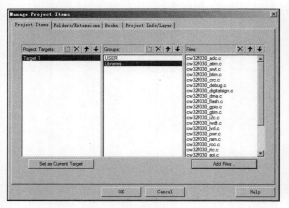

图 2-42

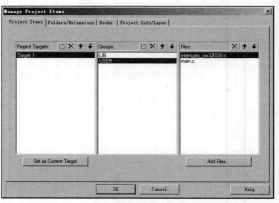

图 2-43

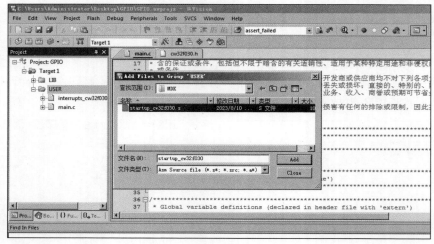

图 2-44

13．选择"Project"菜单中的"Options for Target 'Target 1'..."，在弹出的对话框中选择"C/C++"选项卡，在"Include Paths"文本框中添加标准库".h"文件的路径，单击"OK"按钮，如图 2-45 所示。

14．选择"Target"选项卡，在"ARM Compiler"下拉列表中选择"Use default compiler version 5"，单击"OK"按钮，如图 2-46 所示。

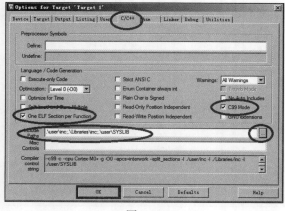

图 2-45

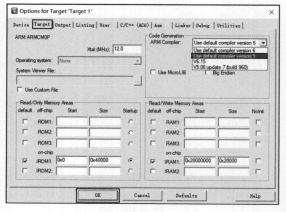

图 2-46

15．选择"Debug"选项卡，保持选中"Use Simulator"单选按钮。

注意：如果使用硬件调试器+目标板开发调试，请选中"Use"单选按钮，然后修改调试器为"CMSIS-DAP Debugger"（使用 CW-DAPLINK 或 DAP 兼容调试器时选择该选项。如果使用其他调试器，请选择对应的选项），如图 2-47 所示。

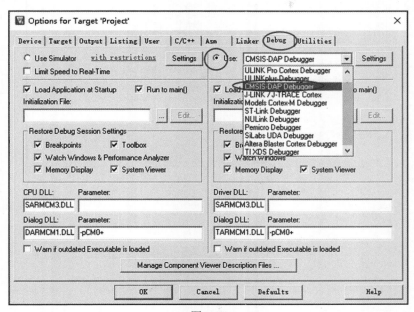

图 2-47

16．选择"Utilities"选项卡，单击"Settings"按钮，在弹出的对话框中选择"Flash Download"选项卡，单击"Add"按钮，如图 2-48 所示。

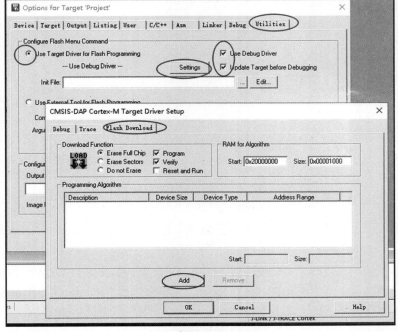

图 2-48

17．在弹出的对话框中找到"CW32F030"FLASH 烧写算法，单击"Add"按钮添加，如图 2-49 所示。

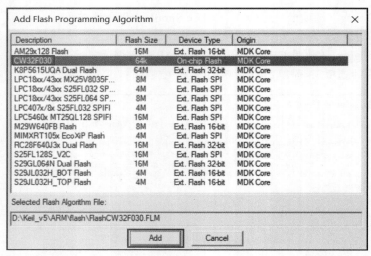

图 2-49

18．在"Project"菜单中选择"Rebuild all target files"以编译项目。如果项目编译成功，将显示图 2-50 所示窗口。

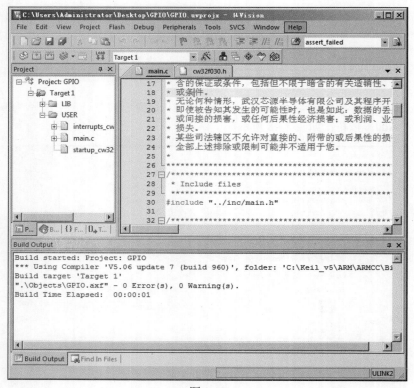

图 2-50

19．根据需要修改源代码。完成编写后，如需调试硬件，则接入 CW-DAPLINK 调试器到目标板上，并为目标板供电。然后在 MDK 的"Debug"菜单中选择"Start/Stop Debug Session"或单击工具栏中的"开始/停止"按钮，以对 FLASH 存储器进行编程并调试，如图 2-51 所示。

图 2-51

20．在使用 CW-DAPLINK 调试器调试的过程中，不仅可以设置断点，还可以监控各个变量以及代码执行过程中发生的事件，如图 2-52 所示。

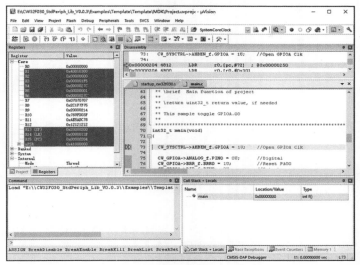

图 2-52

至此，便可以使用 MDK 初步开发 CW32 的相关应用了。

2.4.2　快速点亮一个 LED

本小节以 CW32F030 为例，演示如何快速实现点亮一个 LED。

一、软件准备

- MDK 开发环境已安装完成。
- CW32 固件库已下载。
- 芯片的 PACK 包已安装。
- 工程模板已创建。

二、硬件准备

- 准备一套调试器（CW-DAPLINK 或其他兼容调试器）。
- 一个 CW32F030 的核心板（具体实物可参考第 8 章内容）。
- USB 供电线。

硬件准备如图 2-53 所示。

图 2-53

三、代码修改

CW32 核心板上面有一个 LED2 指示灯，其控制端口连接至 PC13，如图 2-54 所示。从图中不难分析，当 PC13 端口置为低电平时，LED2 指示灯亮。

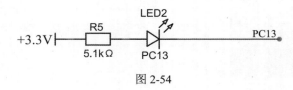

图 2-54

打开 2.4.1 小节创建的工程模板，修改主程序，代码如下。

```c
int32_t main(void)
{
    GPIO_InitTypeDef GPIO_InitStruct;
    CW_SYSCTRL->AHBEN_f.GPIOC = 1;    //打开 GPIOC 时钟
    //设置 PC13 为输出模式
    GPIO_InitStruct.Pins = GPIO_PIN_13; //PC13 端口
    GPIO_InitStruct.Mode = GPIO_MODE_OUTPUT_PP; //配置为推挽输出模式
    GPIO_InitStruct.Speed = GPIO_SPEED_HIGH;//高速模式
    GPIO_Init(CW_GPIOC, &GPIO_InitStruct);//初始化端口
    PC13_SETLOW(); //置低 PC13，点亮 LED2
    while (1);
}
```

在 MDK 环境下修改代码，如图 2-55 所示。

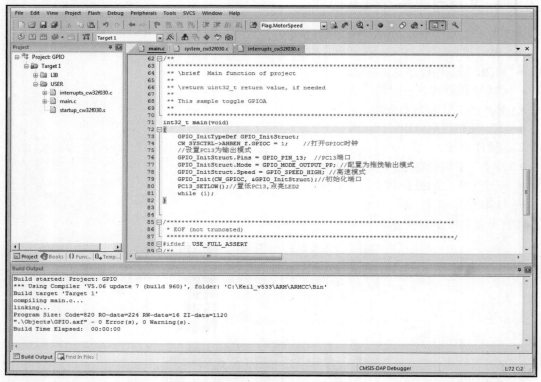

图 2-55

四、下载测试

连接 CW-DAPLINK 至目标核心板，并给核心板插入 USB 供电线，电源指示灯 LED1 亮起，代表板子电源供电正常。请注意，此时 LED2 处于熄灭状态，如图 2-56 所示。

在 MDK 工程中，配置下载器为 DAP 类型的调试工具，如图 2-57 所示。

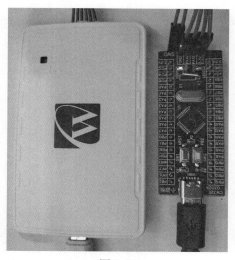

图 2-56

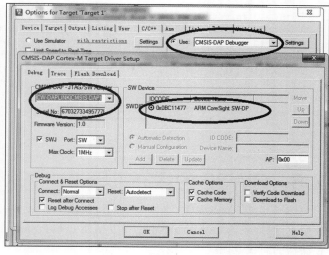

图 2-57

五、下载并运行程序

程序下载完成后，按 SW1 红色复位键进行复位，以确保程序可靠运行。复位后可以看到核心板上面的电源指示灯 LED1 仍然常亮，下面的 LED2 受程序控制已经被点亮，如图 2-58 所示。

图 2-58

如果要使 LED2 熄灭，该如何修改代码呢？

参考代码如下。

```c
int32_t main(void)
{
    GPIO_InitTypeDef GPIO_InitStruct;
    CW_SYSCTRL->AHBEN_f.GPIOC = 1;    //打开 GPIOC 时钟
    //设置 PC13 为输出模式
    GPIO_InitStruct.Pins = GPIO_PIN_13; //PC13 端口
    GPIO_InitStruct.Mode = GPIO_MODE_OUTPUT_PP; //配置为推挽输出模式
    GPIO_InitStruct.Speed = GPIO_SPEED_HIGH;//高速模式
    GPIO_Init(CW_GPIOC, &GPIO_InitStruct);//初始化端口
    PC13_SETHIGH();//置高 PC13，熄灭 LED2
    while (1);
}
```

如果要使 LED2 闪烁，该如何修改代码呢？

参考代码如下。

```c
int32_t main(void)
{
    unsigned long i;
    GPIO_InitTypeDef GPIO_InitStruct;
    CW_SYSCTRL->AHBEN_f.GPIOC = 1;    //打开 GPIOC 时钟
```

```
//设置 PC13 为输出模式
GPIO_InitStruct.Pins = GPIO_PIN_13; //PC13 端口
GPIO_InitStruct.Mode = GPIO_MODE_OUTPUT_PP; //配置为推挽输出模式
GPIO_InitStruct.Speed = GPIO_SPEED_HIGH;//高速模式
GPIO_Init(CW_GPIOC, &GPIO_InitStruct);//初始化端口
while (1)
  {
      for(i=0;i<600000;i++);  //延时
      PC13_TOG(); //PC13 指示灯 I/O 翻转
  }
}
```

2.5 CW32 的量产工具

本节主要介绍 CW32 微控制器的烧录器 CW-Writer，以及与之配合的软件 CW-Programmer 的使用方法。烧录器 CW-Writer 通过 ISP(In System Programing)协议，可实现对 CW32 微控制器 FLASH 存储器的离线或在线程序烧录。

2.5.1 烧录器 CW-Writer

一、烧录器概况

图 2-59 所示为烧录器 CW-Writer。

USB 接口   烧录机台口   烧录口

图 2-59

- 烧录器通过 USB 接口和 PC 连接实现供电和通信功能。当离线使用烧录器时，需要通过 USB 接口连接 5V/500mA 以上的直流电电源。
- 烧录器的烧录机台口：用于烧录机台实现自动化烧录。
- 烧录器的烧录口：用于芯片的程序烧写。
- 开始按键：按下后开始烧写芯片。
- 电源灯：用于指示烧录器供电正常，为红色常亮。
- 失败灯：烧录失败时常亮，颜色为红色。
- 成功灯：烧录成功时常亮，颜色为绿色。
- 编程灯：正在烧录时常亮，颜色为橙色。

● 通信灯：烧录器和 PC 通信时闪烁，颜色为蓝色。

二、烧录器接口信号说明

（1）烧录口。

烧录口布局如图 2-60 所示。烧录口为 IDC 8P 插座，其信号定义如表 2-2 所示。

表 2-2　烧录口信号定义

引脚编号	信号名称	引脚编号	信号名称
1	BOOT	2	GND
3	VDD	4	RST
5	SCLK	6	SDIO
7	GND	8	VDD

（2）烧录机台口。

烧录机台口布局如图 2-61 所示。烧录机台口为 IDC 6P 插座，其信号定义如表 2-3 所示。

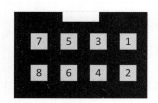

图 2-60

图 2-61

表 2-3　烧录机台口信号定义

引脚编号	信号名称	引脚编号	信号名称
1	BUSY	2	PASS
3	GND	4	FAIL
5	VDD	6	START

注意：输入与输出信号均为低电平有效。

2.5.2　软件 CW-Programmer

CW-Programmer 为绿色软件，不需要进行安装，可直接运行。

一、在线编程

计算机通过 USB 供电线和 CW-Writer 烧录器连接，烧录器通过 8 芯烧录线和待烧写程序的印制电路板（Printed-Crcuit Board，PCB）连接，如图 2-62 所示。

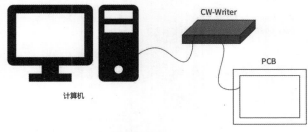

图 2-62

二、使用说明

1. 运行 CW-Programmer 软件，如果 CW-Writer 烧录器已连接，则软件界面如图 2-63 所示。将"选择设备"设为"CW Writer 0"，单击"连接编程器"按钮。

2．连接烧录器后，根据目标板使用的芯片型号进行对应的配置，选择芯片类型和芯片型号，如图 2-64 所示。

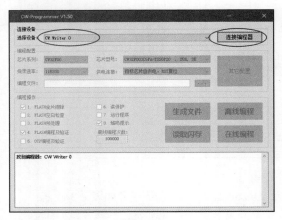
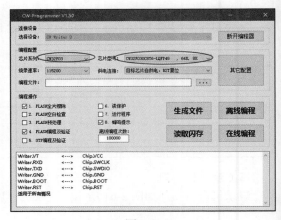

图 2-63   图 2-64

3．选择芯片的供电和复位方式，如图 2-65 所示。

4．选择需要烧写的 HEX 编程文件，如图 2-66 所示。

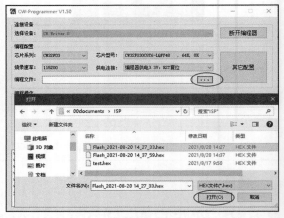

图 2-65   图 2-66

5．根据需要配置"编程操作"，如图 2-67 所示。

6．单击"在线编程"按钮，烧录信息将在信息框中显示，如图 2-68 所示。

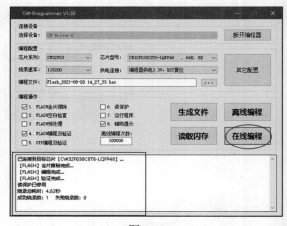

图 2-67   图 2-68

三、离线编程

CW-Writer 烧录器可将编程文件保存在烧录器内，可以离开计算机使用。其操作方法基本和在线编程的步骤相同，只不过最后一步单击"离线编程"按钮，信息框将提示"下载数据到编程器完成…"，如图 2-69 所示。

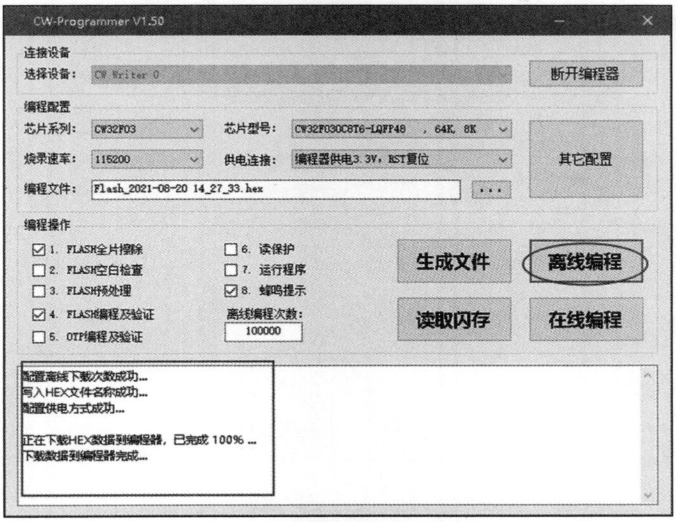

图 2-69

当烧录器供电且通过烧录口正确连接至目标芯片后，按下 CW-Writer 烧录器上的开始按键，即可进行离线编程。

注意：在设置"离线编程次数"为 100000 时，表示不限制编程次数；在设置"离线编程次数"小于 100000 时，所设置次数为可成功烧写程序的次数。

四、查询离线编程剩余次数

CW-Writer 烧录器连接到计算机后，运行 CW-Programmer 软件，单击"连接编程器"（连接后显示为"断开编程器"）按钮，信息框中将会显示离线编程剩余次数，如图 2-70 所示。

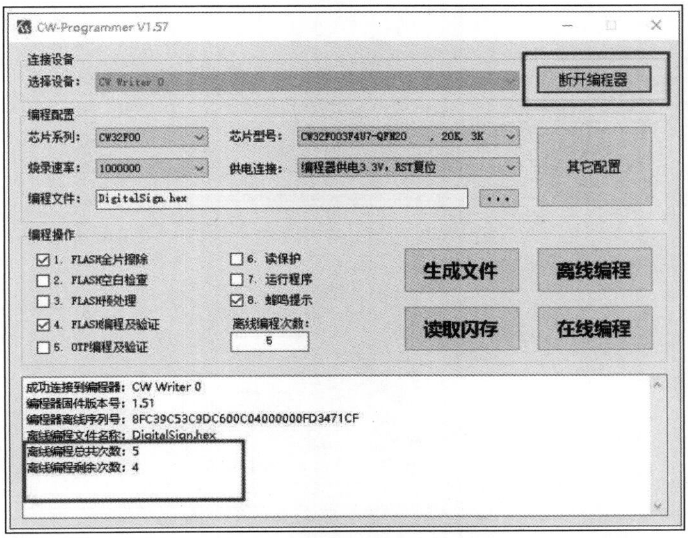

图 2-70

五、自动编号

烧录工具在对芯片烧录程序时，可按递增的方式向芯片的指定区域写入编号，该指定区域可以是 OTP 区域，也可以是 FLASH 区域。若是 FLASH 区域，不得占用待写入程序所使用的区域。配置方法如下。

1. 单击"其他配置"按钮，弹出"高级编程配置"对话框。

2. 在对话框中勾选"使能"复选框，并填写编号保存位置的启始地址（注：地址为 OTP 地址时，保存在 OTP 区域）、步进数值、编号长度和启始编号等信息，如图 2-71 所示。

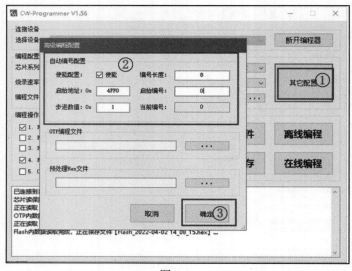

图 2-71

3. 单击"确定"按钮后对芯片进行在线/离线编程，芯片将被自动编号。

注意：对于在线编程方式，CW-Programmer 软件关闭后，不会记录当前的配置和当前编号；对于离线编程方式，配置和当前编号保存在 CW-Writer 中，断电后数据不会丢失，再次上电后芯片编号将延续之前的编号。

六、生成工程文件

工程文件用于批量生产。工程文件包含 CW-Writer 所需的配置参数和待烧录的 HEX 文件，并且工程文件采用加密的方式进行存储，极大地降低了 HEX 文件泄露的风险。工程文件的生成方法如下。

1. 按在线编程或离线编程方式设置相关选项。

2. 根据需要设置自动编号。

3. 单击"生成文件"按钮，如图 2-72 所示。

图 2-72

4．在弹出的"生成工程文件"对话框中单击"生成工程文件"按钮，如图 2-73 所示，编程文件所在目录下将生成一个和编程文件同名的扩展名为".Prog"的文件。

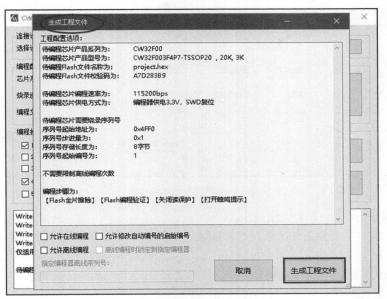

图 2-73

注意：如果需要生成在线编程的工程文件，请勾选"允许在线编程"复选框；如果需要生成离线编程的工程文件，请勾选"允许离线编程"复选框。勾选"允许离线编程"复选框后，可以将工程文件和编程器绑定，即工程文件只能被指定的编程器使用。绑定编程器时，需要指定编程器离线序列号。在编程器连接时，可以在信息框中获取编程器离线序列号，如图 2-74 所示。

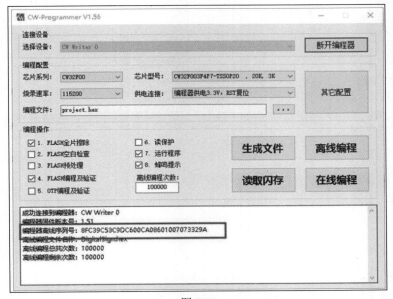

图 2-74

七、工程文件的使用

1．将计算机连接 CW-Writer，然后启动 CW-Programmer 软件，并连接编程器。

2．在"编程文件"处选择所需的工程文件（注意需要将扩展名指定为".Prog"）并打开，如图 2-75 和图 2-76 所示。

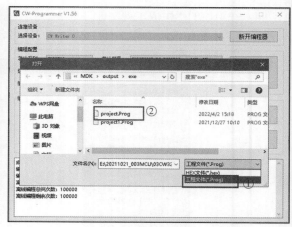

<table>
<tr><td>图 2-75</td><td>图 2-76</td></tr>
</table>

3．运行烧录程序。

如果载入在线编程工程文件，单击"在线编程"按钮，可以对芯片进行程序烧录，如图 2-77 所示。

如果载入离线编程工程文件，单击"离线编程"按钮，工程文件将被导入 CW-Writer，然后就可脱离计算机直接使用 CW-Writer 对芯片进行程序烧录，如图 2-78 所示。

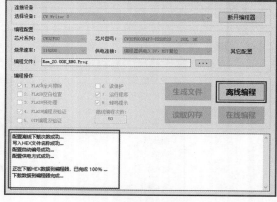

<table>
<tr><td>图 2-77</td><td>图 2-78</td></tr>
</table>

第 3 章

CW32F030 原理及基础

随着微控制器技术的不断发展，ARM Cortex-M 系列内核因其高性能、低功耗和丰富的外设集成等特点，在嵌入式系统设计中占据了重要地位。CW32F030 作为 ARM Cortex-M0+内核的代表，其强大的功能和丰富的外设使其成为许多应用的首选。本章将深入探讨 CW32F030 的原理及基础。

3.1 芯片特性及内部框图

CW32F030 是一款基于 ARM Cortex-M0+内核的 32 位微控制器。它集成了多种高性能的硬件外设（如 ADC、UART、SPI、I²C 等），并具有工业级的超宽工作温度范围、超宽工作电压范围，特别适用于各种有高可靠性要求的应用场景（如工业自动化、智能家居、医疗设备等）。

本节将对 CW32F030 芯片的特性及内部框图进行详细介绍。

3.1.1 芯片特性

CW32F030 系列芯片具有众多优良的软件、硬件功能特性。

一、产品特性

- 内核：ARM Cortex-M0+。
  最高主频：64MHz。
- 工作温度：−40～105℃
- 工作电压：1.65～5.5V。
- 存储容量。
  最大 64KB 的 FLASH 存储器，数据保持 25 年（85℃）。
  最大 8KB 的 RAM，支持奇偶校验。
  128B 的 OTP 存储器。
- CRC 计算单元。
- 复位和电源管理。
  低功耗模式（Sleep、DeepSleep）。
  POR/BOR。
  LVD。
- 时钟管理。
  4MHz～32MHz 的晶体振荡器。
  32kHz 的低速晶体振荡器。
  48MHz 的 RC 振荡器。
  32kHz 的 RC 振荡器。
  10kHz 的 RC 振荡器。
  150kHz 的 RC 振荡器。

内置锁相环（Phase Locked Loop，PLL）。

时钟监测系统。

允许独立关断各外设时钟。

- 支持最多 39 路 I/O 接口。

所有 I/O 接口支持中断功能。

所有 I/O 接口支持中断输入滤波功能。

- 5 通道 DMA 控制器。
- ADC。

12 位精度，±1LSB。

最高 1M SPS 转换速度。

内置电压参考。

模拟看门狗功能。

内置温度传感器。

- 双路电压比较器。
- 实时时钟和日历。

支持由 Sleep/DeepSleep 模式唤醒。

- 定时器。

16 位高级控制定时器，支持 6 路比较捕获通道和 3 对互补 PWM 输出、死区时间和灵活的同步功能。

4 个 16 位通用定时器。

3 个 16 位基本定时器。

WWDT。

IWDT。

- 通信接口。

3 路低功耗 UART，支持小数波特率。

两路 SPI，12Mbit/s。

两路 I^2C 接口，1Mbit/s。

IR 调制发送器。

- SWD 接口。
- 80 位唯一 ID。

对于 CW32F030x6/x8 系列的不同型号，封装形式不尽相同，如表 3-1 所示。

表 3-1　封装形式

系列	型号	封装
CW32F030x8	CW32F030C8	LQFP48
	CW32F030K8	LQFP32
		QFN32
	CW32F030F8	QFN20
CW32F030x6	CW32F030F6	TSSOP20

二、功能特性

（1）集成 FLASH 存储器和静态随机存储器（Static Random Access Memory，SRAM）的 ARM Cortex-M0+微处理器平台。

ARM Cortex-M0+内核是 ARM 为小型嵌入式系统开发的新一代 32 位内核平台，用于实现方便使用的低成本解决方案。该平台可在仅需有限的引脚数和功率消耗的同时，给用户提供出色的计算性能和快速的中断响应。

ARM Cortex-M0+32 位精简指令集处理器能在小存储空间的条件下给用户提供对 ARM 内核所期望的高性能。

CW32F030 系列产品均采用嵌入式 ARM 内核，并与几乎所有 ARM 工具和软件兼容。

（2）存储器。

CW32F030 系列产品存储器的强大功能体现在以下方面。

- 可以系统时钟速度对 6～8KB 嵌入式 SRAM 进行零等待访问，并具有奇偶校验和异常管理功能，适用于高可靠性关键应用。
- FLASH 存储器分为以下两个部分。

  32～64KB 用于存储用户程序和数据。

  2.5KB 用于存储启动程序。

- FLASH 存储器擦写以及读保护：通过寄存器进行 FLASH 存储器的擦写保护，通过 ISP 指令进行 4 个读保护等级设置。

  LEVEL0：无读保护，可通过 SWD 或者 ISP 方式进行读取操作。

  LEVEL1：读保护，不可通过 SWD 或 ISP 方式读取。可通过 ISP 或者 SWD 接口降低保护等级到 LEVEL0，降级后处于整片擦除状态。

  LEVEL2：读保护，不可通过 SWD 或 ISP 方式读取。可通过 ISP 接口降低保护等级到 LEVEL0，降级后处于整片擦除状态。

  LEVEL3：读保护，不可通过 SWD 或 ISP 方式读取。不支持任何方式的保护等级降级。

（3）引导模式。

在启动时，BOOT 引脚可用来选择以下两个启动选项。

- 运行内部 Bootloader（BOOT=1）。
- 运行用户程序（BOOT=0）。

当运行内部 Bootloader 时，用户可通过 UART1（引脚为 PA13/PA14）利用 ISP 通信协议进行 FLASH 编程。

（4）CRC 计算单元。

CRC 计算单元可按所选择的算法和参数配置来生成数据流的 CRC 码。在某些应用中，可利用 CRC 技术来验证数据的传输和存储的完整性。

产品支持 10 种常用的 CRC 算法，包括 CRC16_IBM、CRC16_MAXIM、CRC16_USB、CRC16_MODBUS、CRC16_CCITT、CRC16_CCITT_FALSE、CRC16_X25、CRC16_XMODEM、CRC32、CRC32_MPEG2。

（5）电源管理。

- 电源供电方案。

  V_{DD} 为 1.65～5.5V，为 I/O 接口和内部稳压器提供电源，通过 VDD 引脚接入。

  V_{DDA} 为 1.65～5.5V，为 ADC、复位电路、片内 RC 振荡器和 PLL 供电，通过 VDDA 引脚接入，需要 V_{DDA} 总是大于或等于 V_{DD}。

  电源引脚供电的详细情况如图 3-1 所示。

  注意：①每个电源对（VDD/VSS、VDDA/VSSA 等）必须使用滤波陶瓷电容器去耦，这些电容器必须尽可能靠近相应引脚放置或最近距离位于 PCB 背面，以确保芯片的稳定运行；②所有的 VDD 引脚都必须供电，且电压相同。

- 电源监控。

产品内部集成 POR 和 BOR 电源监控电路。POR 和 BOR 始终处于工作状态，当监测到电源电压低于特定电压门限（$V_{POR/BOR}$）时，芯片一直保持复位状态而无须外部复位电路。

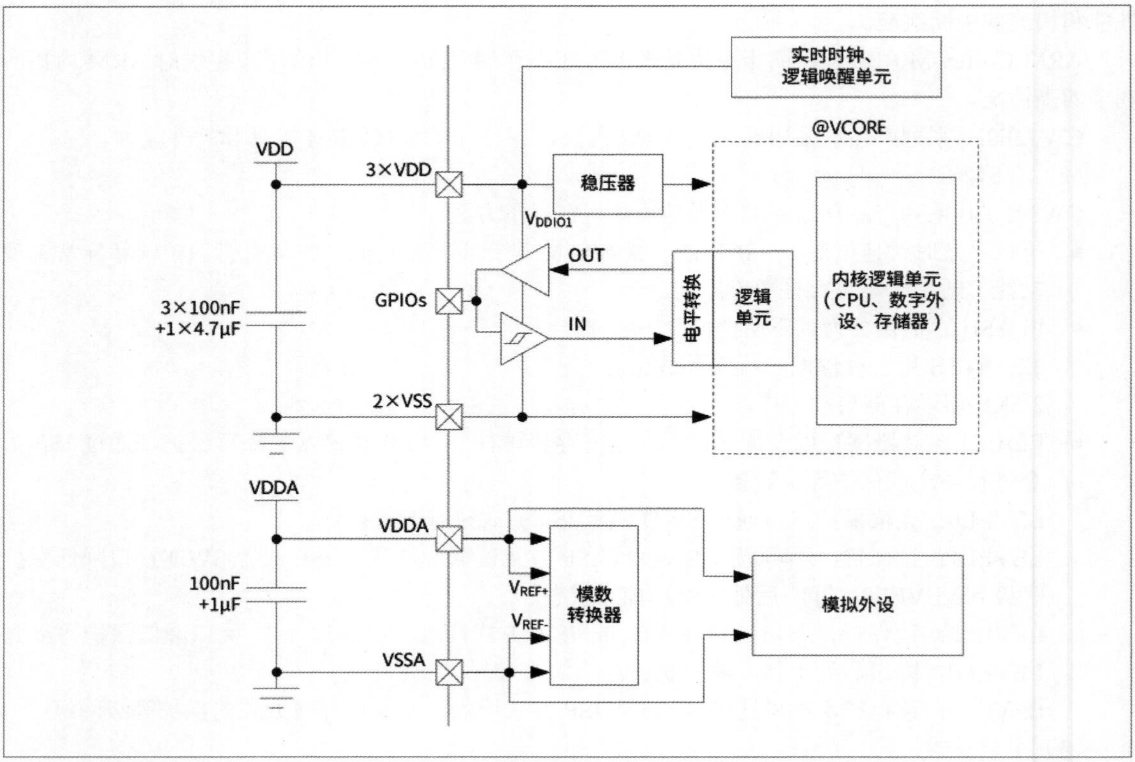

图 3-1

POR/BOR 同时监控 V_{DD} 和 V_{DDA} 电源电压，为保证芯片解除复位后正常工作，需在电路设计上保证 VDD/VDDA 同时上下电。

● 电源稳压器。

内置稳压器具有正常工作模式和低功耗工作模式两种工作模式，并且在复位后可以一直保持工作。

正常工作模式对应全速操作的状态。低功耗工作模式对应部分供电工作状态，包括 Sleep 和 DeepSleep 工作模式。

● 低功耗工作模式。

CW32F030x6/x8 微控制器支持两种低功耗工作模式。

Sleep 模式。在 Sleep 模式下，CPU 停止运行，所有外设保持工作，并且可以在发生中断或事件的时候唤醒 CPU。

DeepSleep 模式。DeepSleep 模式用于实现最低功耗，CPU 停止运行，高速时钟模块（HSE、HSIOSC）自动关闭，低速时钟（LSE、LSI、RC10K、RC150K）保持原状态不变。当发生外部复位、IWDT 复位、部分外设中断、RTC 事件时，芯片退出 DeepSleep 模式。

（6）时钟和启动。

MCU 复位后，默认选择 HSI（由内部 48MHz 的 HSIOSC 振荡器分频产生）作为 SysClk 的时钟源，系统时钟频率默认是 8MHz。用户可以使用程序启动外部晶体振荡器，并将系统时钟源切换到外部时钟源。时钟故障检测模块能持续检测外部时钟源状态，一旦检测到外部时钟源故障，系统就会自动切换到内部 HSIOSC 时钟源。如果对应故障检测中断处于使能状态，则会产生中断，便于用户记录故障事件。

有多个预分频器允许由应用程序配置 AHB 和 APB 域的频率，AHB 和 APB 域的最大频率为 64MHz。

CW32F030x6/x8 的系统内部时钟树如图 3-2 所示。

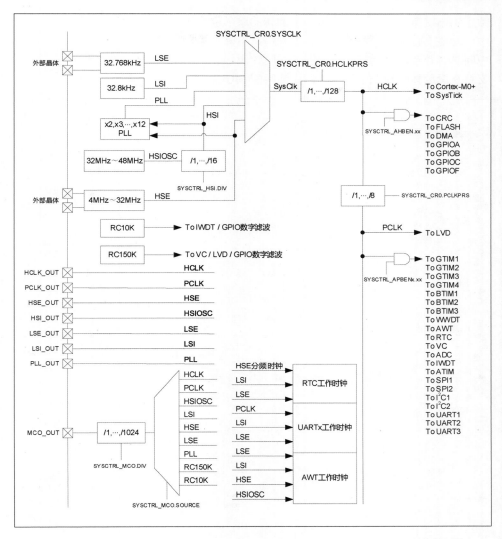

图 3-2

（7）GPIO 端口。

GPIO 控制器实现芯片内部各类数字和模拟电路与物理引脚之间的联系。每个 GPIO 引脚可软件配置为推挽或开漏的数字输出，或者带内部上拉或下拉的数字输入，以及外设复用功能。部分 GPIO 引脚具有模拟功能，可在内部模拟外设连接。部分 GPIO 引脚还支持高电平、低电平、上升沿和下降沿 4 种中断源，可在深度休眠模式下，通过外部中断唤醒 MCU 回到运行模式。所有 I/O 可配置为外部中断输入引脚，同时具有数字滤波功能。GPIO 控制器的功能框图如图 3-3 所示。

GPIO 控制器的主要特性如下。

● 所有寄存器通过 AHB 接口读写。

● 具有数字输入输出和模拟功能。

● 数字输入输出支持普通 GPIO 和功能复用。

● 模拟功能可作为 ADC、VC、LVD 的输入信号。

● 支持内部多种时钟信号输出。

● 数字输入支持内部上拉、下拉和高阻 3 种模式。

● 数字输出支持推挽和开漏模式。

● 数字输出有两挡驱动能力选择。

● 数字输出有两挡响应速度选择。

- 数字输出支持位置位、位清零、位翻转的原子位操作。
- 中断功能支持高电平、低电平、上升沿、下降沿触发方式。
- 中断具有数字滤波功能，可选择 7 种时钟源。
- 支持在深度休眠模式下通过外部中断唤醒 MCU。

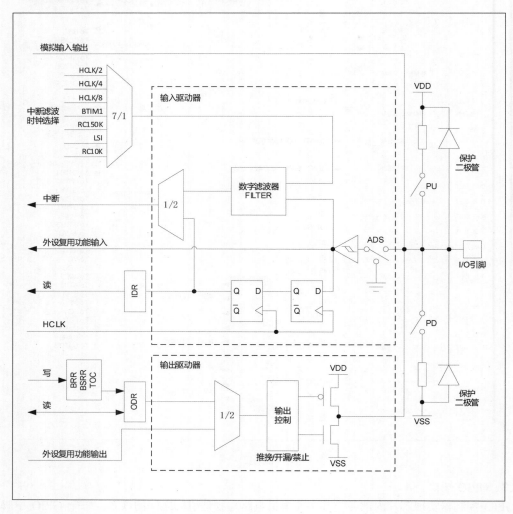

图 3-3

注意：由于 CW32 的工作电压为 1.65～5.5V，所以 GPIO 都没有进行类似 STM32 的 5V 的兼容设计。如果 MCU 与外设的电平不一致，就需要考虑电平兼容的问题。

GPIO 的响应速度和驱动能力均有两个挡位可选择，具体见第 4 章相关的数据和图表。I/O 的配置可以锁定，以防止程序误操作，提高安全性。GPIO 支持高低字节的单独访问操作，加速用户程序运行。

（8）DMA。

芯片内置 DMA 控制器，有 5 条独立通道，支持外设和存储器之间、外设和外设之间、存储器和存储器之间的高速数据传输。

每个 DMA 通道都通过专用的硬件支持 DMA 请求，并支持独立的软件触发。软件可单独配置每个通道的传输方向和数据长度。

（9）嵌套向量中断控制器（Nested Vectored Interrupt Controller，NVIC）。

CW32F030 系列嵌入了一个 NVIC，能够处理多达 32 个可屏蔽外部中断（不包括内核的 16 个中断源），支持可编程 4 级优先级。

- 中断入口向量表地址可重映射。
- 紧耦合的 NVIC 与内核的接口。
- 处理后发的高优先级中断。
- 支持尾链处理。
- 处理器状态自动保存。

此硬件模块提供灵活的中断管理功能，并具有极小的中断延迟。

（10）ADC。

CW32F030 内置的 12 位 ADC 具有多达 13 个外部通道和 3 个内部通道（温度传感器、电压基准、VDDA/3），支持单通道或序列通道转换模式。

在序列通道转换模式下，可对选定的一组模拟输入自动转换。

可以外接高精度电压基准。

ADC 可为 DMA 提供数据。

模拟看门狗功能可以精确地监控一个选定通道的转换电压。当转换电压在所设定的阈值范围内时会产生中断。

- 温度传感器。

温度传感器（Temperature Sensor，TS）产生一个随温度线性变化的电压 V_{SENSE}。

温度传感器内部连接到 ADC_IN14 输入通道，用于将传感器输出的电压转换为数值。

传感器提供良好的线性度，用户应先对其进行校准以获得良好的温度测量整体精度。由于温度传感器的偏移因工艺变化而随芯片而异，未校准的内部温度传感器适用于仅检测温度变化的应用。

为了提高温度传感器测量的准确性，制造商对每个芯片进行了单独的校准。温度传感器出厂校准数据被存储在 FLASH 存储器中。内部温度传感器校准值地址如表 3-2 所示。

表 3-2　内部温度传感器校准值地址

ADC 参考电压	校准值存放地址	校准值精度
内部 1.5V	0x0001260A～0x0001260B	±3℃
内部 2.5V	0x0001260C～0x0001260D	±3℃

- 内置电压参考：ADC 参考电压除了可以选择 V_{DDA} 和外部参考电压之外，还可以选择内部参考电压。内置参考电压生成器（BGR）可为 ADC 提供稳定的电压输出，分别是 1.5V 和 2.5V。
- 关于温度传感器的编程与应用，详见 6.8 节。

（11）定时器和看门狗。

CW32F030x6/x8 微控制器内部集成一个高级定时器、4 个通用定时器、3 个基本定时器。

不同类型的定时器如表 3-3 所示。

表 3-3　不同类型的定时器

定时器类型	定时器	计数器位宽	计数方式	分频因子	DMA 请求	比较捕获通道	互补输出
高级定时器	ATIM	16 位	上/下/上下	2^N ($N=0,\cdots,7$)	YES	6	3
通用定时器	GTIM1	16 位	上/下/上下	2^N ($N=0,\cdots,15$)	YES	4	1
	GTIM2	16 位	上/下/上下	2^N ($N=0,\cdots,15$)	YES	4	1
	GTIM3	16 位	上/下/上下	2^N ($N=0,\cdots,15$)	YES	4	1
	GTIM4	16 位	上/下/上下	2^N ($N=0,\cdots,15$)	YES	4	1

续表

定时器类型	定时器	计数器位宽	计数方式	分频因子	DMA 请求	比较捕获通道	互补输出
基本定时器	BTIM1	16 位	上	2^N（$N=0,\cdots,15$）	YES	0	1
	BTIM2	16 位	上	2^N（$N=0,\cdots,15$）	YES	0	1
	BTIM3	16 位	上	2^N（$N=0,\cdots,15$）	YES	0	1

- 高级定时器（ATIM）。

ATIM 由一个 16 位的重装载计数器和 7 个比较单元组成，并由一个可编程的预分频器驱动。ATIM 支持 6 个独立的比较捕获通道，可实现 6 路独立 PWM 输出、3 对互补 PWM 输出或对 6 路输入进行捕获。ATIM 可用于基本的定时/计数、测量输入信号的脉冲宽度和周期、产生输出波形（PWM、单脉冲、插入死区时间的互补 PWM 等）。

- 通用定时器（GTIM1～GTIM4）。

4 个通用定时器（GTIM），每个 GTIM 完全独立且功能完全相同，各包含一个 16 位重装载计数器并由一个可编程预分频器驱动。GTIM 支持定时器模式、计数器模式、触发启动模式和门控模式 4 种基本工作模式，每组带 4 个独立的比较捕获通道，可以测量输入信号的脉冲宽度（输入捕获）或者产生输出波形（输出比较和 PWM）。

- 基本定时器（BTIM1～BTIM3）。

3 个基本定时器（BTIM），每个 BTIM 完全独立且功能相同，各包含一个 16 位自动重装载计数器并由一个可编程预分频器驱动。BTIM 支持定时器模式、计数器模式、触发启动模式和门控模式 4 种基本工作模式，支持溢出事件触发中断请求和 DMA 请求。对触发信号的精细处理设计，使得 BTIM 可以由硬件自动执行触发信号的滤波操作，还能令触发事件产生中断请求和 DMA 请求。

- IWDT。

IWDT 使用专门的内部 RC 时钟源 RC10K，可避免运行时受外部因素影响。一旦启动 IWDT，用户需要在规定时间间隔内对 IWDT 的计数器进行重载，否则产生溢出会触发复位或产生中断信号。IWDT 启动后，可停止计数。用户可选择在深度休眠模式下让 IWDT 保持运行或暂停计数。

专门设置的键值寄存器可以锁定 IWDT 的关键寄存器，防止寄存器被意外修改。

- WWDT。

CW32F030x6/x8 微控制器内部集成 WWDT，用户需要在设定的时间窗口内进行刷新，否则看门狗溢出将触发系统复位。WWDT 通常用来监测有严格时间要求的程序执行流程，防止由外部干扰或未知条件造成应用程序的执行异常，导致系统发生故障。

- SysTick 定时器。

此定时器常用于 RTOS，但也可用作标准递减计数器。它的特点如下。

4 位递减计数器。

自动重装载能力。

当计数器达到 0 时产生可屏蔽的系统中断。

（12）RTC。

RTC 是一种专用的计数器/定时器，可提供日历信息，包括时、分、秒、日、月、年及星期。

RTC 具有两个独立闹钟，时间、日期可组合设定，可产生闹钟中断，并通过引脚输出；支持时间戳功能，可通过引脚触发，记录当前的日期和时间，同时产生时间戳中断；支持周期中断；支持自动唤醒功能，可产生中断并通过引脚输出；支持 1Hz 方波和 RTCOUT 输出功能；支持内部时钟校准补偿。

CW32F030 内置经独立校准的 32kHz 频率的 RC 时钟源为 RTC 提供驱动时钟，RTC 可在深度休眠模式下运行，适用于要求低功耗的应用场合。

（13）I²C 控制器。

I²C 控制器能按照设定的传输速率（标准、快速、高速）将需要发送的数据按照 I²C 规范串行发送到 I²C 总线上，并对通信过程中的状态进行检测。另外，还支持多主机通信中的总线冲突和仲裁处理。

I²C 控制器的主要特性如下。

- 支持主机发送/接收、从机发送/接收 4 种工作模式。
- 支持时钟延展（时钟同步）和多主机通信冲突仲裁。
- 支持标准（100kbit/s）、快速（400kbit/s）、高速（1Mbit/s）3 种工作速率。
- 支持 7 位寻址功能。
- 支持 3 个从机地址。
- 支持广播地址。
- 支持输入信号噪声过滤功能。
- 支持中断状态查询功能。

（14）UART。

UART 支持异步全双工、同步半双工和单线半双工模式，支持硬件数据流控和多机通信模式；可编程数据帧结构，可以通过小数波特率发生器提供宽范围的波特率选择。

UART 控制器工作在双时钟域下，允许在深度休眠模式下进行数据的接收，接收完成中断可以唤醒 MCU 回到运行模式。

（15）SPI。

SPI 支持双向全双工、单线半双工和单工模式，可配置 MCU 作为主机或从机，支持多主机通信模式，支持 DMA。

SPI 的主要特性如下。

- 支持主机模式、从机模式。
- 支持全双工、单线半双工、单工通信模式。
- 可选 4 位到 16 位的数据帧宽度。
- 支持收发数据 LSB 或 MSB 在前。
- 可编程时钟极性和时钟相位。
- 主机模式下通信速率高达 PCLK/2。
- 从机模式下通信速率高达 PCLK/4。
- 支持多机通信模式。
- 8 个带标志位的中断源。
- 支持 DMA。

（16）SWD 接口。

CW32F030 提供一个 SWD 接口，用户可使用武汉芯源半导体有限公司的 CW-DPLINK 连接到MCU，在 IDE 中进行调试和仿真。

3.1.2　内部框图

CW32F030x6/x8 是基于 eFLASH 的单芯片微控制器，集成了主频高达 64MHz 的 ARM Cortex -M0+内核、高速嵌入式存储器（大至 64KB 的 FLASH 存储器和大至 8KB 的 SRAM），以及一系列增强型外设和 I/O 接口。所有型号都提供全套的通信接口（3 路 UART、两路 SPI 和两路 I²C）、12 位高速 ADC、4 个通用定时器和 3 个基本定时器以及一个高级控制 PWM 定时器。

CW32F030x6/x8 可以在−40～105℃的温度范围内工作，工作电压范围为 1.65～5.5V。支持 Sleep和 DeepSleep 两种低功耗工作模式。CW32F030 的内部框图如图 3-4 所示。

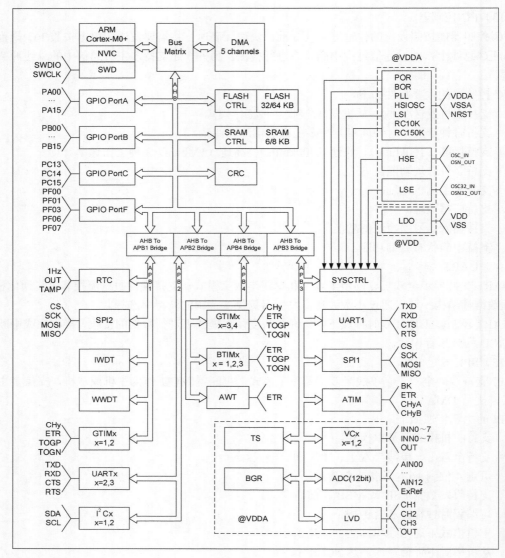

图 3-4

CW32F030x6/x8 提供 TSSOP20、LQFP32、QFN32、LQFP48、QFN20 共 5 种不同的封装形式，不同封装形式的产品所能实现的功能有所不同，具体情况如表 3-4 所示。

表 3-4　CW32F030x6/x8 系列产品功能比较

外设		CW32F030F6	CW32F030K8	CW32F030C8	CW32F030F8
FLASH 存储器		32KB	64KB	64KB	64KB
SRAM		6KB	8KB	8KB	8KB
定时器	高级定时器	1			
	通用定时器	4			
	基本定时器	3			
SPI		2			
I²C		2			
UART		3			

续表

12 位 ADC（输入通道数）	1（9 外 3 内）	1（10 外 3 内）	1（13 外 3 内）	1（9 外 3 内）
GPIO	15	25	39	15
内核主频	64MHz			
工作电压	1.65～5.5V			
工作温度	−40～105℃			
封装	TSSOP20	LQFP32、QFN32	LQFP48	QFN20

3.2 芯片存储器组织

CW32F030 内核为 32 位的 ARM Cortex-M0+微处理器，最大寻址空间为 4GB。芯片内置的程序存储器、数据存储器、各外设及端口寄存器被统一编址在同一个 4GB 的线性地址空间内。

存储器中字节组织为小端格式。一个字存储空间的最低字节数据为字的最低有效位，最高字节数据为最高有效位。

例如，将 0x11223344 存放在地址为 0x20000000 的存储器空间中，实际存放结果为 0x20000000 字节存放 0x44、0x20000001 字节存放 0x33、0x20000002 字节存放 0x22、0x20000003 字节存放 0x11。

系统地址分配如图 3-5 所示，RES 为保留区域。

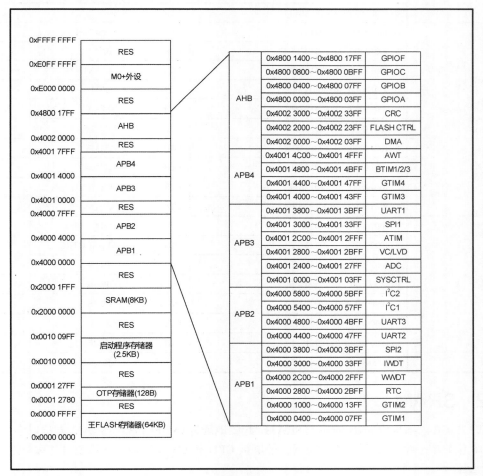

图 3-5

3.2.1　存储器映射和寄存器边界地址

片上存储器及各外设的地址分配如表 3-5 所示。

表 3-5　存储器和外设的地址分配

设备或总线	边界地址	大小	对应外设
主 FLASH 存储器	0x00000000～0x0000FFFF	64KB	主 FLASH
OTP 存储器	0x00012780～0x000127FF	128B	OTP
启动程序存储器	0x00100000～0x001009FF	2.5KB	BootLoader
SRAM	0x20000000～0x20001FFF	8KB	SRAM
APB1 外设	0x40000400～0x400007FF	1KB	GTIM1
	0x40001000～0x400013FF	1KB	GTIM2
	0x40002800～0x40002BFF	1KB	RTC
	0x40002C00～0x40002FFF	1KB	WWDT
	0x40003000～0x400033FF	1KB	IWDT
	0x40003800～0x40003BFF	1KB	SPI2
APB2 外设	0x40004400～0x400047FF	1KB	UART2
	0x40004800～0x40004BFF	1KB	UART3
	0x40005400～0x400057FF	1KB	I²C1
	0x40005800～0x40005BFF	1KB	I²C2
APB3 外设	0x40010000～0x400103FF	1KB	SYSCTRL
	0x40012400～0x400127FF	1KB	ADC
	0x40012800～0x40012BFF	1KB	VC/LVD
	0x40012C00～0x40012FFF	1KB	ATIM
	0x40013000～0x400133FF	1KB	SPI1
	0x40013800～0x40013BFF	1KB	UART1
APB4 外设	0x40014000～0x400143FF	1KB	GTIM3
	0x40014400～0x400147FF	1KB	GTIM4
	0x40014800～0x40014BFF	1KB	BTIM1/2/3
	0x40014C00～0x40014FFF	1KB	AWT
AHB 外设	0x40020000～0x400203FF	1KB	DMA
	0x40022000～0x400223FF	1KB	FLASHCTRL
	0x40023000～0x400233FF	1KB	CRC
	0x48000000～0x480003FF	1KB	GPIOA
	0x48000400～0x480007FF	1KB	GPIOB
	0x48000800～0x48000BFF	1KB	GPIOC
	0x48001400～0x480017FF	1KB	GPIOF
M0+外设	0xE0000000～0xE00FFFFF	1MB	M0+内核外设

3.2.2　SRAM

CW32F030 内部集成 8KB 的片上 SRAM，起始地址为 0x20000000。SRAM 支持以字节（8 位）、半字（16 位）或全字（32 位）进行访问，能够被 CPU 和 DMA 以最大的系统时钟频率进行访问，零等待延迟。

SRAM 支持奇偶校验功能，芯片上电后默认打开，用户不可配置。

　　SRAM 的数据总线位宽为 36 位，包括 32 位数据位以及 4 位奇偶校验位（每 8 位数据位配有 1 位的奇偶校验位），用来增强存储器的健壮性。

　　奇偶校验位在 CPU 对 SRAM 进行写入时计算和存储，在 CPU 对 SRAM 进行读取时自动检查。系统检测到奇偶校验失败后会产生对应的中断标志。

3.2.3　FLASH 存储器

　　片上 FLASH 存储器由两部分组成：主 FLASH 存储器和启动程序存储器。

- 主 FLASH 存储器，共 64KB，地址空间为 0x00000000～0x0000FFFF。该区域主要用于存放应用程序代码和用户数据，用户可编程。
- 启动程序存储器，共 2.5KB，地址空间为 0x00100000～0x001009FF。该区域主要用于存储 BootLoader 程序，在芯片出厂时已编程，用户不可更改。

　　FLASH 控制器实现对 FLASH 存储器的各种操作（擦除、写入、读取），内部的预取缓存机制可加快 CPU 代码执行速度。

　　FLASH 存储器支持以字节（8 位）、半字（16 位）或全字（32 位）进行访问，访问的最高频率为 24MHz。

　　注意：如果系统配置的 HCLK 时钟频率高于 24MHz，则必须通过 FLASH 控制寄存器 FLASH_CR2 的 WAIT 位域配置合理的响应等待时间才能保证 FLASH 被正确访问。

3.2.4　OTP 存储器

　　芯片内部有 128B 的存储器空间为 OTP 区域，地址空间为 0x00012780～0x000127FF。该存储器区域只可通过 ISP 编程指令写入数据，且仅能写入一次，之后就只能被读取，不能擦除和写入。该区域主要用于存储不可更改的信息，如用户自定义的产品编号、算法密钥等，在设备出厂时写入。

3.2.5　系统启动配置

　　芯片支持两种不同的启动模式，可通过 BOOT 引脚状态进行配置，如表 3-6 所示。

表 3-6　启动模式配置

配置	启动模式
BOOT=0	从主 FLASH 存储器启动，运行用户程序
BOOT=1	从启动程序存储器启动，固定运行芯片的 BootLoader 程序，此时用户可通过 UART1 接口（引脚为 PA13/PA14）利用 ISP 通信协议进行 FLASH 编程

　　启动模式选择电路，只在芯片复位时刻采样 BOOT 引脚状态，因此在芯片复位前，用户必须根据需要设置好 BOOT 引脚的电平状态，以决定本次芯片复位后的启动模式。

　　系统启动完成之后，CPU 从存储器的 0x00000000 地址获取堆栈顶的地址，并从存储器的 0x00000004 指示的地址开始执行代码。

　　BootLoader 程序位于启动程序存储器区域，由设备提供商在生产时进行编程。用户可以通过 UART1 接口（引脚为 PA13/PA14）利用 ISP 通信协议进行 FLASH 编程。

3.3　芯片电源

　　CW32F030 工作时需要两组电源供电：工作电源（VDD、VSS）和模拟电源（VDDA、VSSA）。用户可以选择工作电源和模拟电源使用同一电源，也可以使用两组不同的电源，但是二者相差不能超过 0.3V。

CW32F030 内嵌一路 1.5V 低压差 LDO 稳压器，为芯片内部数字电源域供电。

芯片内置参考电压生成器（BGR）电路，可为其他模拟模块提供参考电压。

芯片内部电源域的划分与分配如图 3-6 所示。

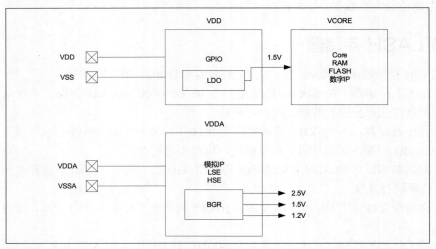

图 3-6

3.3.1　电源监控

一、POR/BOR

CW32F030 内部集成 POR 和 BOR 电源监控电路，电源上电后始终处于工作状态。POR/BOR 同时监控 V_{DD} 和 V_{DDA} 电源电压，当监测到电源电压低于复位阈值（V_{BOR}）时，系统会进入复位状态。用户无须额外增加外部硬件复位电路。

上电复位/掉电复位时序，如图 3-7 所示。

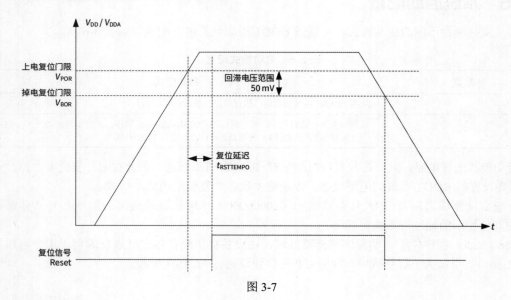

图 3-7

二、工作模式

CW32F030 支持运行模式（Active Mode）、休眠模式（Sleep Mode）和深度休眠模式（DeepSleep Mode）3 种工作模式，由内嵌的电源管理模块自动完成电源的统一管理。

上电后，系统自动进入运行模式。用户可通过软件程序使系统进入休眠或深度休眠两种低功耗工作模式；在低功耗工作模式下，可通过硬件中断触发唤醒机制，使系统返回到运行模式。

3 种工作模式的转换机制如图 3-8 所示。

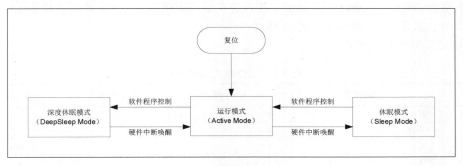

图 3-8

运行模式下，CPU 正常运行，所有模块用户均可正常使用；休眠模式下，CPU 停止运行，所有外设不受影响，所有 I/O 引脚保持状态不变；深度休眠模式下，CPU 停止运行，高速时钟（HSE、HSIOSC）自动关闭，低速时钟（LSE、LSI、RC10K、RC150K）保持原状态不变。

不同工作模式下 CPU 与时钟状态如表 3-7 所示。

表 3-7 不同工作模式下 CPU 状态与时钟状态

工作模式	CPU 状态	高速时钟状态	低速时钟状态
运行模式（Active Mode）	运行	ON/OFF	ON/OFF
休眠模式（Sleep Mode）	停止	ON/OFF	ON/OFF
深度休眠模式（DeepSleep Mode）	停止	OFF	ON

（1）进入休眠模式或深度休眠模式。

使用 M0+内核的 ARM 等待中断专用指令，即 WFI 指令，配合 M0+内核的系统控制寄存器（System Control Register，SCR）的 SLEEPONEXIT 和 SLEEPDEEP 位域，可实现立即进入或退出（中断服务程序）时进入休眠模式或深度休眠模式。

- 立即进入。执行 WFI 指令，MCU 将立即进入休眠模式（SLEEPDEEP 为 0 时）或深度休眠模式（SLEEPDEEP 为 1 时）。
- 退出时进入。将 SLEEPONEXIT 置 1，当退出最低优先级的中断服务程序后，MCU 会进入休眠模式（SLEEPDEEP 为 0 时）或深度休眠模式（SLEEPDEEP 为 1 时），而不需要执行 WFI 指令。

系统进入休眠模式或深度休眠模式的参数如表 3-8 所示。

表 3-8 系统进入休眠模式或深度休眠模式的参数

进入方式	SLEEPONEXIT	进入条件	SLEEPDEEP	进入模式
立即进入	—	执行 WFI 指令	0	休眠模式
			1	深度休眠模式
退出时进入	1	退出最低优先级的中断服务程序后	0	休眠模式
			1	深度休眠模式

注意：①在深度休眠模式下，系统将自动关闭高速时钟。如果用户需要在深度休眠模式下使部分外设仍保持运行，则需要在进入深度休眠模式前启动相应的低速时钟，并将该外设时钟设置为此低速时钟。②在进入深度休眠模式之前，必须配置 HCLK 时钟频率小于或等于 4MHz，否则易造成内核损坏。③若使能了 VCx，必须等待 VCx_SR.READY 标志位置 1 后才可以进入深度休眠模式，否则无法进入深度休眠模式。

（2）退出休眠模式或深度休眠模式。

在休眠模式或深度休眠模式下，均可通过中断来唤醒 CPU，返回到运行模式。但值得注意的是，如果用户在中断服务程序中执行 WFI 指令进入休眠模式（包括深度休眠模式），则需要比此中断更高优先级的中断才能唤醒 CPU。因此，强烈建议用户在准备进入休眠模式之前处理完所有中断服务程序，并且清除所有中断请求和中断标志。

工作模式与中断源如表 3-9 所示。

表 3-9　工作模式与中断源

中断号	中断源	运行模式	休眠模式	深度休眠模式
0	IWDT	Y	Y	Y
	WWDT	Y	Y	N
1	LVD	Y	Y	Y
2	RTC	Y	Y	Y
3	FLASH	Y	Y	N
	RAM	Y	Y	N
4	RCC	Y	Y	Y
5	GPIOA	Y	Y	Y
6	GPIOB	Y	Y	Y
7	GPIOC	Y	Y	Y
8	GPIOF	Y	Y	Y
9	DMA1	Y	Y	N
10	DMA2	Y	Y	N
	DMA3	Y	Y	N
11	DMA4	Y	Y	N
	DMA5	Y	Y	N
12	ADC	Y	Y	N
13	ATIM	Y	Y	N
14	VC1	Y	Y	Y
15	VC2	Y	Y	Y
16	GTIM1	Y	Y	N
17	GTIM2	Y	Y	N
18	GTIM3	Y	Y	N
19	GTIM4	Y	Y	N
20	BTIM1	Y	Y	N
21	BTIM2	Y	Y	N
22	BTIM3	Y	Y	N
23	I²C1	Y	Y	N
24	I²C2	Y	Y	N
25	SPI1	Y	Y	N
26	SPI2	Y	Y	N
27	UART1	Y	Y	Y
28	UART2	Y	Y	Y
29	UART3	Y	Y	Y
30	AWT	Y	Y	Y
31	FAULT	Y	Y	Y

使用中断退出休眠模式，用户必须在进入休眠模式（包括深度休眠模式）前使能此中断的允许位。

中断唤醒退出休眠模式后，CPU 将立即进入此中断的中断服务程序。如果用户未设置此中断服务程序且为立即进入休眠模式时，CPU 将继续执行进入休眠模式的 WFI 指令的下一条语句；而为退出进入休眠模式时，CPU 将继续执行最后进入的中断服务程序的下一条语句。一般情况下，基于系统可靠性考虑，强烈建议用户设置此中断的服务程序，并在中断服务程序中清除中断请求和中断标志。

中断唤醒退出深度休眠模式时，CPU 运行状态与退出休眠模式相同。

深度休眠模式下，系统将自动关闭高速时钟。在退出深度休眠模式时，CW32F030 为用户额外增加了一种系统时钟选择，用户既可以选择继续使用进入深度休眠模式时使用的时钟，也可选择内部高速（High Speed Internal，HIS）时钟作为系统时钟。配置系统控制寄存器 SYSCTRL_CR2 的 WAKEUPCLK 位域为 1，则在中断唤醒退出深度休眠模式后自动使用 HSI 时钟作为系统时钟，由于 HSI 时钟的恢复时间比外部高速（High Speed External，HSE）时钟快，从而可以加速唤醒系统。

3.3.2 工作模式

即使在休眠模式或深度休眠模式，CPU 亦可响应部分复位源。工作模式与复位源如表 3-10 所示。

表 3-10　工作模式与复位源

复位源	运行模式	休眠模式	深度休眠模式
POR/BOR	Y	Y	Y
引脚输入复位（NRST）	Y	Y	Y
LVD 复位	Y	Y	Y
IWDT 复位	Y	Y	Y
WWDT 复位	Y	Y	N
内核 LOCKUP 故障复位	Y	N	N
内核 SYSRESETREQ 复位	Y	N	N

3.3.3 低功耗应用

休眠模式下，CPU 停止运行，所有外设（包括 ARM Cortex-M0+内核外设，如 NVIC、SysTick 等）保持运行。休眠模式的功耗低于运行模式。

深度休眠模式下，CPU 停止运行，高速时钟关闭，低速时钟保持状态不变，部分外设可以配置为继续运行，NVIC 中断处理仍然工作。深度休眠模式的功耗远低于休眠模式。

用户可以通过以下方式降低系统运行功耗。

一、降低系统时钟频率

- 使用低频率的高速时钟 HSI、HSE 或低速时钟 LSI、LSE。
- 通过编程预分频寄存器，降低 SYSCLK、HCLK、PCLK 的频率。
  设置 SYSCTRL_CR0 寄存器的 SYSCLK 位域，选择适当的时钟源。
  设置 SYSCTRL_CR0 寄存器的 HCLKPRS 位域，降低 HCLK 的频率。
  设置 SYSCTRL_CR0 寄存器的 PCLKPRS 位域，降低 PCLK 的频率。

二、关闭休眠期间不使用的时钟和外设

- AHB 时钟 HCLK 和 APB 时钟 PCLK，可以根据需要关闭。
- 关闭与唤醒无关的外设的时钟。
  AHB 外设时钟使能控制寄存器——SYSCTRL_AHBEN。
  APB 外设时钟使能控制寄存器 1——SYSCTRL_APBEN1。
  APB 外设时钟使能控制寄存器 2——SYSCTRL_APBEN2。

3.4　芯片复位

CW32F030 芯片复位分为系统复位和外设复位，本节将对两种复位方式进行详细描述。

3.4.1　系统复位

CW32F030 支持以下 6 种系统复位。

- POR/BOR。

- 引脚输入复位（NRST）。
- IWDT/WWDT 复位。
- LVD 复位。
- 内核 SYSRESETREQ 复位。
- 内核 LOCKUP 故障复位。

复位方式及范围如表 3-11 所示。

表 3-11　复位方式及范围

复位方式	复位范围
POR/BOR	整个 MCU
引脚输入复位（NRST）	整个 MCU（除 RTC 外）
IWDT/WWDT 复位	M0+内核/外设（除 RAM 控制器/RTC 外）
LVD 复位	M0+内核/外设（除 LVD 控制部分/RTC 外）
内核 SYSRESETREQ 复位	M0+内核（除 SWD 调试逻辑外）/外设（除 RAM 控制器/LVD/RTC 外）
内核 LOCKUP 故障复位	M0+内核/外设（除 RAM 控制器/LVD/RTC 外）

发生系统复位后，CPU 重新运行，大部分寄存器都被复位到默认值，程序从中断向量表的复位中断入口地址开始执行。

用户可通过系统复位标志寄存器 SYSCTRL_RESETFLAG 来查询本次系统复位的复位源。复位标志由硬件置位，软件清零。建议用户在读取标志位后清除该寄存器相关标志位为 0，以避免在下次复位后发生混淆。

一、POR/BOR

CW32F030 集成了专门的 POR 和 BOR 电路对电源电压进行监控，在电源电压低于安全范围的下限值时将芯片保持在复位状态，防止芯片在上电/掉电过程中误动作。为保证系统工作稳定，用户需保持电源电压在安全范围内。

注意：为保证芯片解除复位后正常工作，需在电路设计上保证 VDD/VDDA 同时上下电。

二、引脚输入复位（NRST）

CW32F030 具有专门的复位输入引脚，输入一定宽度的低电平信号会引起系统复位。芯片内部设计有专用防抖电路，短于 20μs 的低电平脉冲信号会被屏蔽。

复位输入引脚内置有上拉电阻器，用户如需外接 RC 电路，需考虑内部上拉电阻器的影响。

三、IWDT/WWDT 复位

CW32F030 集成了 IWDT 和 WWDT，当 IWDT 或 WWDT 满足复位条件时，会产生复位信号引起系统复位。

四、LVD 低电压检测复位

CW32F030 内部集成 LVD，可将选定的监测电压和设定的 LVD 门限电压持续比较，当比较结果满足触发条件时，将产生 LVD 复位信号引起系统复位。

与 POR/BOR 复位方式相比，LVD 低电压检测复位的功能更强大，复位门限电压、监测电压源、脉冲滤波宽度和迟滞时间都可通过相关寄存器进行设置。

五、内核 SYSRESETREQ 复位

内核 SYSRESETREQ 复位是软件复位，通过设置 ARM Cortex-M0+的应用中断和复位控制寄存器（Application Interrupt and Reset Control Register，AIRCR）的 SYSRESETREQ 位域来实现。应用程序设置该位域为 1，则会产生内核 SYSRESETREQ 复位，从而实现软件复位。

六、内核 LOCKUP 故障复位

当 CPU 遇到严重异常（如读取到的指令无效、访问 FLASH 存储器时位宽和目标地址不匹配），会将程序计数器指针停在当前地址处锁定，并产生内核 LOCKUP 故障复位信号。

芯片上电后，LOCKUP 复位功能默认处于不使能状态，用户需要通过设置系统控制寄存器

SYSCTRL_CR2 的 LOCKUP 位域为 1 来手动使能 LOCKUP 复位功能。

3.4.2　外设复位

　　用户可使用软件将 CW32F030 内部的各种外设单独复位。外设复位可以让各外设的寄存器、状态机以及各种控制逻辑等恢复到上电复位后的默认状态。用户可通过设置 SYSCTRL_AHBRST、SYSCTRL_APBRST1、SYSCTRL_APBRST2 这 3 个寄存器来进行各外设模块的独立复位操作。

　　对于 POR/BOR，内部各外设模块已处于复位后的默认状态，可直接进行模块初始化配置，不需要再单独对各模块进行独立复位。

　　对于其他类型系统复位情形，部分外设可能保留复位前的工作状态。用户如果需要将外设恢复到上电后的默认状态，应通过对应的复位寄存器执行外设复位操作后再使用。

3.5　芯片时钟控制

　　CW32F030 芯片需要设置多路时钟以控制 CPU 及各种外设所需的不同频率时钟，本节对此进行详细介绍。

3.5.1　系统内部时钟树

　　CW32F030 内置多路时钟产生电路，通过分频器和多路选择器产生各种不同频率的时钟给 CPU 及各外设使用。系统内部时钟树结构如图 3-9 所示。

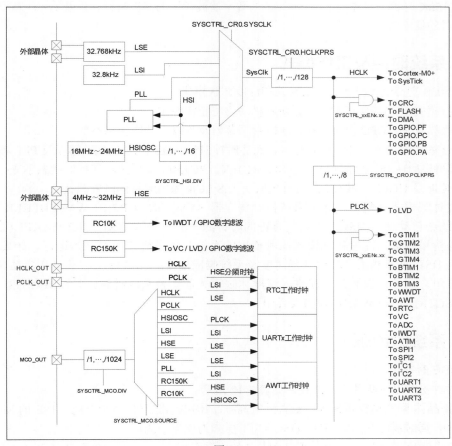

图 3-9

系统时钟 SysClk 经过分频为 CPU 内核提供高级高性能总线时钟 HCLK，HCLK 时钟经过分频为数字及模拟外设提供高级外设时钟 PCLK。

系统时钟 SysClk 有 5 个时钟源。

- 外部高速（HSE）振荡器时钟。
- 外部低速（LSE）振荡器时钟。
- HSI 时钟，由内部高速 RC 振荡器时钟（HSIOSC）经过分频产生。
- 内部低速（LSI）RC 振荡器时钟。
- PLL 时钟，由 HSE 时钟或 HSI 时钟经 PLL 倍频（2～12 倍）产生。

内部 HSIOSC 经过分频器分频后产生 HSI 时钟，分频系数通过内置高频时钟控制寄存器 SYSCTRL_HSI 的 DIV 位域进行设置，有效分频系数为 1、2、4、6、8、10、12、14、16。

系统时钟 SysClk 可选 5 个时钟源：HSE、LSE、HSI、LSI、PLL。可通过系统控制寄存器 SYSCTRL_CR0 的 SYSCLK 位域进行选择。

高级高性能总线时钟 HCLK 由系统时钟 SysClk 经过分频产生，作为 M0+内核、SysTick、DMA、FLASH、CRC、GPIO 等模块的配置时钟及工作时钟。分频系数通过系统控制寄存器 SYSCTRL_CR0 的 HCLKPRS 位域设置，有效分频系数为 $2n$（$n=0,\cdots,7$）。

高级外设时钟 PCLK 由 HCLK 经过分频产生，作为定时器、SPI、I^{2}C 等外设的配置时钟及工作时钟。分频系数通过系统控制寄存器 SYSCTRL_CR0 的 PCLKPRS 位域设置，有效分频系数为 $2n$（$n=0,\cdots,3$）。

除作为系统时钟的 5 个时钟源外，CW32F030 还内置两个专用的低速时钟源。

- RC10K 时钟：可作为 IWDT 模块计数时钟，以及 GPIO 端口中断输入信号的滤波时钟。
- RC150K 时钟：可作为 LVD 和 VC 的数字滤波模块的滤波时钟，以及 GPIO 端口中断输入信号的滤波时钟。

3.5.2 系统时钟及工作模式

CW32F030 支持运行模式、休眠模式和深度休眠模式。

- 运行模式下，CPU 正常运行，所有模块均可正常使用。
- 休眠模式下，CPU 停止运行，各时钟振荡器及外设保持原状态不变。
- 深度休眠模式下，CPU 停止运行，高速时钟 HSE、HSIOSC 的振荡器以及 PLL 被自动关闭以降低功耗；低速时钟 LSE、LSI、RC10K、RC150K 的振荡器保持原状态不变；系统时钟 SysClk 及 HCLK、PCLK 是否有效取决于 SysClk 系统时钟的时钟源状态。

从深度休眠模式唤醒后，如果系统控制寄存器 SYSCTRL_CR2 的 WAKEUPCLK 位域配置为 1，则系统会自动使用 HSI 作为系统时钟的时钟源。如果 SYSCTRL_CR2.WAKEUPCLK 为 0，则系统会等待系统进入深度休眠模式前所使用的系统时钟源稳定后才开始运行。如果系统时钟的时钟源为 HSE 或者 PLL，时钟恢复速度及系统响应速度会比较慢。由于 HSI 启动速度很快，可快速响应用户需求，因此建议在进入深度休眠模式前切换系统时钟的时钟源为 HSI 时钟，或者配置 SYSCTRL_CR2.WAKEUPCLK 为 1。

3.5.3 系统时钟源

一、HSE 时钟

HSE 时钟支持以下两种工作模式，如表 3-12 所示。

- 石英晶体/陶瓷谐振器模式，设置外置高频晶体控制寄存器 SYSCTRL_HSE 的 MODE 位域为 0，同时需配置 OSC_IN、OSC_OUT 引脚为模拟功能。
- 外部时钟输入模式，设置外置高频晶体控制寄存器 SYSCTRL_HSE 的 MODE 位域为 1，同时需配置 OSC_IN 引脚为数字输入功能。

表 3-12　HSE 工作模式配置

工作模式	SYSCTRL_HSE.MODE	OSC_IN	OSC_OUT
石英晶体/陶瓷谐振器	0	模拟	模拟
外部时钟输入	1	数字输入	可作为通用 GPIO

（1）石英晶体/陶瓷谐振器时钟模式。

外置石英晶体/陶瓷谐振器接在 OSC_IN 和 OSC_OUT 两个引脚之间，配合起振电容器产生稳定的 4MHz～32MHz 时钟信号，电路连接如图 3-10 所示。

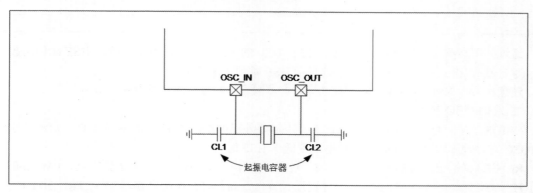

图 3-10

石英晶体/陶瓷谐振器和起振电容器需尽可能靠近芯片振荡器引脚放置，以使振荡器输出失真和启动时间最小。

起振电容器的电容值大小需根据所选择的石英晶体/陶瓷谐振器进行调整，计算方法为：$C_L=(C_{L1} \times C_{L2})/(C_{L1}+C_{L2}) + C_0$。

其中，C_L 为晶体标称负载电容值；C_0 为杂散电容值，与 PCB 设计相关，一般取值范围为 4pF～6pF；C_{L1} 和 C_{L2} 为外接的两个起振电容器的电容值，通常 C_{L1} 和 C_{L2} 相同。

如果用户采用标称负载电容值为 12.5pF 的晶体谐振器，则晶体外接的两个起振电容器的电容值常见取值为 15pF。

为保证 HSE 振荡器的性能，需要根据外接晶体的标称频率来设置外置高频晶体控制寄存器 SYSCTRL_HSE 的 FREQRANGE 位域，如表 3-13 所示。

表 3-13　HSE 外接晶体标称频率设置

外接晶体标称频率	SYSCTRL_HSE.FREQRANGE
4MHz～8MHz	00
8MHz～16MHz	01
16MHz～24MHz	10
24MHz～32MHz	11

用户可以通过设置外置高频晶体控制寄存器 SYSCTRL_HSE 的 DRIVER 位域进行驱动能力调节，有 4 挡驱动能力可选择，驱动能力越强，功耗越大。用户可根据需要在时钟可靠性、启动时间以及低功率消耗三者之间取得平衡。

（2）外部时钟输入模式。

外部时钟输入模式下，外部时钟从 OSN_IN 引脚输入，OSC_OUT 引脚可以作为通用 GPIO 使用。输入的时钟信号可以是方波、正弦波或者三角波，占空比必须在 40%～60%，频率在 3MHz～32MHz。

在两种工作模式下，HSE 时钟振荡器上电后均默认处于关闭状态，可通过设置系统控制寄存器 SYSCTRL_CR1 的 HSEEN 位域为 1 来启动。

HSE 振荡器启动后，当芯片内部时钟监控模块检测到一定数量的 HSE 时钟信号，则认为 HSE 时钟已稳定。检测时钟数量可通过外置高频晶体控制寄存器 SYSCTRL_HSE 的 WAITCYCLE 位域进行设置，如表 3-14 所示。

表 3-14 HSE 检测时钟数量设置

SYSCTRL_HSE.WAITCYCLE	HSE 检测时钟数量
00	8192
01	32768
10	131072（默认值）
11	262144

通过外置高频晶体控制寄存器 SYSCTRL_HSE 的 STABLE 标志位，可确定 HSE 时钟的起振状态：为 1 表示 HSE 时钟已稳定，为 0 则表示 HSE 时钟还未稳定。

注意：应在 HSE 振荡器启动前设置好所有参数，启动后禁止修改相关参数。

二、HSIOSC 时钟

HSIOSC 时钟由内部 RC 振荡器产生，不需要外部电路，比 HSE 时钟成本低、启动速度快。HSIOSC 时钟频率固定为 48MHz，频率精度低于 HSE 时钟。

RC 振荡器输出时钟的频率受芯片加工过程、工作电压、环境温度等因素影响，CW32F030 提供了 HSIOSC 时钟频率校准功能，用户可通过设置内置高频时钟控制寄存器 SYSCTRL_HSI 的 TRIM 位域来校准 HSIOSC 时钟频率。

HSIOSC 内部高速 RC 振荡器在芯片上电后默认处于开启状态，用户可通过设置系统控制寄存器 SYSCTRL_CR1 的 HSIEN 位域为 0 来关闭。如用户停止并重新启动了 HSIOSC 振荡器，可通过内置高频时钟控制寄存器 SYSCTRL_HSI 的 STABLE 标志位来确定 HSI 时钟是否稳定：为 1 表示 HSIOSC 时钟已稳定，为 0 则表示 HSIOSC 时钟还未稳定。

注意：应在 HSIOSC 振荡器启动前设置好所有参数，启动后禁止修改相关参数。

HSIOSC 时钟经过分频后输出 HSI 时钟，分频系数通过内置高频时钟控制寄存器 SYSCTRL_HSI 的 DIV 位域来设置，有效分频系数为 1、2、4、6、8、10、12、14、16，上电后默认值为 6，所以 HSI 时钟默认频率为 8MHz。

三、LSE 时钟

LSE 时钟支持以下两种工作模式。

* 石英晶体/陶瓷谐振器模式，设置外置低频晶体控制寄存器 SYSCTRL_LSE 的 MODE 位域为 0，同时配置 OSC32_IN、OSC32_OUT 引脚为模拟功能。
* 外部时钟输入模式，设置外置低频晶体控制寄存器 SYSCTRL_LSE 的 MODE 位域为 1，同时配置 OSC32_IN 引脚为数字输入功能。

LSE 工作模式配置如表 3-15 所示。

表 3-15 LSE 工作模式配置

工作模式	SYSCTRL_LSE.MODE	OSC32_IN	OSC32_OUT
石英晶体/陶瓷谐振器	0	模拟	模拟
外部时钟输入	1	数字输入	可作为 GPIO

（1）石英晶体/陶瓷谐振器模式。

外部低频石英晶体/陶瓷谐振器接在 OSC32_IN 和 OSC32_OUT 两个引脚之间，配合起振电容器可产生最高 1MHz 的稳定时钟信号。LSE 通常作为系统实时时钟 RTC 的工作时钟，此时应选用频率为 32.768kHz 的石英晶体/陶瓷谐振器，电路连接如图 3-11 所示。

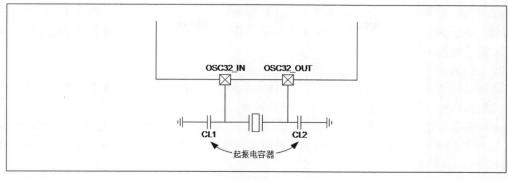

图 3-11

石英晶体/陶瓷谐振器和起振电容器需尽可能靠近芯片振荡器引脚放置，以使振荡器输出失真和启动时间最小。

起振电容器的电容值大小需根据所选择的石英晶体/陶瓷谐振器进行调整，计算方法为：$C_L=(C_{L1} \times C_{L2})/(C_{L1}+C_{L2}) + C_0$。

其中，C_L 为晶体标称负载电容值；C_0 为杂散电容值，与 PCB 设计相关，一般取值范围为 4pF～6pF；C_{L1} 和 C_{L2} 为外接的两个起振电容器的电容值，通常 C_{L1} 和 C_{L2} 相同。

如果用户采用标称负载电容值为 12.5pF 的晶体谐振器，则晶体外接的两个起振电容器的电容值常见取值为 15pF。

注意：由于晶体厂家众多，各厂家生产的晶体的特性各不相同，如果 LSE 振荡器输出时钟信号不理想，可联系晶体厂家协调处理。

用户可以通过设置外置低频晶体控制寄存器 SYSCTRL_LSE 的 DRIVER 位域进行驱动能力调节，有 4 挡驱动能力可选择，驱动能力越强，功耗越大。通过设置外置低频晶体控制寄存器 SYSCTRL_LSE 的 AMP 位域可调节时钟信号幅度，有 4 挡幅度可选择，幅度越大，功耗越大。用户可根据需要在时钟可靠性、启动时间以及低功率消耗三者之间取得平衡。

（2）外部时钟输入模式。

外部时钟输入模式下，外部时钟从 OSN32_IN 引脚输入，OSC32_OUT 引脚可以作为通用 GPIO 使用。输入的时钟信号可以是方波、正弦波或者三角波，占空比必须在 45%～55%，频率最高为 1MHz。

在两种工作模式下，LSE 时钟振荡器上电后均默认处于关闭状态，通过设置系统控制寄存器 SYSCTRL_CR1 的 LSEEN 位域为 1 来启动。

LSE 振荡器启动后，当芯片内部时钟监控模块检测到一定数量的 LSE 时钟信号，则认为 LSE 时钟已稳定。检测时钟数量可通过外置低频晶体控制寄存器 SYSCTRL_LSE 的 WAITCYCLE 位域进行设置，如表 3-16 所示。

表 3-16　LSE 检测时钟数量设置

SYSCTRL_LSE.WAITCYCLE	LSE 检测时钟数量
00	256
01	1024
10	4096（默认值）
11	16384

通过外置低频晶体控制寄存器 SYSCTRL_LSE 的 STABLE 标志位，可确定 LSE 时钟的起振状态：为 1 表示 LSE 时钟已稳定，为 0 则表示 LSE 时钟还未稳定。

注意：应在 LSE 振荡器启动前设置好所有参数，启动后禁止修改相关参数。

LSE 振荡器具有锁定功能，锁定功能开启后将禁止软件对 LSE 时钟振荡器的使能位（SYSCTRL_CR1.LSEEN）进行清零操作。也就是说，LSE 一旦开启，不能由软件关闭。锁定功能主要为满足部分特殊应用场景需求而设计，例如对 RTC 时间丢失敏感的应用场景，可有效防止误操作导致 RTC 时间丢失。该锁定功能默认关闭，可通过设置系统控制寄存器 SYSCTRL_CR1 的 LSELOCK 位域为 1 来启动。

四、LSI 时钟

LSI 时钟由内部低速 RC 振荡器产生，默认频率为 32.8kHz。内部低速 RC 振荡器不需要外部电路，比 LSE 时钟的成本低，但精度也低于 LSE 时钟。

RC 振荡器输出时钟的频率受芯片加工过程、工作电压、环境温度等因素影响，CW32F030 提供了 LSI 时钟频率校准功能。用户可通过设置内置低频时钟控制寄存器 SYSCTRL_LSI 的 TRIM 位域来校准 LSI 时钟频率。

内部低速 RC 振荡器默认处于关闭状态，可通过设置系统控制寄存器 SYSCTRL_CR1 的 LSIEN 位域为 1 来启动。内部低速 RC 振荡器启动后，芯片内部时钟监控模块检测到一定数量的 LSI 时钟信号，则认为 LSI 时钟已稳定。检测时钟数量可通过内置低频振荡器控制寄存器 SYSCTRL_LSI 的 WAITCYCLE 位域进行设置，如表 3-17 所示。

表 3-17　LSI 检测时钟数量设置

SYSCTRL_LSI.WAITCYCLE	LSI 检测时钟数量
00	6（默认值）
01	18
10	66
11	258

通过内置低频时钟控制寄存器 SYSCTRL_LSI 的 STABLE 标志位，可确定 LSI 时钟是否稳定：为 1 表示 LSI 时钟已稳定，为 0 则表示 LSI 时钟还未稳定。

注意： 必须在 LSI 振荡器启动前设置好所有参数，启动后禁止修改相关参数。

五、PLL 时钟

CW32F030 内部集成 PLL 电路，可对输入时钟源进行锁相倍频，进而输出 PLL 时钟。用户可通过内置锁相环控制寄存器 SYSCTRL_PLL 的 SOURCE 位域选择 PLL 的输入参考时钟源，如表 3-18 所示。

表 3-18　PLL 时钟源选择

SYSCTRL_PLL.SOURCE	PLL 输入参考时钟源
00	HSE 振荡器时钟
01	HSE 引脚输入时钟
10	HSI 时钟（HSIOSC 分频后的时钟）

注意： 在使用 HSE 作为系统时钟源时，PLL 时钟源的选择必须与 HESE 工作模式配置保持一致。

锁相环倍频系数通过内置锁相环控制寄存器 SYSCTRL_PLL 的 MUL 位域进行设置，可设置范围为 2～12，默认值为 8。

为保证锁相环的锁定收敛速度及输出时钟相噪性能，用户需根据实际的输入参考时钟频率和输出时钟频率分别设置 SYSCTRL_PLL.FREQIN 和 SYSCTRL_PLL.FREQOUT 位域的值，设置规则如表 3-19 和表 3-20 所示。

表 3-19　锁相环输入参考时钟频率设置

输入参考时钟频率	SYSCTRL_PLL.FREQIN
4MHz～6MHz	00
6MHz～12MHz	01
12MHz～20MHz	10
20MHz～24MHz	11

表 3-20 锁相环输出时钟频率设置

需要输出时钟频率	SYSCTRL_PLL.FREQOUT
12MHz～18MHz	000
18MHz～24MHz	001
24MHz～36MHz	010
36MHz～48MHz	011
48MHz～72MHz	1xx

PLL 默认处于关闭状态，可通过设置系统控制寄存器 SYSCTRL_CR1 的 PLLEN 位域为 1 来启动。PLL 启动后，芯片内部时钟监控模块检测到一定数量的 PLL 时钟信号，则认为 PLL 时钟已稳定。检测时钟数量可通过内置锁相环控制寄存器 SYSCTRL_PLL 的 WAITCYCLE 位域进行设置，如表 3-21 所示。

表 3-21 PLL 检测时钟数量设置

SYSCTRL_PLL.WAITCYCLE	PLL 检测时钟数量
000	128
001	256
010	512
011	1024（默认值）
100	2048
101	4096
110	8192
111	16384

通过内置锁相环控制寄存器 SYSCTRL_PLL 的 STABLE 标志位，可确定 PLL 时钟是否稳定：为 1 表示 PLL 时钟已稳定，为 0 则表示 PLL 时钟还未稳定。

注意：必须在 PLL 启动前设置好所有参数，启动后禁止修改相关参数。

修改 PLL 参数的流程如下。

1. 设置 SYSCTRL_CR1.PLLEN 为 0，关闭 PLL。
2. 等待 SYSCTRL_PLL.STABLE 被系统硬件清零。
3. 更改 PLL 的参数。
4. 设置 SYSCTRL_CR1.PLLEN 为 1，启动 PLL。
5. 等待 SYSCTRL_PLL.STABLE 被系统硬件置为 1，表示 PLL 时钟已稳定。

六、SysClk 系统时钟

系统时钟 SysClk 可选 5 种时钟源，包括 HSE、LSE、HSI、LSI、PLL。

系统上电复位完成后默认选择 HSI 作为 SysClk 的时钟源，时钟频率默认为 8MHz。

用户可通过系统控制寄存器 SYSCTRL_CR0 的 SYSCLK 位域选择系统时钟源，当选择某一时钟作为系统时钟源后，用户无法通过设置该时钟电路的使能位 SYSCTRL_CR1.xxxEN 为 0 来停止该时钟。

3.5.4 片内外设时钟控制

片内外设一般都有配置时钟和工作时钟，配置时钟用来响应 CPU 对外设寄存器的读写操作，工作时钟（如 UART 的传输时钟、定时器的计数时钟等）用于外设的功能实现。

在使用外设前必须打开外设的配置时钟和工作时钟，否则外设无法工作。可通过设置 AHB 外设时钟使能控制寄存器 SYSCTRL_AHBEN、APB 外设时钟使能控制寄存器 SYSCTRL_APBEN1 和 SYSCTRL_APBEN2 的对应位为 1，打开对应外设的配置时钟和工作时钟。

RTC、UART、AWT、FLASH 等外设只打开配置时钟，工作时钟通过各模块的时钟源选择寄存器进行配置。

当不需要使用外设时，通过关闭外设的配置时钟和工作时钟禁止外设，能有效降低芯片功耗。

3.5.5　时钟启动及校准

一、时钟启动

CW32F030 的时钟启动过程类似，此处以 HSE 时钟为例说明时钟启动过程，如图 3-12 所示。

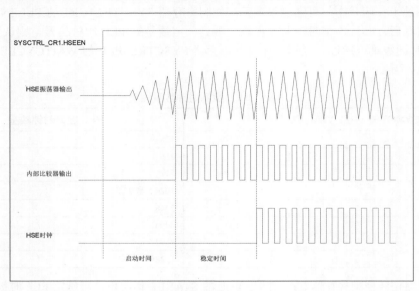

图 3-12

当设置 SYSCTRL_CR1.HSEEN 为 1 后，HSE 时钟振荡电路开始工作，但此时输出的时钟信号振幅很小。经过启动时间阶段后，输出时钟信号的振幅、占空比等可满足内部采样电路需求，进入稳定时间阶段。在稳定时间阶段，芯片内部时钟监控电路对 HSE 输出的时钟信号进行计数，当计数值达到设定的个数后，认为 HSE 时钟信号已稳定，HSE 时钟稳定标志位 SYSCTRL_HSE.STABLE 被置为 1；如果在一定时间内未检测到 SYSCTRL_HSE.WAITCYCLE 个时钟信号，则认为 HSE 振荡器起振失败。

其他时钟振荡器的时钟启动过程类似，但应注意各时钟振荡器在稳定阶段检测时钟数量、起振失败检测的检测时间和检测时钟数量等都不相同。

二、时钟校准

时钟校准主要针对 HSIOSC 时钟和 LSI 时钟，通过调整振荡器的 TRIM 值来实现。

（1）HSIOSC 时钟校准。

HSIOSC 安全工作范围为 32MHz～48MHz，超出安全范围，芯片可能出现异常。芯片出厂时已预调好 48MHz 频点的校准参数，并存放在 FLASH 中。应用程序只需要将 FLASH 内的校准值读出并写入 SYSCTRL_HSI.TRIM，即可获得精准的 48MHz 时钟。48MHz 频率校准值存放地址为 0x00012600～0x00012601。如需其他频率的时钟，则需要用户自行调整 SYSCTRL_HSI.TRIM 的值。

（2）LSI 时钟校准。

LSI 输出时钟频率范围为（32.8±3.28）kHz，如果将 LSI 输出时钟频率调节到此范围外，则该时钟有可能出现异常。芯片出厂时已预调好 32.8kHz 频点的校准参数，并存放在 FLASH 中，应用程序只需要将 FLASH 内的校准值读出并写入 SYSCTRL_LSI.TRIM，即可获得精准的 32.8kHz 时钟。32.8kHz 频率校准值存放地址为 0x00012602～0x00012603。如需其他频率的时钟，则需要用户自行调整 SYSCTRL_LSI.TRIM 的值。

3.6 芯片中断系统

CW32F030 芯片嵌套的向量中断控制系统可支持处理器处理多项内部异常，本节将对此进行概括介绍。

3.6.1 概述

ARM Cortex-M0+内核的 NVIC，用于管理中断和异常。NVIC 和处理器内核紧密相连，可以实现低延迟的异常和中断处理。

处理器支持最多 32 个外部中断请求（IRQ）输入，支持多个内部异常。

本书只介绍处理器的 32 个外部中断请求（IRQ0～IRQ31）。

芯片中断系统的主要特性如下。

- 16 个内部异常。
- 32 个可屏蔽外部中断。
- 4 个可编程的优先级。
- 低延时的异常和中断处理。
- 支持中断嵌套。
- 中断向量表重映射。

3.6.2 中断向量表

ARM Cortex-M0+响应中断时，处理器自动从存储器的中断向量表中取出中断服务程序（ISR）的起始地址。中断向量表包括主栈指针（MSP）的初始值、内部异常和外部中断的服务程序入口地址。每个中断向量占用一个字（4 个字节），中断向量的地址为向量编号乘 4。中断向量表如表 3-22 所示。

表 3-22 中断向量表

向量编号	外部中断号（IRQ#）	优先级	中断源	说明	地址
0	—	—	—	MSP 初始值	0x00000000
1	—	−3	Reset	复位向量	0x00000004
2	—	−2	NMI	不可屏蔽中断	0x00000008
3	—	−1	HardFault	硬件错误异常	0x0000000C
4～10	—	—	—	保留	0x00000010～0x0000002B
11	—	可配置	SVCall	通过 SWI 指令调用的管理程序	0x0000002C
12、13	—	—	—	保留	0x00000030～0x00000037
14	—	可配置	PendSV	系统服务的可挂起请求	0x00000038
15	—	可配置	SysTick	系统滴答定时器	0x0000003C
16	0	可配置	WDT	窗口看门狗和独立看门狗中断	0x00000040
17	1	可配置	LVD	LVD 全局中断	0x00000044
18	2	可配置	RTC	RTC 全局中断	0x00000048
19	3	可配置	FLASH/RAM	FLASH/RAM 全局中断	0x0000004C
20	4	可配置	RCC	RCC 全局中断	0x00000050
21	5	可配置	GPIOA	GPIOA 全局中断	0x00000054
22	6	可配置	GPIOB	GPIOB 全局中断	0x00000058
23	7	可配置	GPIOC	GPIOC 全局中断	0x0000005C

续表

向量编号	外部中断号（IRQ#）	优先级	中断源	说明	地址
24	8	可配置	GPIOF	GPIOF 全局中断	0x00000060
25	9	可配置	DMA1	DMA 通道 1 全局中断	0x00000064
26	10	可配置	DMA2、DMA3	DMA 通道 2、DMA 通道 3 全局中断	0x00000068
27	11	可配置	DMA4、DMA5	DMA 通道 4、DMA 通道 5 全局中断	0x0000006C
28	12	可配置	ADC	ADC 全局中断	0x00000070
29	13	可配置	ATIM	ATIM 全局中断	0x00000074
30	14	可配置	VC1	VC1 全局中断	0x00000078
31	15	可配置	VC2	VC2 全局中断	0x0000007C
32	16	可配置	GTIM1	GTIM1 全局中断	0x00000080
33	17	可配置	GTIM2	GTIM2 全局中断	0x00000084
34	18	可配置	GTIM3	GTIM3 全局中断	0x00000088
35	19	可配置	GTIM4	GTIM4 全局中断	0x0000008C
36	20	可配置	BTIM1	BTIM1 全局中断	0x00000090
37	21	可配置	BTIM2	BTIM2 全局中断	0x00000094
38	22	可配置	BTIM3	BTIM3 全局中断	0x00000098
39	23	可配置	I²C1	I²C1 全局中断	0x0000009C
40	24	可配置	I²C2	I²C2 全局中断	0x000000A0
41	25	可配置	SPI1	SPI1 全局中断	0x000000A4
42	26	可配置	SPI2	SPI2 全局中断	0x000000A8
43	27	可配置	UART1	UART1 全局中断	0x000000AC
44	28	可配置	UART2	UART2 全局中断	0x000000B0
45	29	可配置	UART3	UART3 全局中断	0x000000B4
46	30	可配置	AWT	AWT 全局中断	0x000000B8
47	31	可配置	FAULT	HSE/LSE 运行中失效中断	0x000000BC

注意：①由于部分外设的中断复用一个中断源，用户在中断服务程序中应先检查中断标志位，以确定产生中断的外设；②NMI 在 CW32F030 中未使用；③HSE、LSE 时钟信号起振失败和 LSI、LSE、HSIOSC、HSE、PLL 时钟信号稳定对应 RCC 全局中断；④HSE 或 LSE 时钟信号在运行中失效对应 FAULT 中断。

3.7 芯片调试接口

对开发者而言，强大的调试和配置功能是至关重要的。

CW32F030 作为一款标准的 ARM Cortex-M0+内核单片机，内置 DAP 硬件调试模块，支持 SWD 调试模式，提供了丰富的调试接口和工具。通过这些工具，开发者可以在开发过程中进行实时调试、软件下载和配置等操作，从而提高开发效率和降低开发难度。

3.7.1 概述

硬件调试模块可实现在取指（指令断点）或访问数据（数据断点）时挂起，程序停止运行，调试器可通过 DAP 对 M0 的内核状态和片内的外设状态及存储单元进行查询；且内核和外设可以被复原，程序继续执行。

可使用调试仿真工具通过 SWD 接口连接到 CW32F030，进入调试模式，通过芯片内核中的 DAP

硬件调试模块进行调试操作。

3.7.2 SWD 接口

可使用专用调试器或通用调试仿真工具的 SWD 接口和目标芯片内部的 DAP 调试模块连接，通过包传输协议进行数据交换，实现调试操作。SWD 方式是两线串行通信，包括一条时钟线 SWCLK 和一条双向数据线 SWDIO，如图 3-13 所示。

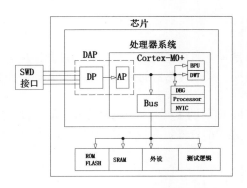

DAP：调试存取接口。
SWD：串行两线调试。
BPU：断点单元。
DWT：数据观察点与跟踪。
DBG：内核调试组件。

图 3-13

CW32F030 系列的 SWD 接口引脚分配如表 3-23 所示，PA13/PA14 引脚在芯片出厂时默认为 SWD 功能。

表 3-23　SWD 接口引脚分配

SWD 接口名称	引脚功能	引脚分配
SWCLK	串行时钟输入	PA14
SWDIO	串行数据输入输出	PA13

PA13/PA14 引脚可配置为 SWD 功能或 GPIO/ISP 功能，由系统控制寄存器 SYSCTRL_CR2 的 SWDIO 位域进行功能配置。SWDIO 为 0，PA13/PA14 引脚被配置为 SWD 功能；SWDIO 为 1，PA13/PA14 引脚被配置为 GPIO/ISP 功能。

通常建议 SWD 引脚使用 100kΩ 上拉电阻器，CW32F030 的 PA13/PA14 作为 SWD 功能时内置有上拉电阻器，其阻值在 50kΩ～200kΩ，用户可以在外部增加上拉电阻器，以提高抗干扰性能。

CW32F030 系列的 PA13/PA14 引脚默认为 SWD 功能，如果用户设定了加密等级，则需要根据设定的等级来判别是否支持 SWD 功能。SWD 引脚的配置与功能如表 3-24 所示。

表 3-24　SWD 引脚的配置与功能

加密等级	SYSCTRL_CR2.SWDIO	PA13/PA14 功能
LEVEL0/1 加密	0（默认）	SWD 功能
	1	GPIO/ISP 功能
LEVEL2 加密	0（默认）	NA，无任何功能
	1	GPIO/ISP 功能
LEVEL3 加密	0（默认）	NA，无任何功能
	1	GPIO 功能

注意：①加密等级可通过 ISP 通信方式进行设定；②芯片上电后，SWDIO 和 SWCLK 均默认为内部上拉，用户可不用外接上拉电阻器；③当芯片加密等级设定为 2 时，SWD 功能被禁止，只能通过 ISP 方式烧录；④当芯片加密等级设定为 3 时，SWD 功能及 ISP 功能均被禁止，芯片无法再次烧录新程序。

第*4*章
GPIO 端口

在微控制器的应用中，GPIO 端口是一个非常重要的部分。它们是微控制器与外部真实世界交互的主要途径，无论是控制 LED 的亮灭、采集传感器的数据，还是与其他微控制器或外设进行通信，都离不开 GPIO 端口。

本章将深入探讨 CW32F030 的 GPIO 端口的主要特性、功能及编程示例。通过了解和掌握 GPIO 端口的工作方式，可以更好地利用这一强大的资源，为我们的应用提供更多可能性和灵活性。

4.1 概述

GPIO 控制器实现芯片内部各类数字和模拟电路与物理引脚之间的联系。

GPIO 可配置为数字输入输出和模拟功能，支持外设功能复用，支持高电平、低电平、上升沿和下降沿 4 种中断源，可在深度休眠模式下通过外部中断唤醒 MCU 回到运行模式。

4.2 主要特性

GPIO 端口的主要特性如下。

- 所有寄存器通过 AHB 接口读写。
- 具有数字输入输出和模拟功能。
- 数字输入输出支持普通 GPIO 和功能复用。
- 模拟功能可作为 ADC、VC、LVD 的输入信号。
- 支持内部多种时钟信号输出。
- 数字输入支持内部上拉、下拉和高阻 3 种模式。
- 数字输出支持推挽和开漏模式。
- 数字输出有两挡驱动能力选择。
- 数字输出有两挡响应速度选择。
- 数字输出支持位置位、位清零、位翻转的原子位操作。
- 中断功能支持高电平、低电平、上升沿、下降沿触发方式。
- 中断具有数字滤波功能，可选择 7 种时钟源。
- 支持在深度休眠模式下通过外部中断唤醒 MCU。

4.3 功能描述

本节将对 GPIO 端口的功能进行详细描述。

4.3.1 功能框图

GPIO 控制器的功能框图如图 4-1 所示。

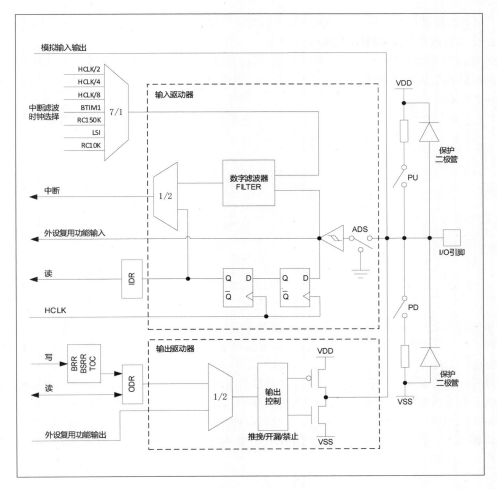

图 4-1

4.3.2 数字输出

将模拟数字配置寄存器 GPIOx_ANALOG[y]（x 是 GPIO 端口号，取值为 A、B、C、F；y 是引脚号，取值为 0~15；下同）清零，配置相应的 GPIO 端口为数字功能；将输入输出方向寄存器 GPIOx_DIR[y]清零，配置 GPIO 端口为输出模式。数字输出信号来源可以是输出数据寄存器 GPIOx_ODR 或片内数字外设。

在该模式下，可以继续配置输出模式、输出驱动能力、输出响应速度。

通过输出模式寄存器 GPIOx_OPENDRAIN 配置输出模式，可选择推挽输出或开漏输出。

对于需要较大电流输出能力的场合，可以通过输出驱动能力配置寄存器 GPIOx_DRIVER 来决定是否开启辅助驱动电路，以适应更大的电流输出。

对于需要较快响应速度的场合，可以通过输出速度寄存器 GPIOx_SPEED 来决定是否开启快速响应电路，以适应更快的端口输出速度要求。

4.3.3 数字输入

将模拟数字配置寄存器 GPIOx_ANALOG[y]清零，配置 GPIO 端口为数字功能；将输入输出方向寄存器 GPIOx_DIR[y]置位，配置相应的 GPIO 端口为输入模式。数字输入信号可配置：①到达输入数据寄存器 GPIOx_IDR，②到达片内数字外设，③触发中断。

在该模式下，数字输入信号通过 ADS 开关导入内部数字输入电路。经施密特触发器确认电平状态后，可以直接被送往片内复用功能所指向的数字外设的输入；或者通过一个基于 HCLK 的同步器后，在输入数据寄存器 GPIOx_IDR[y]上呈现。

　　输入数据寄存器 GPIOx_IDR 的各位与其前面的锁存器组成了一个同步器，可以避免在系统时钟变化的时间内引脚电平变化造成信号不稳定，但是会产生一定的读取延迟。读端口引脚的同步时序如图 4-2 所示。

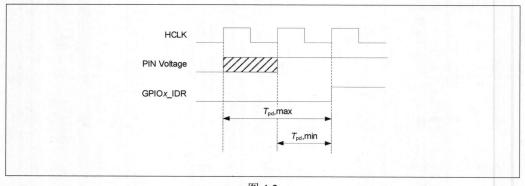

图 4-2

　　在系统时钟上升沿之后的时钟周期，引脚电平信号会锁存在内部寄存器，如图 4-2 中阴影部分所示，在下一次系统时钟上升沿之后，稳定的引脚电平信号被读取，在第 3 个系统时钟上升沿时，数据被锁存到 GPIOx_IDR 寄存器中。信号延迟 T_{pd} 为 1～2 个系统时钟。

　　如果考虑将该输入信号用于触发中断，还可以启用内置的硬件滤波器电路。该滤波器电路是基于双 D 触发器同步器实现的，该同步器的时钟源有 7 种，其中部分时钟源是低功耗模式特有的。例如，可以轻易实现无软件干预的按键消抖操作。具体的时钟源选项及边沿/电平触发选项参见 4.3.6 小节。

　　在该模式下，通过上拉电阻寄存器 GPIOx_PUR 和下拉电阻寄存器 GPIOx_PDR 可以单独选择打开或者关闭内部上拉和下拉功能。

4.3.4　模拟功能

　　对于配置有模拟功能的 GPIO 端口，可通过设置模拟数字配置寄存器 GPIOx_ANALOG[y]为 1 打开 GPIO 模拟信号通道。在打开 GPIO 模拟信号通道时，端口的数字功能被关闭，内部上拉、下拉均被断开，内部数字输入信号通过 ADS 开关被短接到 VSS，内部数字输出功能被禁止。

4.3.5　复用功能

　　通过复用功能寄存器（GPIOx_AFRH 和 GPIOx_AFRL）可以实现输入输出端口的复用功能。复用功能寄存器中每 4 位对应一个 GOIO 端口的复用功能选择，逻辑上可以选择多达 16 个输入输出信号目标。GPIO 复用功能设置如表 4-1 所示。

表 4-1　GPIO 复用功能设置

GPIOx_AFRL[4 × y]	复用功能	GPIOx_AFRH[4 × (z−8)]	复用功能
0000	GPIO	0000	GPIO
0001	AF1	0001	AF1
0010	AF2	0010	AF2
0011	AF3	0011	AF3
0100	AF4	0100	AF4
0101	AF5	0101	AF5
0110	AF6	0110	AF6
0111	AF7	0111	AF7

注意：表 4-1 中的 y、z 为引脚号，y 的取值范围为 0～7，对应 GPIOx_AFRL；z 的取值范围为 8～15，对应 GPIOx_AFRH。

GPIO 复用功能分配如表 4-2 所示。

表 4-2　GPIO 复用功能分配

引脚名称	复用功能							
	AF0	AF1	AF2	AF3	AF4	AF5	AF6	AF7
PA0	GPIO	UART3_CTS	UART2_CTS	RTC_TAMP	VC1_OUT	SPI2_MISO	GTIM2_CH1	GTIM2_ETR
PA1	GPIO	UART3_RTS	UART2_RTS	I²C2_SCL	LVD_OUT	SPI2_MOSI	GTIM2_CH2	RTC_TAMP
PA2	GPIO	UART3_TXD	UART2_TXD	I²C2_SDA	VC2_OUT	SPI2_SCK	GTIM2_CH3	AWT_ETR
PA3	GPIO	UART3_RXD	UART2_RXD	GTIM2_CH2	PCLK_OUT	SPI2_CS	GTIM2_CH4	ATIM_CH3A
PA4	GPIO	—	UART2_CTS	I²C2_SCL	HCLK_OUT	SPI1_CS	GTIM2_ETR	ATIM_CH2A
PA5	GPIO	GTIM2_ETR	UART2_RTS	I²C2_SDA	BTIM2_TOGP	SPI1_SCK	GTIM2_CH1	ATIM_CH1A
PA6	GPIO	GTIM3_CH1	UART2_TXD	VC1_OUT	BTIM2_TOGN	SPI1_MISO	GTIM1_CH1	ATIM_BK
PA7	GPIO	GTIM4_CH1	UART2_RXD	VC2_OUT	BTIM1_TOGP	SPI1_MOSI	GTIM1_CH2	ATIM_CH1B
PA8	GPIO	—	UART1_TXD	BTIM2_TOGN	MCO_OUT	LVD_OUT	GTIM3_ETR	ATIM_CH1A
PA9	GPIO	UART3_TXD	UART1_RXD	I²C1_SCL	BTIM1_TOGP	SPI1_CS	GTIM3_CH1	ATIM_CH2A
PA10	GPIO	UART3_RXD	UART1_CTS	I²C1_SDA	BTIM1_TOGN	SPI1_SCK	GTIM3_CH2	ATIM_CH3A
PA11	GPIO	UART3_CTS	UART1_RTS	I²C2_SCL	VC1_OUT	SPI1_MISO	GTIM3_CH3	ATIM_GATE
PA12	GPIO	UART3_RTS	BTIM_ETR	I²C2_SDA	VC2_OUT	SPI1_MOSI	GTIM3_CH4	ATIM_ETR
PA13	GPIO	—	I²C1_SDA	UART1_RXD	UART2_RXD	I²C2_SCL	IR_OUT	—
PA14	GPIO	UART3_TXD	I²C1_SCL	UART1_TXD	UART2_TXD	I²C2_SDA	—	—
PA15	GPIO	UART3_RXD	GTIM2_CH1	UART1_RXD	UART2_RXD	SPI1_CS	GTIM2_ETR	ATIM_CH1B
PB0	GPIO	UART2_RXD	UART1_CTS	I²C2_SCL	BTIM1_TOGN	HSI_OUT	GTIM1_CH3	ATIM_CH2B
PB1	GPIO	UART2_TXD	UART1_RTS	I²C2_SDA	GTIM4_TOGN	BTIM3_TOGP	GTIM1_CH4	ATIM_CH3B
PB2	GPIO	UART2_CTS	UART1_TXD	HSE_OUT	GTIM4_TOGP	BTIM3_TOGN	GTIM1_ETR	ATIM_CH1A
PB3	GPIO	UART3_RTS	GTIM2_CH2	UART1_CTS	UART2_TXD	SPI1_SCK	GTIM1_ETR	ATIM_CH2B
PB4	GPIO	UART3_CTS	GTIM4_ETR	UART1_RTS	UART2_CTS	SPI1_MISO	GTIM1_CH1	ATIM_CH3B
PB5	GPIO	—	GTIM3_CH4	AWT_ETR	UART2_RTS	SPI1_MOSI	GTIM1_CH2	ATIM_CH1A
PB6	GPIO	UART3_TXD	GTIM3_CH3	I²C1_SCL	GTIM4_CH4	SPI2_MOSI	GTIM1_TOGN	ATIM_CH2A
PB7	GPIO	UART3_RXD	GTIM3_CH2	I²C1_SDA	GTIM4_CH3	SPI2_MISO	GTIM1_TOGP	ATIM_CH3A
PB8	GPIO	I²C1_SCL	GTIM3_CH1	UART1_TXD	GTIM4_CH2	SPI2_SCK	GTIM1_CH3	ATIM_ETR
PB9	GPIO	I²C1_SDA	GTIM4_CH1	UART1_RXD	IR_OUT	SPI2_CS	GTIM1_CH4	ATIM_BK
PB10	GPIO	UART2_RTS	UART1_RXD	I²C1_SCL	I²C2_SCL	SPI2_SCK	GTIM2_CH3	ATIM_CH2A
PB11	GPIO	LSI_OUT	GTIM4_ETR	I²C1_SDA	I²C2_SDA	BTIM_ETR	GTIM2_CH4	ATIM_CH3A
PB12	GPIO	GTIM2_TOGN	GTIM4_CH4	LSE_OUT	SPI2_CS	SPI1_CS	GTIM1_TOGN	ATIM_BK
PB13	GPIO	GTIM2_TOGP	GTIM4_CH3	I²C2_SCL	SPI2_SCK	SPI1_SCK	GTIM1_TOGP	ATIM_CH1B
PB14	GPIO	GTIM2_CH1	GTIM4_CH2	I²C2_SDA	SPI2_MISO	SPI1_MISO	RTC_OUT	ATIM_CH2B
PB15	GPIO	GTIM2_CH2	GTIM4_CH1	BTIM2_TOGP	SPI2_MOSI	SPI1_MOSI	RTC_1Hz	ATIM_CH3B
PC13	GPIO	PLL_OUT	RTC_1Hz	UART1_CTS	RTC_OUT	BTIM_ETR	GTIM3_ETR	RTC_TAMP
PC14	GPIO	AWT_ETR	GTIM4_CH4	UART1_RTS	BTIM2_TOGP	SPI2_MISO	GTIM3_TOGN	GTIM3_CH1
PC15	GPIO	HSE_OUT	GTIM4_CH3	GTIM4_ETR	BTIM2_TOGN	SPI2_MOSI	GTIM3_TOGP	GTIM3_CH2
PF0	GPIO	AWT_ETR	GTIM4_CH2	I²C1_SDA	BTIM1_TOGP	SPI2_SCK	GTIM2_TOGN	GTIM3_CH3
PF1	GPIO	LSE_OUT	GTIM4_CH1	I²C1_SCL	BTIM1_TOGN	SPI2_CS	GTIM2_TOGP	GTIM3_CH4
PF3	GPIO	—	—	—	—	—	—	—
PF6	GPIO	UART3_CTS	I²C1_SCL	GTIM4_TOGN	UART2_CTS	I²C2_SCL	GTIM3_TOGN	BTIM3_TOGP
PF7	GPIO	UART3_RTS	I²C1_SDA	GTIM4_TOGP	UART2_RTS	I²C2_SDA	GTIM3_TOGP	BTIM3_TOGN

4.3.6 中断功能

每个 GPIO 在设置为数字输入模式时，可作为外部中断信号源，产生中断的信号源可以设置为高电平、低电平、上升沿、下降沿 4 种。中断触发方式可组合使用，但共用同一个中断标志位。

中断触发后，中断标志寄存器 GPIOx_ISR 的对应位会被硬件置位，程序可通过查询 GPIOx_ISR 来确认产生中断的端口。通过中断标志清除寄存器 GPIOx_ICR[y]，可以清除对应的中断标志位。

内部的中断数字滤波器可对引脚上的输入信号进行数字滤波，提供了 8 种数字滤波时钟选择，如表 4-3 所示。

表 4-3　数字滤波时钟选择

GPIOx_FILTER.FLTCLK	数字滤波时钟频率
000	HCLK/2
001	HCLK/4
010	HCLK/8
011	BTIM1 溢出
100	RC150K（约 150kHz）
101	LSI（约 32.8kHz）
110	RC10K（约 10kHz）
111	LPTIM 的 PWM 输出

由于可选择的滤波时钟周期范围广，用户可以轻易实现灵活的输入中断防抖功能。输入电平的变化如果未保持超过一个完整的滤波时钟周期，将不会通过硬件滤波器传达到内部中断触发电路。输入电平的变化如果保持超过两个完整的滤波时钟周期，则一定会通过硬件滤波器。

对于边沿触发类型，考虑到对触发沿的时间的敏感性，建议在中断数字滤波器配置寄存器 GPIOx_FILTER[y] 中关闭硬件滤波器功能，因为硬件滤波器在提升信号稳定性的同时，也会带来一定延迟。

当 CW32F030 工作于休眠模式或深度休眠模式时，仍可使用 GPIO 的外部中断功能。当产生外部中断后，可将芯片从休眠模式或深度休眠模式唤醒回到运行模式。

注意： 由于同组 GPIOx.PINy 共用一个硬件滤波器时钟源选择寄存器，因此同组 GPIO 只能以相同的滤波时钟来过滤输入信号抖动。

4.3.7 其他功能

一、原子位操作

GPIO 控制器支持位置位、位清零和位翻转功能。

向位置位清零寄存器 GPIOx_BSRR[y] 或位清零寄存器 GPIOx_BRR[y] 写入 1，将直接改变输出数据寄存器 GPIOx_ODR 的对应位的状态，从而间接影响最终的输出电平，而不会影响该寄存器其他位的状态。

向位翻转寄存器 GPIOx_TOG[y] 写入 1，将使输出端口的电平状态发生翻转。

二、端口配置锁定

当配置锁定寄存器 GPIOx_LCKR 的对应位被置为 1 后，配置寄存器的相应位不可修改，包括如下配置寄存器：GPIOx_ANALOG、GPIOx_DIR、GPIOx_OPENDRAIN、GPIOx_SPEED、GPIOx_PUR、GPIOx_PDR、GPIOx_AFRH、GPIOx_AFRL、GPIOx_DRIVER、GPIOx_RISEIE、GPIOx_FALLIE、GPIOx_HIGHIE、GPIOx_LOWIE。

用户可在 GPIO 初始化完成后，对重要端口的配置锁定寄存器相应位进行锁定，防止程序跑飞对端口的异常操作。

例如，向 GPIOA_LCKR 写入 0x5A5A0201，解锁 GPIOA 除 PA9、PA0 之外的端口相关配置寄存器，同时锁定 PA9 和 PA0 端口相关配置寄存器。

三、端口复位状态

上电或复位后，SWCLK（PA14）和 SWDIO（PA13）默认为数字上拉，BOOT（PF3）默认为数字功能。其他端口默认为模拟高阻输入（High Resistance Input），上拉或下拉均默认不打开。

4.4 编程示例

在配置 GPIO 端口时，必须设置 SYSCTRL_AHBEN.GPIOx 为 1，使能对应的 GPIO 配置时钟及工作时钟；并向 GPIOx_LCKR 锁定寄存器写入 0x5A5A，以解锁 GPIO 相关配置寄存器。配置完成后，如有必要，可设置 GPIOx_LCKR 锁定寄存器，以保护设置内容不被意外改写。

4.4.1 数字输出编程示例

数字输出编程示例的步骤如下。

1. 设置 GPIOx_ANALOG.PINy 为 0，将端口配置为数字功能。
2. 设置 GPIOx_DIR.PINy 为 0，将端口配置成输出。
3. 配置 GPIOx_OPENDRAIN 寄存器，设置端口输出模式。
4. 配置 GPIOx_DRIVER 寄存器，设置端口输出驱动能力。
5. 配置 GPIOx_SPEED 寄存器，设置端口输出速度。
6. 配置 GPIOx_ODR 寄存器，设置端口输出电平。

4.4.2 数字输入编程示例

数字输入编程示例的步骤如下。

1. 设置 GPIOx_ANALOG.PINy 为 0，将端口配置为数字功能。
2. 设置 GPIOx_DIR.PINy 为 1，将端口配置成输入。
3. 配置 GPIOx_PUR 寄存器，选择是否使能内部上拉电阻器。
4. 配置 GPIOx_PDR 寄存器，选择是否使能内部下拉电阻器。
5. 读取 GPIOx_IDR 寄存器，读出端口输入电平。

4.4.3 模拟功能编程示例

模拟功能编程示例的步骤如下。

设置 GPIOx_ANALOG.PINy 为 1，将端口配置为模拟功能。

4.4.4 复用功能编程示例

复用功能编程示例的步骤如下。

1. 根据应用需求将端口配置成数字输出或数字输入，具体寄存器配置步骤参见 4.4.1 小节和 4.4.2 小节。
2. 配置 GPIOx_AFRH 或 GPIOx_AFRL 寄存器，设置端口复用功能，请参见表 4-2。

4.4.5 中断功能编程示例

中断功能编程示例的步骤如下。

1. 将端口配置成数字输入，具体寄存器配置步骤请参见 4.4.2 小节。

2．配置 GPIOx_FILTER.FLTCLK，选择端口中断滤波时钟。

3．设置 GPIOx_FILTER.PINy 为 1，使能相应端口滤波时钟。

4．配置 NVIC。

5．根据应用需求，配置 GPIOx_RISEIE、GPIOx_FALLIE、GPIOx_HIGHIE、GPIOx_LOWIE 寄存器，选择 GPIO 中断触发方式。

6．端口中断输入信号触发 GPIO 中断，执行中断服务函数。

4.5　寄存器

GPIOA 基地址：GPIOA_BASE = 0x48000000。

GPIOB 基地址：GPIOB_BASE = 0x48000400。

GPIOC 基地址：GPIOC_BASE = 0x48000800。

GPIOF 基地址：GPIOF_BASE = 0x48001400。

GPIO 寄存器如表 4-4 所示。

表 4-4　GPIO 寄存器

寄存器名称	寄存器地址	寄存器描述
GPIOx_DIR	GPIOx_BASE+0x00	GPIOx 输入输出方向寄存器
GPIOx_OPENDRAIN	GPIOx_BASE+0x04	GPIOx 输出模式寄存器
GPIOx_SPEED	GPIOx_BASE+0x08	GPIOx 输出速度寄存器
GPIOx_PDR	GPIOx_BASE+0x0C	GPIOx 下拉电阻寄存器
GPIOx_PUR	GPIOx_BASE+0x10	GPIOx 上拉电阻寄存器
GPIOx_AFRH	GPIOx_BASE+0x14	GPIOx 复用功能寄存器高段
GPIOx_AFRL	GPIOx_BASE+0x18	GPIOx 复用功能寄存器低段
GPIOx_ANALOG	GPIOx_BASE+0x1C	GPIOx 模拟数字配置寄存器
GPIOx_DRIVER	GPIOx_BASE+0x20	GPIOx 输出驱动能力寄存器
GPIOx_RISEIE	GPIOx_BASE+0x24	GPIOx 上升沿中断使能寄存器
GPIOx_FALLIE	GPIOx_BASE+0x28	GPIOx 下降沿中断使能寄存器
GPIOx_HIGHIE	GPIOx_BASE+0x2C	GPIOx 高电平中断使能寄存器
GPIOx_LOWIE	GPIOx_BASE+0x30	GPIOx 低电平中断使能寄存器
GPIOx_ISR	GPIOx_BASE+0x34	GPIOx 中断标志寄存器
GPIOx_ICR	GPIOx_BASE+0x38	GPIOx 中断标志清除寄存器
GPIOx_LCKR	GPIOx_BASE+0x3C	GPIOx 配置锁定寄存器
GPIOx_FILTER	GPIOx_BASE+0x40	GPIOx 中断数字滤波器配置寄存器
GPIOx_IDR	GPIOx_BASE+0x50	GPIOx 输入数据寄存器
GPIOx_ODR	GPIOx_BASE+0x54	GPIOx 输出数据寄存器
GPIOx_BRR	GPIOx_BASE+0x58	GPIOx 位清零寄存器
GPIOx_BSRR	GPIOx_BASE+0x5C	GPIOx 位置位清零寄存器
GPIOx_TOG	GPIOx_BASE+0x60	GPIOx 位翻转寄存器

第 5 章

高级定时器

定时器是嵌入式系统应用的核心，它负责精确地控制时间和时序。CW32 微控制器提供了强大的定时器功能，它具有基本定时器、通用定时器、高级定时器等丰富的外设资源，使开发者能够轻松地实现各种时间相关任务。

本章将深入探讨 CW32F030 的高级定时器的原理和特性，以及如何利用它进行高性能的定时和时序控制管理操作。了解高级定时器的内部结构和特性，可以帮助开发者充分发挥其在各种嵌入式系统中的潜力，以满足复杂的应用需求。

5.1 高级定时器简介

随着嵌入式系统对高精度计时及复杂时序控制需求的增加，高级定时器（ATIM）已成为许多微控制器中不可或缺的组件。ATIM 不仅能提供基本的定时功能，还能进行复杂的定时操作和时间管理。在嵌入式应用中，ATIM 经常用于实现事件触发、延时、脉冲宽度调制（PWM）等功能。

CW32 的 ATIM 由一个 16 位的自动重载计数器和 7 个比较单元组成，并由一个可编程的预分频器驱动。ATIM 支持 6 个独立的比较捕获通道，可实现 6 路独立 PWM 输出、3 对互补 PWM 输出或对 6 路输入进行捕获。ATIM 可用于基本的定时/计数、测量输入信号的脉冲宽度和周期、产生输出波形（PWM、单脉冲、插入死区时间的互补 PWM 等）。

5.2 主要特性

ATIM 的主要特性如下。

- 16 位向上、向下、向上/向下自动装载计数器。
- 6 个独立通道输入捕获和输出比较。
- PWM 输出，边沿或中央对齐模式。
- 死区时间可编程的互补 PWM 输出。
- 刹车功能。
- 单脉冲模式输出。
- 正交编码计数功能。
- 支持中断和事件。
    - 计数器上溢、下溢。
    - 捕获、比较事件。
    - 捕获数据丢失。
    - 刹车事件。
    - 更新事件。
    - 触发事件。

5.3　功能描述

本节将对 ATIM 的功能进行详细描述。

5.3.1　功能框图

ATIM 的功能框图如图 5-1 所示。

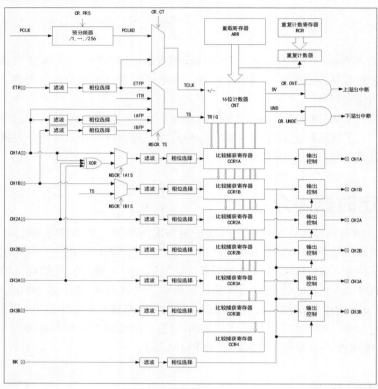

图 5-1

通过 16 位计数器和 7 路比较单元的结合，可实现输入捕获、输出比较功能，可测量输入信号的脉冲宽度和周期，可输出 PWM 波形。

一、时钟源选择

计数单元的计数时钟源可选内部系统时钟 PCLK 或 ETR 输入信号，具体通过控制寄存器 ATIM_CR 的 CT 位域来选择。

当设置 ATIM_CR.CT 为 0 时，计数时钟源为内部系统时钟 PCLK，可通过 ATIM_CR.PRS 对内部时钟 PCLK 进行分频。

当设置 ATIM_CR.CT 为 1 时，计数时钟源为 ETR 输入信号，可通过 ATIM_FLTR.FLTET 进行滤波控制、通过 ATIM_FLTR.ETP 选择 ETR 输入相位。

二、更新事件

更新事件（Update Event，UEV）的更新源通过控制寄存器 ATIM_CR 的 URS 位域设置，如表 5-1 所示。

表 5-1　更新源设置

ATIM_CR.URS	更新源
0	计数器上溢出、下溢出（且重复计数次数 ATIM_RCR 为 0），软件置位 UG，从模式复位
1	计数器上溢出、下溢出（且重复计数次数 ATIM_RCR 为 0）

当发生 UEV（内部 UEV 信号保持一个 PCLK 周期），ATIM 进行以下动作。

（1）计数器被重置。

边沿对齐模式：向上计数时初始化为 0，向下计数时重新加载 ATIM_ARR。

中央对齐模式：改变计数方向。

（2）如果使用了缓存寄存器功能，将更新 ATIM_ARR、ATIM_CH*x*CCR*y* 到其缓存寄存器。

（3）预分频器的计数器被清零，但不影响 ATIM_CR.PRS 中的预分频值。

当发生一个 UEV 时，事件更新中断标志位 ATIM_ISR.UIF 会被硬件置位，如果允许中断（设置 ATIM_CR.UIE 为 1）将产生一个更新中断请求，设置 ATIM_ICR.UIE 为 0 清除该标志位。

注意：如果使用了重复计数器（ATIM_RCR.RCR 不为 0），只有在计数次数达到重复计数次数（ATIM_RCR.RCR 达到 0）时，才会发生 UEV。

三、计数模式

计数器可设置为向上计数（边沿对齐模式）、向下计数（边沿对齐模式）或向上/向下双向计数（中央对齐模式）。

（1）向上计数（边沿对齐模式）。

在边沿对齐模式下设置控制寄存器 ATIM_CR 的 DIR 位为 0 时，计数器向上计数。

设置 ATIM_CR.EN 为 1 启动 ATIM，计数器 CNT 开始向上计数。当计数值达到重载值 ARR 后产生溢出信号 OV（溢出信号 OV 保持一个 PCLK 周期，然后自动清除）。在下一个 PCLK 周期，计数器被初始化为 0，同时计数器上溢出中断标志位 ATIM_ISR.OVF 被硬件置位，如果允许中断（设置 ATIM_CR.OVE 为 1）将产生中断请求，设置 ATIM_ICR.OVF 为 0 清除该标志位。

如果使用了重复计数器功能，在向上计数达到设置的重复计数次数（ATIM_RCR.RCR）时，才会发生 UEV，否则每次计数器上溢出都会发生 UEV。

以下是计数器在不同时钟频率下的操作示例，其中 ATIM_ARR=0x36。

图 5-2 所示为向上计数、内部时钟分频因子为 1 的示例。

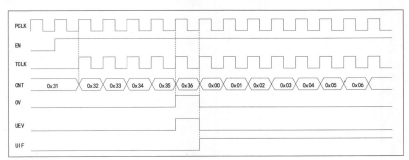

图 5-2

图 5-3 所示为向上计数、内部时钟分频因子为 2 的示例。

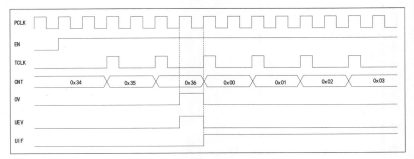

图 5-3

图 5-4 所示为向上计数、内部时钟分频因子为 4 的示例。

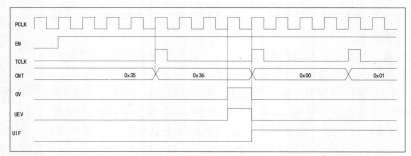

图 5-4

图 5-5 所示为向上计数、内部时钟分频因子为 N 的示例。

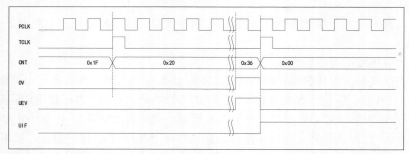

图 5-5

图 5-6 所示为向上计数、当重载缓存禁止（ATIM_CR.BUFPEN=0x0）时的更新事件的示例。

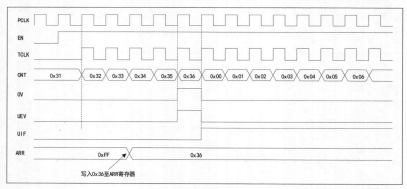

图 5-6

图 5-7 所示为向上计数，当重载缓存使能（ATIM_CR.BUFPEN=0x1）时的更新事件的示例。

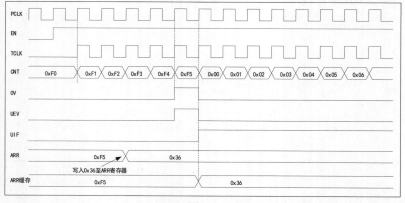

图 5-7

（2）向下计数（边沿对齐模式）。

在边沿对齐模式下设置控制寄存器 ATIM_CR 的 DIR 位为 1 时，计数器向下计数。

设置 ATIM_CR.EN 为 1 启动 ATIM，硬件自动加载 ARR 到计数器 CNT，计数器开始向下计数。当计数值达到 0 后产生溢出信号 UND（溢出信号 UND 保持一个 PCLK 周期，然后自动清除）。溢出后一个 PCLK，计数器重装载 ARR 的值，计数器下溢出中断标志位 ATIM_ISR.UNDF 被硬件置位，如果允许中断（设置 ATIM_CR.UNDE 为 1）将产生中断请求，设置 ATIM_ICR.UNDF 为 0 清除该标志位。

如果使用了重复计数器功能，在向下计数达到设置的重复计数次数（ATIM_RCR.RCR）时，才会发生 UEV，否则每次计数器下溢出都会发生 UEV。

以下是计数器在不同时钟频率下的操作示例，其中 ATIM_ARR=0x36。

图 5-8 所示为向下计数、内部时钟分频因子为 1 的示例。

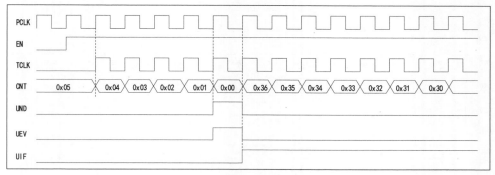

图 5-8

图 5-9 所示为向下计数、内部时钟分频因子为 2 的示例。

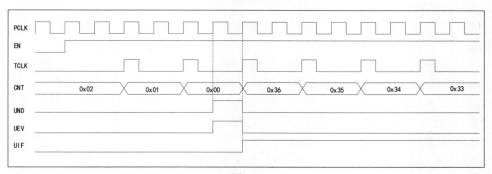

图 5-9

图 5-10 所示为向下计数、内部时钟分频因子为 4 的示例。

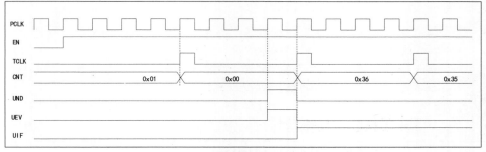

图 5-10

图 5-11 所示为向下计数、内部时钟分频因子为 N 的示例。

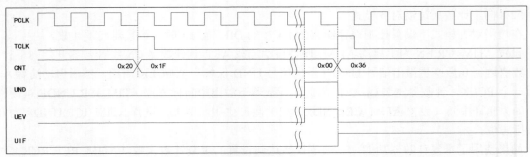

图 5-11

图 5-12 所示为向下计数、当没有使用重载缓存使能时的更新事件的示例。

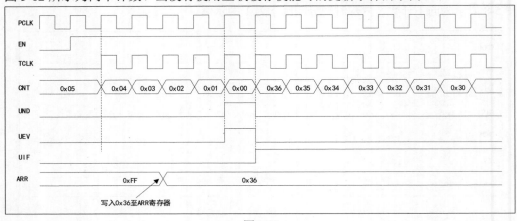

图 5-12

（3）向上/向下计数（中央对齐模式）。

在中央对齐模式下，计数器从 0 开始计数到重载值 ARR，发生一个计数器上溢出事件，然后向下计数到 0 并且发生一个计数器下溢出事件，再从 0 开始重新向上计数。

在中央对齐模式下，控制寄存器 ATIM_CR 的 DIR 位不能由软件写入，但可以读出，DIR 由硬件更新并指示当前的计数方向。从其他模式切换到中央对齐模式时 DIR 位自动清零。

如果使用了重复计数器功能，在向上/向下计数达到设置的重复计数次数（ATIM_RCR.RCR）时，才会发生 UEV，否则每次计数器上溢出/下溢出时都会发生 UEV。

以下是计数器在不同时钟频率下的操作示例。

图 5-13 所示为中央对齐模式、内部时钟分频因子为 1、ARR=0x06 的示例。

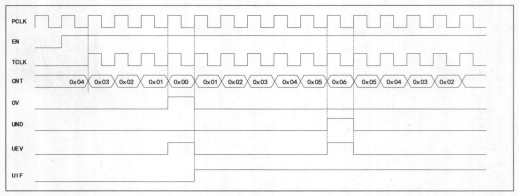

图 5-13

图 5-14 所示为中央对齐模式、内部时钟分频因子为 2 的示例。

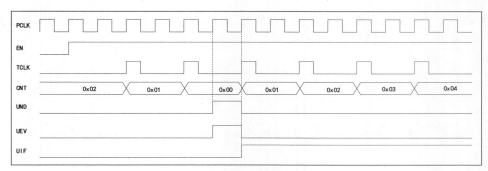

图 5-14

图 5-15 所示为中央对齐模式、内部时钟分频因子为 4、ARR=0x36 的示例。

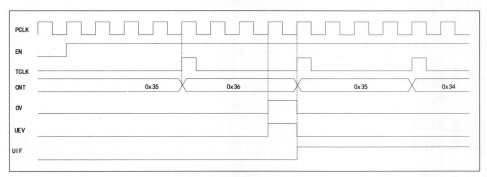

图 5-15

图 5-16 所示为中央对齐模式、内部时钟分频因子为 N 的示例。

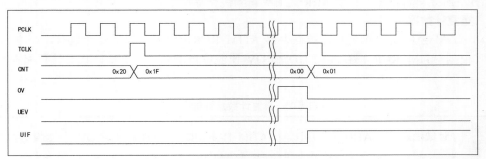

图 5-16

图 5-17 所示为中央对齐模式、当重载缓存禁止（ATIM_CR.BUFPEN=0x0）时的更新事件的示例。

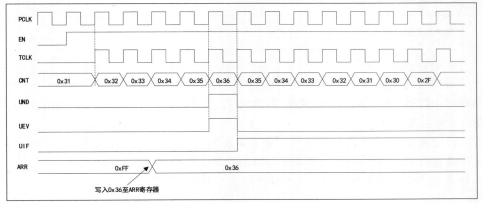

图 5-17

图 5-18 所示为中央对齐模式、当重载缓存使能（ATIM_CR.BUFPEN=0x1）时的更新事件的示例。

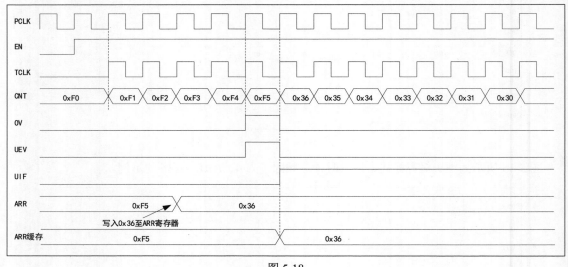

图 5-18

四、重载寄存器

自动重载寄存器 ATIM_ARR 具有缓存功能，通过控制寄存器 ATIM_CR 的 BUFPEN 位域开启或关闭。

当计数器处于停止状态或缓存功能关闭时，更新重载寄存器 ARR 将会立即更新缓存寄存器。当定时器处于运行状态且缓存功能开启时，更新重载寄存器 ARR 将不会立即更新缓存寄存器，仅当发生 UEV 时才会将重载寄存器 ARR 的值更新到缓存寄存器中。

五、重复计数器

启动 ATIM 会自动加载重复计数寄存器 ATIM_RCR 的 RCR 到重复计数器，在主计数器产生溢出时根据 ATIM_RCR 寄存器的 UD 和 OV 使能位自动减 1。重复计数器计数配置如表 5-2 所示。

表 5-2　重复计数器计数配置

主计数器溢出类型	计数模式	ATIM_CR.DIR	ATIM_RCR.UD	ATIM_RCR.OV	重复计数器动作
上溢	边沿对齐模式	0，向上计数	—	0	减 1
			—	1	不计数
	中央对齐模式	—	—	0	减 1
			—	1	不计数
下溢	边沿对齐模式	1，向下计数	0	—	减 1
			1	—	不计数
	中央对齐模式	—	0	—	减 1
			1	—	不计数

使用重复计数器功能（ATIM_RCR 的 RCR 不为 0）时，只有当重复计数器的值为 0 时，主计数器的溢出才会触发 UEV。

通过软件更新 UG 或从模式复位时，会立即发生 UEV，不关心当前重复计数器的值，并且 ATIM_RCR 寄存器中 RCR 的内容将立即被加载到重复计数器。

图 5-19 所示为不同重复计数值、在不同计数模式下发生 UEV 的示例。

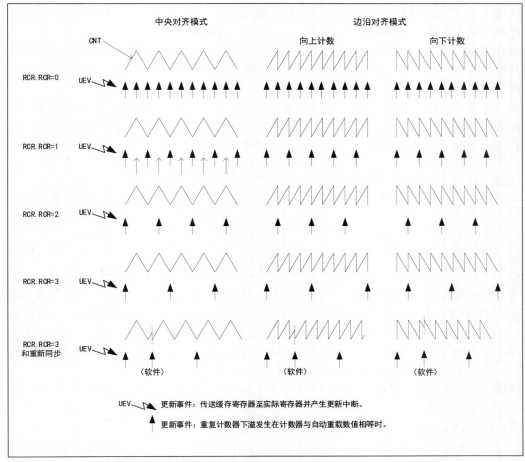

图 5-19

六、比较捕获通道

ATIM 有 3 个独立比较捕获通道 CH1、CH2、CH3，每个通道都有 A、B 两路比较捕获寄存器及其缓存寄存器，以及输入信号处理单元（数字滤波和相位检测）、比较单元和匹配输出单元。

因此 ATIM 可实现 6 路输入捕获、6 路独立 PWM 输出或 3 对互补 PWM 输出。ATIM 的通道 CH4 为芯片内部通道，无外部引脚，只有 1 路比较捕获寄存器（ATIM_CH4CCR），且只能用来比较，不能用来捕获。

ATIM 支持的比较捕获通道引脚如表 5-3 所示，在应用时需要配置功能复用。

表 5-3 ATIM 支持的比较捕获通道引脚

ATIM	引脚	AFR
ATIM_CH1A	PA5、PA8、PB2、PB5	0x07
ATIM_CH1B	PA7、PA15、PB13	0x07
ATIM_CH2A	PA5、PA9、PB6、PB10	0x07
ATIM_CH2B	PB0、PB3、PB14	0x07
ATIM_CH3A	PA3、PA10、PB7、PB11	0x07
ATIM_CH3B	PB1、PB4、PB15	0x07

5.3.2 输入捕获功能

一、输入捕获

边沿对齐模式和中央对齐模式都支持输入捕获功能。设置通道 x 控制寄存器 ATIM_CHxCR 的

CSy 位域为 1，使通道 CHxy（x 取值为 1～3，y 取值为 A、B）工作在输入捕获模式，可通过软件或硬件触发输入捕获。

软件触发：设置 ATIM_CHxCR.CCGy 为 1 时，立即软件触发一次捕获，主计数寄存器 ATIM_CNT 的值被锁存到对应通道的比较捕获寄存器 ATIM_CHxCCRy 中，完成一次捕获，捕获完成后 CCGy 位被硬件自动清零。

硬件触发：当检测到通道 CHxy 上的有效边沿后，主计数寄存器 ATIM_CNT 的值被锁存到对应通道的比较捕获寄存器 ATIM_CHxCCRy 中，完成一次捕获。触发捕获的有效边沿通过 ATIM_CHxCR 寄存器的 BKSy 位域来选择，如表 5-4 所示。

表 5-4 输入捕获模式配置

高级定时器	通道 CHxy	BKSy 位域值	捕获触发条件
ATIM_CHxCR (x=1,2,3)	BKSy (y=A,B)	00	禁止
		01	上升沿时捕获
		10	下降沿时捕获
		11	上下沿时均捕获

当发生一次捕获时，对应通道的捕获中断标志位 ATIM_ISR.CxyF 被硬件置位，如果使能了中断（设置 ATIM_CHxCR.CIEy 为 1）将产生中断请求，如果使能了 DMA（设置 ATIM_CHxCR.CDEy 为 1）将产生 DMA 请求。如果发生捕获事件，ATIM_ISR.CxyF 标志位已经为高，那么重复捕获标志位 ATIM_ISR.CxyE 将被硬件置位。设置 ATIM_ICR.CxyF 为 0 清除 ATIM_ISR.CxyF 标志位，设置 ATIM_ICR.CxyE 为 0 清除 ATIM_ISR.CxyE 标志位。

注意：即使 ATIM 未启动，ATIM_CNT 没有开始计数，当检测到通道 CHxy 的有效边沿后，仍会触发捕获并执行捕获动作。

二、PWM 输入模式

PWM 输入模式是输入捕获模式的一个应用。设置通道 x 控制寄存器 ATIM_CHxCR 的 BKSy 位域为 0x03，使定时器在 PWM 输入信号的上升沿和下降沿都发生捕获，经过 3 次捕获后，可计算出 PWM 信号的脉冲宽度和周期。

CH3B 通道的 PWM 信号测量如图 5-20 所示。

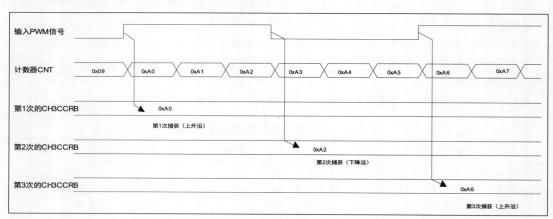

图 5-20

三、输入捕获触发源

ATIM 的输入捕获触发源可选择外部 CHxy 引脚输入信号或者内部触发 TS 信号。

通道 CH2A、CH2B、CH3A、CH3B 的输入捕获只能选择对应的外部 GPIO 引脚输入，可通过滤波寄存器 ATIM_FLTR 的 OCMxyFLTxy 位域进行通道滤波设置、通过 ATIM_CHxCR.BKSy 位域进行相位的设置。

ATIM 的 CH1 是一个具有高级功能的输入通道，输入端 CH1A、CH1B 既可用作触发捕获，又可用作主计数器的触发启动。

CH1A 的输入捕获由主从模式控制寄存器 ATIM_MSCR 的 IA1S 位域确定，可选择 CH1A 输入或 CH1A、CH2A、CH3A 的异或输入。

当设置 ATIM_MSCR.IA1S 为 0 时选择 CH1A 输入，可通过 ATIM_FLTR.OCM1AFLT1A 设置通道滤波、通过 ATIM_CH1CR.BKSA 设置相位；设置 ATIM_MSCR.IA1S 为 1 时选择 CH1A、CH2A、CH3A 的异或输入，该特性用于连接霍尔传感器。

CH1B 的输入捕获由主从模式控制寄存器 ATIM_MSCR 的 IB1S 位域确定，可选择 CH1B 输入或内部触发 TS 信号。

当设置 ATIM_MSCR.IB1S 为 0 时选择 CH1B 输入，可通过 ATIM_FLTR.OCM1BFLT1B 设置通道滤波、通过 ATIM_CH1CR.BKSB 设置相位；当设置 ATIM_MSCR.IB1S 为 1 时选择内部触发 TS 信号，通过 ATIM_MSCR.TS 配置 TS 信号的来源，如表 5-5 所示。

表 5-5 TS 信号来源

ATIM_MSCR.TS	TS 信号来源
000	ETR 经滤波和相位选择后的信号 ETFP
001	内部互联信号 ITR
101	端口 CH1A 的边沿信号
110	端口 CH1A 经滤波和相位选择后的信号 IAFP
111	端口 CH1B 经滤波和相位选择后的信号 IBFP

5.3.3 输出比较功能

一、输出比较

设置通道 x 控制寄存器 ATIM_CHxCR 的 CSy 位域为 0，使通道 CHxy 工作在输出比较模式。在输出比较模式下，将计数寄存器 ATIM_CNT 的值与对应通道 CHxy 的比较捕获寄存器 ATIM_CHxCCRy 的值相比较，当两者匹配时，比较捕获通道 CHxy 输出为可设定的电平状态。

比较通道的输出状态由 ATIM_FLTR 寄存器的 OCMxyFLTxy 位域设置，输出比较模式配置如表 5-6 所示。

表 5-6 输出比较模式配置

ATIM_FLTR.OCMxyFLTxy	输出比较模式配置
000	强制 CHxy 输出低电平
001	强制 CHxy 输出高电平
010	在比较匹配时 CHxy 置为 0
011	在比较匹配时 CHxy 置为 1
100	在比较匹配时 CHxy 翻转输出
101	在比较匹配时输出一个计数周期的高电平
110	PWM 模式 1
111	PWM 模式 2

ATIM_FLTR 寄存器中的输出极性控制位 CCPxy，可设置 CHxy 的输出极性。

当发生比较匹配时，硬件将通道比较匹配中断标志位 ATIM_ISR.CxyF 置位。

- 如果允许中断，即 ATIM_CHxCR.CIEy 为 1，将产生中断请求。
- 如果允许触发 DMA，即 ATIM_MSCR.CCDS 为 0，比较匹配触发一次 DMA 请求。
- 如果允许使能 DMA，即 ATIM_CHxCR.CDEy 为 1，比较匹配使能 DMA。
- 如果允许触发 ADC，即 ATIM_TRIG.ADTE 为 1，且 ATIM_TRIG.CMxyE 为 1，比较匹配将触发一次 ADC 转换请求。

比较捕获寄存器 ATIM_CHxCCRy 具有缓存功能，通过 ATIM_CHxCR 寄存器的 BUFEy 位选择是否使用缓存功能。

当 ATIM_CHxCR.BUFEy 为 0 时，禁止通道 CHxy 的比较缓存功能，可在任意时刻通过软件更新 ATIM_CHxCCRy 寄存器，更新值立即生效并影响输出波形；当 ATIM_CHxCR.BUFEy 为 1 时，使能通道 CHxy 的比较缓存功能，更新 ATIM_CHxCCRy 寄存器不会立即更新缓存寄存器，仅当发生 UEV 时才会将 ATIM_CHxCCRy 寄存器的值更新到缓存寄存器中。

比较捕获寄存器缓存功能示例如图 5-21 所示。

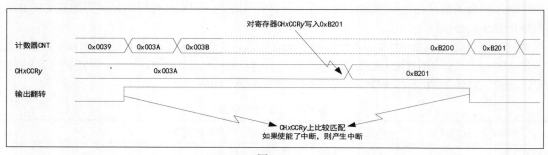

图 5-21

二、强制输出

强制输出模式，比较通道 CHxy 的输出状态由软件置为 0 或 1，而不依赖于比较结果。ATIM_FLTR 寄存器中 OCMxyFLTxy 位域设置为 0x0，强制相应的 CHxy 通道输出低电平；ATIM_FLTR 寄存器中 OCMxyFLTxy 位域设置为 0x1，强制相应的 CHxy 通道输出高电平。

强制输出模式下，ATIM_CHxCCRy 寄存器和计数器 ATIM_CNT 持续比较，比较结果会影响相应标志位，也会产生相应的中断和 DMA 请求。

三、单脉冲输出

单脉冲输出模式是 PWM 输出模式的一种，计数器响应触发后，在一段延时之后产生一个脉冲输出，延时时间与脉冲宽度均可由程序控制。

单脉冲输出模式需要设置 ATIM 从模式方式。

输出控制/输入滤波寄存器 ATIM_FLTR 的 OCMxyFLTxy 位域应设置为输出比较模式或 PWM 输出模式，同时将控制寄存器 ATIM_CR 的 ONESHOT 位域设置为 0x1，选择单次触发模式，计数器将在发生下一个 UEV 时停止计数。

单脉冲输出模式启动前，需注意计数器 CNT 当前值与重载值 ARR、比较值 CHxCCRy，应满足以下条件。

- 向上计数方式：CNT<CHxCCRy=ARR。
- 向下计数方式：CNT>CHxCCRy。

单脉冲输出示例（向上计数方式）如图 5-22 所示。

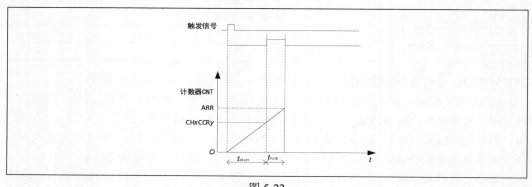

图 5-22

以从模式触发启动计时器后，定时器在检测到触发信号的有效边沿时开始计数，延迟 t_{DELAY} 之后，在比较输出端口上产生一个宽度为 t_{PULSE} 的正脉冲。其中 t_{DELAY} 由计数寄存器 ATIM_CNT 的初值和比较捕获寄存器 ATIM_CHxCCRy 的差值确定，t_{PULSE} 由重载寄存器 ATIM_ARR 和比较捕获寄存器 ATIM_CHxCCRy 确定。

四、独立 PWM 输出

ATIM 的 PWM 输出模式可产生一个频率、占空比可编程的 PWM 波形，频率由重载寄存器 ATIM_ARR 确定，占空比由比较捕获寄存器 ATIM_CHxCCRy 确定。

PWM 输出模式需要设置控制寄存器 ATIM_CR、输出控制/输入滤波寄存器 ATIM_FLTR 和死区时间寄存器 ATIM_DTR，如表 5-7 所示。

表 5-7　PWM 输出模式

PWM 模式	寄存器	位域	位域值	说明
PWM 模式 1	ATIM_CR	COMP	0	独立 PWM 输出模式
	ATIM_FLTR	OCMxyFLTxy	110	PWM 模式 1
	ATIM_DTR	MOE	1	使能 PWM 输出
PWM 模式 2	ATIM_CR	COMP	0	独立 PWM 输出模式
	ATIM_FLTR	OCMxyFLTxy	111	PWM 模式 2
	ATIM_DTR	MOE	1	使能 PWM 输出

在 PWM 模式下，比较通道 CHx 的 A 路可通过控制寄存器 ATIM_CR 的 PWM2S 位域配置为单点比较或双点比较方式。在单点比较方式下，使用比较捕获寄存器 ATIM_CHxCCRA 控制比较输出；在双点比较方式下，使用比较捕获寄存器 ATIM_CHxCCRA 和 ATIM_CHxCCRB 控制比较输出。比较通道 CHx 的 B 路只能使用单点比较，由比较捕获寄存器 ATIM_CHxCCRB 控制比较输出。

PWM 模式 1、2 在不同比较方式时的输出状态如表 5-8 所示。

表 5-8　PWM 模式 1、2 在不同比较方式时的输出状态

比较方式	计数模式	计数方向	PWM 模式 1	PWM 模式 2
单点	边沿对齐模式、中央对齐模式	向上	CNT<CHxCCRy，输出高电平	CNT<CHxCCRy，输出低电平
		向下	CNT>CHxCCRy，输出低电平	CNT>CHxCCRy，输出高电平
双点	边沿对齐模式	向上	CHxCCRA<CNT≤CHxCCRB，输出低电平	CHxCCRA≤CNT<CHxCCRB，输出高电平
		向下	CHxCCRA<CNT≤CHxCCRB，输出高电平	CHxCCRA≤CNT<CHxCCRB，输出低电平
	中央对齐模式	向上	CNT<CHxCCRA，输出高电平	CNT<CHxCCRA，输出低电平
		向下	CNT>CHxCCRB，输出低电平	CNT>CHxCCRB，输出高电平

以下是 ATIM 在不同模式下的独立 PWM 输出示例。

PWM 模式 2、边沿对齐模式、向上计数、单点比较的示例如图 5-23 所示。

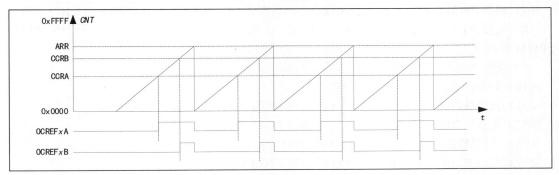

图 5-23

操作步骤如下。

（1）设置 SYSCTRL_APBEN2.ATIM 为 1，打开 ATIM 模块。

（2）设置 ATIM_CR.MODE 为 0x2，定时器工作在边沿对齐模式。

（3）设置 ATIM_CR.COMP 为 0x0，设置为独立 PWM 输出。

（4）设置 ATIM_CR.DIR 为 0x0，边沿对齐模式的计数方向为向上。

（5）根据 PWM 的周期设置 ATIM_ARR。

（6）设置计数器 ATIM_CNT 的初值（初值必须小于 ATIM_ARR 的值）。

（7）根据 PWM 的脉冲宽度设置比较捕获寄存器 ATIM_CHxCCRA 和 ATIM_CHxCCRB。

（8）设置 ATIM_FLTR.OCMxBFLTxB 和 ATIM_FLTR.OCMxAFLTxA 为 0x7，使比较输出模式为 PWM 模式 2。

（9）设置 ATIM_ICR 寄存器的相关位，清除相关中断标志。

（10）如果需要设置相关的中断使能。

（11）设置 ATIM_FLTR.CCPxA 和 ATIM_FLTR.CCPxB 为 0，选择无反相输出。

（12）设置 ATIM_DTR.MOE 为 0x01，使能 PWM 的输出。

（13）设置 ATIM_CR.EN 为 0x01，启动定时器。

PWM 模式 2、边沿对齐模式、向下计数、单点比较的示例如图 5-24 所示。

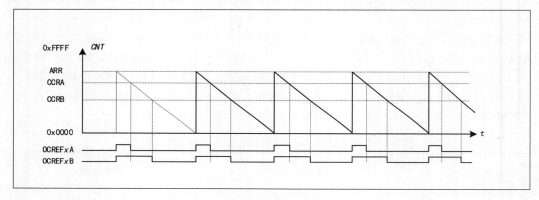

图 5-24

操作步骤如下。

（1）设置 SYSCTRL_APBEN2.ATIM 为 1，打开 ATIM 模块。

（2）设置 ATIM_CR.MODE 为 0x2，定时器工作在边沿对齐模式。

（3）设置 ATIM_CR.COMP 为 0x0，设置为独立 PWM 输出。

（4）设置 ATIM_CR.DIR 为 0x1，边沿对齐模式的计数方向为向下。

（5）根据 PWM 的周期设置 ATIM_ARR。

（6）设置计数器 ATIM_CNT 的初值（初值必须小于 ATIM_ARR 的值）。

（7）根据 PWM 的脉冲宽度设置比较寄存器 ATIM_CHxCCRA 和 ATIM_CHxCCRB。

（8）设置 ATIM_FLTR.OCMxBFLTxB 和 ATIM_FLTR.OCMxAFLTxA 为 0x7，使比较输出模式为 PWM 模式 2。

（9）设置 ATIM_ICR 寄存器的相关位，清除相关中断标志。

（10）如果需要设置相关的中断使能。

（11）设置 ATIM_FLTR.CCPxA 和 ATIM_FLTR.CCPxB 为 0，不需要反相输出。

（12）设置 ATIM_DTR.MOE 为 0x01，使能 PWM 的输出。

（13）设置 ATIM_CR.EN 为 0x01，使能定时器。

PWM 模式 2、中央对齐模式、单点比较的示例如图 5-25 所示。

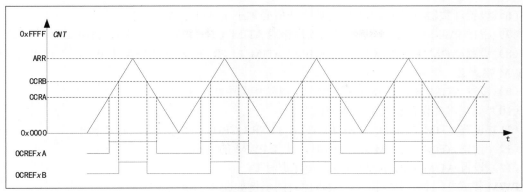

图 5-25

操作步骤如下。

（1）设置 SYSCTRL_APBEN2.ATIM 为 1，打开 ATIM 模块。

（2）设置 ATIM_CR.MODE 为 0x3，定时器工作在中央对齐模式。

（3）设置 ATIM_CR.COMP 为 0x0，设置为独立 PWM 输出。

（4）根据 PWM 的周期设置 ATIM_ARR。

（5）设置计数器 ATIM_CNT 的初值（初值必须小于 ATIM_ARR 的值）。

（6）根据 PWM 的脉冲宽度设置比较寄存器 ATIM_CHxCCRA 和 ATIM_CHxCCRB。

（7）设置 ATIM_FLTR.OCMxBFLTxB 和 ATIM_FLTR.OCMxAFLTxA 为 0x7，使比较输出模式为 PWM 模式 2。

（8）设置 ATIM_ICR 寄存器的相关位，清除相关中断标志。

（9）如果需要设置相关的中断使能。

（10）设置 ATIM_FLTR.CCPxA 和 ATIM_FLTR.CCPxB 为 0，不需要反相输出。

（11）设置 ATIM_DTR.MOE 为 0x01，使能 PWM 的输出。

（12）设置 ATIM_CR.EN 为 0x01，使能定时器。

PWM 模式 2、边沿对齐模式、双点比较的示例如图 5-26 所示。

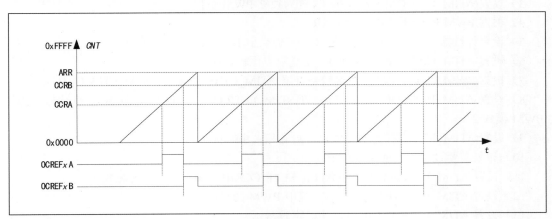

图 5-26

操作步骤如下。

（1）设置 SYSCTRL_APBEN2.ATIM 为 1，打开 ATIM 模块。

（2）设置 ATIM_CR.MODE 为 0x2，定时器工作在边沿对齐模式。

（3）设置 ATIM_CR.COMP 为 0x0，设置为独立 PWM 输出。

（4）设置 ATIM_CR.DIR 为 0x0，边沿对齐模式的计数方向为向上。

（5）根据 PWM 的周期设置 ATIM_ARR。

（6）设置计数器 ATIM_CNT 的初值（初值必须小于 ATIM_ARR 的值）。

（7）根据 PWM 的脉冲宽度设置比较寄存器 ATIM_CH*x*CCRA 和 ATIM_CH*x*CCRB。

（8）设置 ATIM_FLTR.OCM*x*BFLT*x*B 和 ATIM_FLTR.OCM*x*AFLT*x*A 为 0x7，使比较输出模式为 PWM 模式 2。

（9）设置 ATIM_ICR 寄存器的相关位，清除相关中断标志。

（10）如果需要设置相关的中断使能。

（11）设置 ATIM_FLTR.CCP*x*A 和 ATIM_FLTR.CCP*x*B 为 0，不需要反相输出。

（12）设置 ATIM_DTR.MOE 为 0x01，使能 PWM 的输出。

（13）设置 ATIM_CR.EN 为 0x01，使能定时器。

PWM 模式 2、中央对齐模式、双点比较的示例如图 5-27 所示。

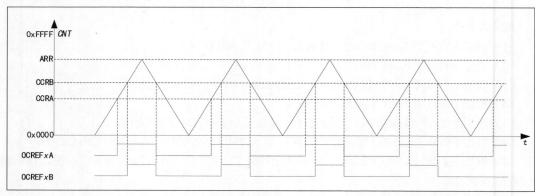

图 5-27

注意：OCREF*x*A 按双点比较输出，OCREF*x*B 由 CH*x*CCRB 控制单点比较输出。

操作步骤如下。

（1）设置 SYSCTRL_APBEN2.ATIM 为 1，打开 ATIM 模块。

（2）设置 ATIM_CR.MODE 为 0x3，定时器工作在中央对齐模式。

（3）设置 ATIM_CR.COMP 为 0x0，设置为独立 PWM 输出。

（4）根据 PWM 的周期设置 ATIM_ARR。

（5）设置计数器 ATIM_CNT 的初值（初值必须小于 ATIM_ARR 的值）。

（6）设置 ATIM_CR.PWM2S 为 0x0，使能双点比较功能。

（7）根据 PWM 的脉冲宽度设置比较寄存器 ATIM_CH*x*CCRA 和 ATIM_CH*x*CCRB。

（8）设置 ATIM_FLTR.OCM*x*BFLT*x*B 和 ATIM_FLTR.OCM*x*AFLT*x*A 为 0x7，使比较输出模式为 PWM 模式 2。

（9）设置 ATIM_ICR 寄存器的相关位，清除相关中断标志。

（10）如果需要设置相关的中断使能。

（11）设置 ATIM_FLTR.CCP*x*A 和 ATIM_FLTR.CCP*x*B 为 0，不需要反相输出。

（12）设置 ATIM_DTR.MOE 为 0x01，使能 PWM 的输出。

（13）设置 ATIM_CR.EN 为 0x01，使能定时器。

五、互补 PWM 输出和死区插入

ATIM 可以输出 3 路互补 PWM 信号，可设置死区时间。

设置控制寄存器 ATIM_CR 的 COMP 位域为 1，选择互补 PWM 输出模式，比较输出通道 CH*x*A 与 CH*x*B 产生一对互补 PWM。设置 ATIM_FLTR 寄存器的 OCM*x*AFLT*x*A 位域为 0x6，选择 PWM 模式 1，为 0x7 则选择 PWM 模式 2。设置 ATIM_DTR 寄存器的 MOE 位域为 0x01，使能 PWM 输出。

互补 PWM 输出模式，可通过控制寄存器 ATIM_CR 的 PWM2S 位域选择单点比较或双点比较方式：单点比较方式下使用比较捕获寄存器 ATIM_CHxCCRA 控制比较输出，双点比较方式下使用比较捕获寄存器 ATIM_CHxCCRA 和 ATIM_CHxCCRB 控制比较输出。

互补 PWM 输出模式，通道 CHx 的 A 路控制输出信号，B 路比较捕获寄存器 CHxCCRB 不再控制 CHxB 输出，但仍可用作内部控制，比如触发 ADC 或 DMA。可通过 ATIM-FLTR 寄存器的 CCPxA 和 CCPxB 位域控制 A 路和 B 路的 PWM 输出是否反相。

图 5-28 所示为在 PWM 模式 1、边沿对齐模式、向上计数、单点比较的条件下的互补 PWM 输出波形。

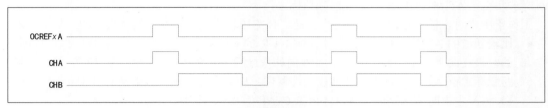

图 5-28

图 5-29 所示为带有死区插入的互补 PWM 输出波形。

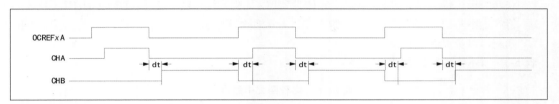

图 5-29

设置死区时间寄存器 ATIM_DTR 的 DTEN 位域为 1，使能死区控制。

3 个通道 CHx 的死区时间是统一设置的，由 ATIM_DTR 寄存器的 DTR 位域配置，如表 5-9 所示。

表 5-9　3 个通道 CHx 的死区时间寄存器的 DTR 位域配置

ATIM_DTR.DTR	步长	死区时间/TTCLK	当 TTCLK = 125 ns 时的死区时间范围
DTR[7] = 0	1 TTCLK	DTR[6:0] + 2	0.25～16.125μs
DTR[7:6] = 10	2 TTCLK	(DTR[5:0] + 64) × 2 + 2	16.25～32μs
DTR[7:5] = 110	8 TTCLK	(DTR[4:0] + 32) × 8 + 2	32.25～63.25μs
DTR[7:5] = 111	16 TTCLK	(DTR[4:0] + 32) × 16 + 2	63.25～126.25μs

六、刹车功能

设置死区时间寄存器 ATIM_DTR 的 BKE 位域为 1，使能刹车功能。

刹车信号为高电平有效。当刹车信号有效时，比较通道 CHxy 将立即设置为程序设定的输出状态，具体输出状态由通道 x 控制寄存器 ATIM_CHxCR 的 BSKA 和 BSKB 位域设置。常见的刹车控制是 BSKA、BAKB 同时为高电平或低电平。

刹车触发源如下。

- 软件刹车，设置控制寄存器 ATIM_CR 的 BG 位域为 1 触发软件刹车，BG 位自动清零。
- 电压比较器 VC 的比较输出，ATIM_DTR 寄存器的 VCE 位域为 1 使能电压比较器的输出触发刹车。
- 系统的异常，如时钟异常、供电异常等，设置 ATIM_DTR 寄存器的 SAFEEN 位域为 1，使能系统的异常作为刹车触发源。
- 外部 ATIM_BK 引脚输入（GPIO 功能复用设置），通过 ATIM_FLTR 寄存器的 FLTBK 位域对刹车输入信号进行滤波设置，ATIM_FLTR 寄存器的 BKP 位域选择刹车输入信号的相位。

当刹车信号有效时，刹车中断标志位 ATIM_ISR.BIF 会被硬件置位，如果允许刹车中断（设置 ATIM_CR.BIE 为 1）将产生中断请求，设置 ATIM_ICR.BIF 为 0 清除该标志位。

七、比较匹配中断

ATIM 定时器启动后，计数寄存器 ATIM_CNT 和比较捕获寄存器 ATIM_CHxCCRy 开始比较，当二者值相等时，会发生比较匹配事件。

若工作于边沿对齐模式，无论计数方向是向上还是向下，在比较匹配时，对应通道的比较捕获匹配标志位 ATIM_ISR.CxyF 会被硬件置位，如果允许中断（设置 ATIM_CHxCR.CIEy 为 1）将产生中断请求，设置 ATIM_ICR.CxyF 为 0 清除该标志位。

工作于中央对齐模式时，比较通道的 A 路、B 路比较匹配中断发生的时机不同，如下所示。

- 比较通道的 A 路，由控制寄存器 ATIM_CR 的 CISA 位域控制，可选择比较匹配中断发生的时机在向上计数、向下计数或者双向计数过程中。在比较匹配时，对应通道的比较捕获匹配标志位 ATIM_ISR.CxAF 会被硬件置位，如果允许中断（设置 ATIM_CHxCR.CIEA 为 1）将产生中断请求，设置 ATIM_ICR.CxAF 为 0 清除该标志位。
- 比较通道的 B 路，由通道 x 控制寄存器 ATIM_CHxCR 的 CISB 位域控制，可选择比较匹配中断发生的时机在向上计数、向下计数或者双向计数过程中。在比较匹配时，对应通道的比较捕获匹配标志位 ATIM_ISR.CxBF 会被硬件置位，如果允许中断（设置 ATIM_CHxCR.CIEB 为 1）将产生中断请求，设置 ATIM_ICR.CxBF 为 0 清除该标志位。单独控制比较通道的 B 路的比较匹配，可更灵活地触发 ADC。

表 5-10 所示为比较匹配中断设置。

表 5-10　比较匹配中断设置

计数模式	A、B 路	计数方向	CISA、CISB 位域	在比较匹配时是否产生中断
边沿对齐模式	A、B 路	向下、向上	—	是
中央对齐模式	A 路	向上	CISA=01 或 11	是
			CISA=10 或 00	否
		向下	CISA=10 或 11	是
			CISA=01 或 00	否
	B 路	向上	CISB=01 或 11	是
			CISB=10 或 00	否
		向下	CISB=10 或 11	是
			CISB=01 或 00	否

比较匹配中断的示例如图 5-30 和图 5-31 所示。

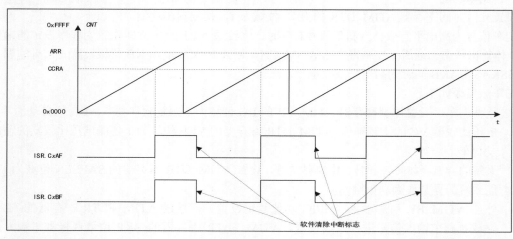

图 5-30

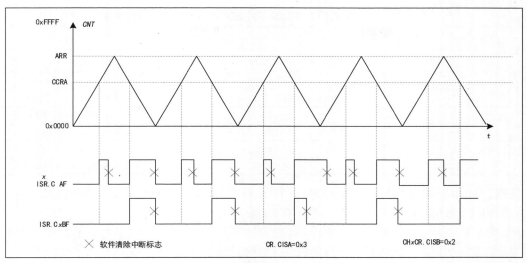

图 5-31

5.3.4 正交编码计数

ATIM 工作于从模式时具有正交编码计数功能，通过 CH1A、CH1B 连接外部的正交编码器，根据输入信号的跳变顺序实现计数器自动向上或向下计数。其功能框图如图 5-32 所示。

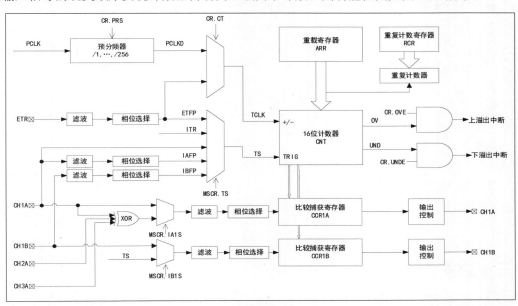

图 5-32

CH1A、CH1B 输入信号具有滤波功能，分别由 ATIM_FLTR 寄存器的 OCM1AFLT1A 和 OCM1BFLT1B 位域设置；可配置相位，分别由 ATIM_FLTR 寄存器的 CCP1A 和 CCP1B 位域控制。

IAFP 和 IBFP 是 CH1A、CH1B 经过滤波和相位选择后的内部信号名称，用作编码器的输入信号接口。IAFP 和 IBFP 二者的相位关系决定计数方向，同时会影响控制寄存器 ATIM_CR 的方向位域 DIR。

主从模式控制寄存器 ATIM_MSCR 的 SMS 位域为 0x4、0x5、0x6，分别对应正交编码模式 1、正交编码模式 2、正交编码模式 3。正交编码模式 1 使用 CH1A 的边沿计数，正交编码模式 2 使用 CH1B 的边沿计数，正交编码模式 3 使用 CH1A 和 CH1B 的边沿计数。正交编码的 3 种模式下计数方向和编码器信号的关系如表 5-11 所示。

表 5-11 正交编码的 3 种模式下计数方向和编码器信号的关系

模式	信号的电平		IAFP		IBFP	
	IAFP	IBFP	上升	下降	上升	下降
模式 1	高	—	向下计数	向上计数	不计数	不计数
	低	—	向上计数	向下计数	不计数	不计数
模式 2	—	高	不计数	不计数	向上计数	向下计数
	—	低	不计数	不计数	向下计数	向上计数
模式 3	高	高	向下计数	向上计数	向上计数	向下计数
	低	低	向上计数	向下计数	向下计数	向上计数

注意：为保证计数方向和速度的正确性，CH1A 和 CH1B 的相位差应大于一个 TCLK 脉冲宽度；CH1A 或 CH1B 的信号脉冲宽度应大于两个 TCLK 脉冲宽度。

图 5-33 所示为编码计数示例，显示了计数信号的产生和方向控制（同时展示了在中央对齐模式双边沿计数时如何抑制输入抖动，抖动通常在编码器转换方向时产生）。

示例配置如下。

- CH1A 经过滤波和不反相输入 CH1CCRA 中。
- CH1B 经过滤波和不反相输入 CH1CCRB 中。
- 设置 ATIM_MSCR 寄存器的 SMS 位域为 0x6，选择正交编码计数模式 3，CH1A、CH1B 为上升沿和下降沿计数。
- 设置 ATIM_CR.EN 为 0x01，启动计数器。

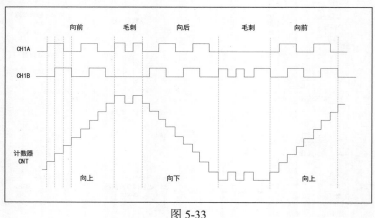

图 5-33

5.3.5 触发 ADC

ATIM 边沿对齐模式和中央对齐模式均支持通过比较匹配事件或更新事件触发 ADC。ATIM 触发 ADC 的功能常用于电机控制。

设置触发 ADC 控制寄存器 ATIM_TRIG 的 ADTE 位域为 1，使能 ADC 触发全局控制，允许比较匹配或更新事件时触发启动 ADC。

设置 ATIM_TRIG.UEVE 为 1，发生更新事件时同步触发启动 ADC。

设置 ATIM_TRIG.CMxyE 为 1，通道 CHxy 在比较匹配时触发启动 ADC。

5.3.6 DMA 功能

ATIM 边沿对齐模式和中央对齐模式均支持通过比较捕获或定时器溢出触发 DMA。使用 DMA 功能，可以实现将数据从其他位置写入定时器，或从定时器读出数据并写入其他位置。例如可应用于数据捕获后数据的自动搬运和更改 PWM 输出的周期或脉冲宽度。

ATIM 工作于比较模式时，主从模式控制寄存器 ATIM_MSCR 的 CCDS 位域为 1，比较匹配不触发 DMA；CCDS 位域为 0，比较匹配触发 DMA。

ATIM 的比较捕获通道 CH1、CH2、CH3 允许发生捕获或比较匹配时触发 DMA；比较通道 CH4 没有输入端口，只能在比较匹配时触发 DMA。

使用比较捕获触发 DMA，需要设置 DMA 触发源控制寄存器 DMA_TRIG 的 HARDSRC 位域为 0x11 或 0x12，如表 5-12 所示。

表 5-12　设置 DMA 触发源

HARDSRC 位域	DMA 触发源	DMA 编号
010001	CH1A、CH2A、CH3A、CH4 比较捕获标志	0x11
010010	CH1B、CH2B、CH3B 比较捕获标志，或定时器溢出中断标志	0x12

比较通道 CH1A、CH2A、CH3A 和 CH4 共用编号为 17 的 DMA 请求源，比较通道 CH1B、CH2B、CH3B 共用编号为 18 的 DMA 请求源，详情请参见武汉芯源半导体官方网站中的 CW32F030 用户手册。

5.3.7　主从模式

ATIM 定时器的从模式是指定时器的运行方式受触发信号控制，通过主从模式控制寄存器 ATIM_MSCR 的 SMS 位域可设置 ATIM 定时器在主从模式下的不同工作状态，如表 5-13 所示。其中，ATIM 定时器的从模式是指定时器的运行方式受触发信号控制。

表 5-13　设置 ATIM 定时器在主从模式下的不同工作状态

ATIM_MSCR.SMS	主从模式功能选择
000	使用内部时钟（主模式）
001	复位功能（从模式）
010	触发模式（从模式）
011	外部时钟模式（从模式）
100	正交编码计数模式 1（从模式）
101	正交编码计数模式 2（从模式）
110	正交编码计数模式 3（从模式）
111	门控功能（从模式）

一、使用内部时钟（主模式）

ATIM 主从模式控制寄存器 ATIM_MSCR 的 SMS 位域为 0x0 时，禁用定时器从模式，计数时钟源由控制寄存器 ATIM_CR 的 CT 位域选择，向 ATIM_CR.EN 位域写入 1，定时器立即开始计数。

二、复位功能（从模式）

ATIM 主从模式控制寄存器 ATIM_MSCR 的 SMS 位域为 0x1 时，ATIM 计数器的复位由 TS 信号控制。TS 信号有效时，初始化 ATIM 计数器 CNT 和预分频器的计数器。如果控制寄存器 ATIM_CR 的 URS 位域为 0，则发生一个 UEV，置位 UEV 中断标志位 ATIM_ISR.UIF，同时更新 ATIM_ARR、ATIM_CHxCCRy 至其缓存寄存器。

TS 信号的来源由主从模式控制寄存器 ATIM_MSCR 的 TS 位域控制，如表 5-14 所示。

表 5-14　TS 信号来源

ATIM_MSCR.TS	TS 信号来源
000	ETR 经滤波和相位选择后的信号 ETFP
001	内部互联信号 ITR
101	端口 CH1A 的输入信号
110	端口 CH1A 经滤波和相位选择后的信号 IAFP
111	端口 CH1B 经滤波和相位选择后的信号 IBFP

ETR 输入信号来源可以是外部 ATIM_ETR 引脚，也可以是片内其他外设。选择 ETR 为 TS 信号源时，可通过 ATIM_FLTR.FLTET 进行滤波控制、通过 ATIM_FLTR.ETP 选择 ETR 输入相位。

内部互联信号 ITR 信号来源为 BTIM 和 GTIM 的溢出信号，可通过定时器 ITR 信号来源配置寄存器 SYSCTRL_TIMITR 来选择。

外部输入端口 CH1A 和 CH1B 都具有滤波和相位选择功能，CH1A 和 CH1B 分别通过输出控制/输入滤波寄存器 ATIM_FLTR 的 OCM1AFLT1A 和 OCM1BFLT1B 位域进行滤波控制、CCP1A 和 CCP1B 位域进行相位控制。ATIM 的输入 CH1A、CH1B 引脚需要配置功能复用，可支持的引脚参见表 5-3。

三、触发模式（从模式）

ATIM 主从模式控制寄存器 ATIM_MSCR 的 SMS 位域为 0x2，配置为触发模式，可通过软件或硬件触发启动计数器开始计数。

- 软件触发：设置控制寄存器 ATIM_CR 的 TG 位域为 1，立即启动计数器，TG 位自动清零。
- 硬件触发：触发信号 TS 有效时，启动计数器。

当产生触发时，触发中断标志位 ATIM_ISR.TIF 会被硬件置位，如果设置触发中断使能位 ATIM_CR.TIE 为 1 将产生中断请求，设置 ATIM_ICR.TIF 为 0 清除该中断标志位。

注意： *如果使用下降沿触发，需要先选择触发极性，然后选择触发模式，以避免产生误触发。*

四、外部时钟模式（从模式）

主从模式控制寄存器 ATIM_MSCR 的 SMS 位域为 0x3，ATIM 计数器在 TS 信号的每个有效边沿计数。

注意： *在该模式下，必须设置 ATIM_CR.EN 为 1，以使能定时器。*

五、正交编码计数模式（从模式）

主从模式控制寄存器 ATIM_MSCR 的 SMS 位域为 0x4～0x6，计数器依据通道 CH1A 和 CH1B 输入信号的跳变顺序进行向上或向下计数。

六、门控功能（从模式）

主从模式控制寄存器 ATIM_MSCR 的 SMS 位域为 0x7，ATIM 配置为门控模式。门控信号 TS 有效且 ATIM_CR.EN 为 1 时，启动计数器计数；门控信号 TS 无效或者 ATIM_CR.EN 为 0 时，暂停计数器计数。

5.3.8 内部级联 ITR

CW32F030 的所有定时器（ATIM、GTIM、BTIM）可以级联使用，前一级定时器的溢出信号作为下一级定时器的 ITR 输入。

ATIM 的 ITR 信号来源为 BTIM 和 GTIM 的溢出信号，可通过定时器 ITR 信号来源配置寄存器 SYSCTRL_TIMITR 的 ATIMITR 位域来设置，如表 5-15 所示。

表 5-15 ATIM 的 ITR 信号来源

SYSCTRL_TIMITR.ATIMITR	ATIM 的 ITR 信号来源
000	BTIM1 的溢出信号
001	BTIM2 的溢出信号
010	BTIM3 的溢出信号
011	GTIM1 的溢出信号
100	GTIM2 的溢出信号
101	GTIM3 的溢出信号
110	GTIM4 的溢出信号

ATIM 也可以作为 BTIM 和 GTIM 的 ITR 信号来源。通过主从模式控制寄存器 ATIM_MSCR 的 MMS 位域，可以选择 ATIM 的主模式输出（见表 5-16），再连接到其他定时器的 ITR 输入如图 5-34 所示。

表 5-16　ATIM 主模式输出选择

ATIM_MSCR.MMS	ATIM 主模式输出
000	软件更新 UG，写 ATIM_CR.UG
001	定时器使能信号 EN（ATIM_CR.EN）
010	定时器 UEV
011	比较匹配选择输出 CMPSO
100	定时器通道 CH1A 比较参考输出 OCREF1A
101	定时器通道 CH2A 比较参考输出 OCREF2A
110	定时器通道 CH3A 比较参考输出 OCREF3A
111	定时器通道 CH1B 比较参考输出 OCREF1B

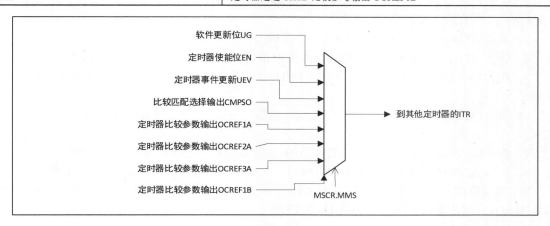

图 5-34

5.3.9　片内外设互联 ETR

ATIM 的 ETR 信号来源可以是 ATIM_ETR 引脚，也可以是片内其他外设，通过 ATIM 的 ETR 信号来源配置寄存器 SYSCTRL_ATIMETR 的 ATIMETR 位域进行设置，如表 5-17 所示。

SYSCTRL_ATIMETR.ATIMETR 为 0x00 时，ETR 信号来自 ATIM_ETR 引脚输入；ATIMETR 为 0x01～0x06 时，ETR 信号来自片内其他外设，实现片内外设互联。

表 5-17　ATIM 的 ETR 信号来源

SYSCTRL_ATIMETR.ATIMETR	ATIM 的 ETR 信号来源
000	引脚 PA12（AFR=0x07）
	引脚 PB8（AFR=0x07）
001	UART1 的 RXD 信号
010	UART2 的 RXD 信号
011	UART3 的 RXD 信号
100	VC1 的比较输出信号
101	VC2 的比较输出信号
110	LVD 的输出信号

5.4　调试支持

ATIM 支持在调试模式下停止或继续计数，通过调试状态定时器控制寄存器 SYSCTRL_Debug 的 ATIM 位域来设置。

设置 SYSCTRL_Debug.ATIM 为 1，则在调试状态时暂停 ATIM 的计数器计数。

设置 SYSCTRL_Debug.ATIM 为 0，则在调试状态时继续 ATIM 的计数器计数。

5.5 编程示例

ATIM 定时器的功能非常强大，用户可根据需求灵活配置。以下是常见的几种功能配置编程示例。

5.5.1 输入捕获

实现在 CH1A 输入信号的上升沿时捕获计数器的值到 ATIM_CH1CCRA 寄存器中的步骤如下。

1. 设置 SYSCTRL_APBEN2.ATIM 为 1，打开 ATIM 模块。

2. 设置寄存器 ATIM_CR 的 MODE 位为 0x02，使 ATIM 的计数模式为边沿对齐模式，以便 ATIM 可以工作在输入捕获模式。

3. 设置 ATIM_CH1CR 寄存器的 CSA 位为 0x01，配置 CH1A 为输入捕获模式。

4. 设置 ATIM_CH1CR 寄存器的 BKSA 位为 0x01，配置 CH1A 上升沿捕获模式。

5. 根据输入信号的特点，设置 ATIM_FLTR 寄存器的 FLT1A 位，配置输入滤波器为所需的带宽。

6. 设置 ATIM_ICR 寄存器的相关位为 0，清除标志位，防止之前的设置对本次运行结果产生影响。

7. 根据输入信号的特点，设置 ATIM_ARR 寄存器的值，选择合适的自动重载值。

8. 设置 ATIM_CR 寄存器的 EN 位为 0x01，允许捕获计数器的值到比较捕获寄存器中。

9. 如果需要，通过设置 ATIM_CH1CR 寄存器的 CIEA 位使能相关中断请求，通过设置 ATIM_CH1CR 寄存器的 CDEA 位允许 DMA 请求。

5.5.2 PWM 输入

测量从 CH3B 通道输入的 PWM 信号的脉冲宽度和周期的步骤如下。

1. 设置 SYSCTRL_APBEN2.ATIM 为 1，打开 ATIM 模块。

2. 设置 ATIM_CR 寄存器的 MODE 位为 0x02，使 ATIM 的计数模式为边沿对齐模式，以便 ATIM 可以工作在输入捕获模式。

3. 设置 ATIM_CH3CR 寄存器的 CSB 位为 0x01，配置 CH3B 为输入捕获模式。

4. 设置 ATIM_CH3CR 寄存器的 BKSB 位为 0x11，配置 CH3B 为上升沿/下降沿捕获模式。

5. 根据输入信号的特点，设置 ATIM_FLTR 寄存器的 FLT3B 位，配置输入滤波器为所需的带宽。

6. 设置 ATIM_ICR 寄存器的相关位为 0，清除标志位，防止之前的设置对本次运行结果产生影响。

7. 根据输入信号的特点，设置 ATIM_ARR 寄存器的值，选择合适的自动重载值。

8. 设置 ATIM_CR 寄存器的 EN 位为 0x01，允许捕获计数器的值到比较捕获寄存器中。

9. 如果需要，通过设置 ATIM_CH3CR 寄存器中的 CIEA 位允许相关中断请求。

10. 等待捕获发生 3 次，每次捕获发生后读取 ATIM_CH3CCRB 寄存器中捕获的数值，清除捕获中断标志位。

11. 根据 3 次读到的 ATIM_CH3CCRB 寄存器的值，可得到 PWM 的周期为第 3 次值减去第 1 次值，PWM 的脉冲宽度为第 3 次值减去第 1 次值或第 2 次值减去第 1 次值。

5.5.3 输出比较功能

输出比较模式的配置步骤如下。

1. 选择计数器时钟（内部、外部、预分频因子）。

2. 将相应的数据写入 ATIM_ARR 和 ATIM_CHxCCRy 寄存器。如果要产生一个中断请求，设置 ATIM_CHxCR 寄存器的 CIEy 位。

3. 选择输出模式，如果需要翻转输出，则设置 ATIM_FLTR.OCMxy 为 0x4。

4. 设置 ATIM_CHxCR 寄存器的 CSy 位，将相应的通道作为比较输出使用。

5. 清除相关中断标志。

6. 设置 ATIM_FLTR 寄存器的 CCPxy 位，选择需要的输出相位。

7. 设置 ATIM_CR 寄存器的 EN 位，启动计数器。

5.5.4 互补 PWM 输出

设置中央对齐模式、带死区互补 PWM 输出的步骤如下。

1. 设置 SYSCTRL_APBEN2.ATIM 为 1，打开 ATIM 模块。

2. 设置 ATIM_CR.MODE 为 0x3，使定时器工作在中央对齐模式。

3. 设置 ATIM_CR.COMP 为 0x01，选中互补 PWM 输出。

4. 设置 ATIM_CR.PWM2S 为 0x0，使用双点比较功能。

5. 根据 PWM 的周期设置 ATIM_ARR。

6. 设置计数器 ATIM_CNT 的初值（初值必须小于 ATIM_ARR 的值）。

7. 根据 PWM 的脉冲宽度设置比较寄存器 ATIM_CHxCCRA 和 ATIM_CHxCCRB。

8. 设置 ATIM_FLTR.OCMxBFLTxB 和 ATIM_FLTR.OCMxAFLTxA 为 0x6 或 0x7，使比较输出模式为 PWM 模式 1 或 PWM 模式 2。

9. 设置 ATIM_ICR 寄存器的相关位，清除相关中断标志。如果需要，设置相关的中断使能。

10. 设置 ATIM_FLTR.CCPxA 和 ATIM_FLTR.CCPxB 为 0，不需要反相输出。

11. 设置 ATIM_DTR.DTEN 为 0x01，使能死区插入。

12. 设置 ATIM_DTR.DTR，配置插入的死区时长。

13. 设置 ATIM_DTR.MOE 为 0x01，使能 PWM 的输出。

14. 设置 ATIM_CR.EN 为 0x01，使能定时器。

设置边沿对齐模式、带死区互补 PWM 输出并触发 ADC 的步骤如下。

1. 设置 SYSCTRL_APBEN2.ATIM 为 1，打开 ATIM 的配置时钟及工作时钟。

2. 设置 ATIM_CR.MODE 为 0x2，使定时器工作在边沿对齐模式。

3. 设置 ATIM_CR.COMP 为 0x1，选择 PWM 互补输出模式。

4. 设置 ATIM_CR.PWM2S 为 0x1，选择 OCREFA 单点比较功能。

5. 根据 PWM 的周期设置重载寄存器 ATIM_ARR。

6. 设置计数寄存器 ATIM_CNT 的初值（初值必须小于 ATIM_ARR 的值）。

7. 根据 PWM 的脉冲宽度设置比较寄存器 ATIM_CHxCCRA。

8. 设置 ATIM_FLTR.OCMxAFLTxA 为 0x6 或 0x7，选择比较输出模式为 PWM 模式 1 或 PWM 模式 2。

9. 设置 ATIM_ICR 寄存器相关位，清除相关中断标志。如果需要，设置相关的中断使能位。

10. 设置 ATIM_FLTR.CCPxA 和 ATIM_FLTR.CCPxB 为 0，不需要反相输出。

11. 设置 ATIM_DTR.DTEN 为 0x1，使能死区控制功能。

12. 设置 ATIM_DTR.DTR，配置插入的死区时长。

13. 根据触发 ADC 的时机设置比较寄存器 ATIM_CHxCCRB。

14. 设置 ATIM_TRIG.ADTE 为 1，使能 ADC 触发全局控制。

15. 设置 ATIM_TRIG.CMxBE 为 1，通道 CHxB 将在比较匹配时触发启动 ADC。

16. 设置 ATIM_DTR.MOE 为 0x01，使能 PWM 输出。

17. 设置寄存器 ATIM_CR.EN 为 0x01，使能定时器。

5.5.5 DMA 功能

CH1A 上升沿捕获 DMA 数据传输的配置步骤如下。

1. 设置 SYSCTRL_APBEN2.ATIM 为 1，打开 ATIM 模块。

2. 设置 SYSCTRL_AHBEN.DMA 为 1，打开 DMA 模块。

3. 设置 DMA_CSRy.TRANS 为 1，使 DMA 工作于 BLOCK 传输模式。

4. 设置 DMA 数据传输位宽（DMA_CSRy.SIZE）、DMA 通道的源地址增量方式（DMA_CSRy. SRCINC）和目标地址增量方式（DMA_CSRy.DSTINC）。

5. 设置 DMA 传输数据块大小（DMA_CNTy.REPEAT，请保持为 1）及传输数据块数量（DMA_CNTy.CNT）。

6. 设定源地址和目标地址（DMA_SRCADDRy 和 DMA_DSTADDRy）。

7. 设置 DMA_CSRy.EN 为 1，使能对应的 DMA 通道。

8. 设置 DMA_TRIGy.TYPE 为 1，使 DMA 工作于硬件触发传输方式，并设置硬件触发源 DMA_TRIGy.HARDSRC 为 0x11。

9. 设置 ATIM_CR 寄存器的 MODE 位为 0x02，使 ATIM 的计数模式为边沿对齐模式，以便 ATIM 可以工作在输入捕获模式。

10. 设置 ATIM_CH1CR 寄存器的 CSA 位为 0x01，配置 CH1A 为输入捕获模式。

11. 设置 ATIM_CH1CR 寄存器的 BKSA 位为 0x01，配置 CH1A 为上升沿捕获模式。

12. 根据输入信号的特点，设置 ATIM_FLTR 寄存器的 FLT1A 位，配置输入滤波器为所需的带宽。

13. 设置 ATIM_ICR 寄存器的相关位为 0，清除标志位，防止之前的设置对本次运行结果产生影响。

14. 根据输入信号的特点，设置 ATIM_ARR 寄存器的值，选择合适的自动重载值。

15. 设置 ATIM_CR 寄存器的 EN 位为 0x01，允许捕获计数器的值到比较捕获寄存器中。如果需要，通过设置 ATIM_CH1CR 寄存器的 CIEA 位允许相关中断请求。

16. 设置 ATIM_CH1CR 寄存器的 CDEA 位允许 DMA 请求。

注意：源地址设置为 ATIM_CH1CCRA 寄存器的地址，源地址固定，目标地址自增。

DMA 数据传输改变 PWM 输出的脉冲宽度的步骤如下。

1. 设置 DMA_CSRy.TRANS 为 1 使 DMA 工作于 BLOCK 传输模式。

2. 设置 DMA 数据传输位宽（DMA_CSRy.SIZE）、DMA 通道的源地址增量方式（DMA_CSRy. SRCINC）和目标地址增量方式（DMA_CSRy.DSTINC）。

3. 设置 DMA 传输数据块大小（DMA_CNTy.REPEAT，请保持为 1）及传输数据块数量（DMA_CNTy.CNT）。

4. 设定源地址和目标地址（DMA_SRCADDRy 和 DMA_DSTADDRy）。

5. 设置 DMA_CSRy.EN 为 1，使能对应的 DMA 通道。

6. 设置 DMA_TRIGy.TYPE 为 1，使 DMA 工作于硬件触发传输方式，并设置硬件触发源 DMA_TRIGy.HARDSRC 为 18 号硬件触发源。

7. 设置 ATIM_CR.MODE 为 0x2，使定时器工作在边沿对齐模式。

8. 设置 ATIM_CR.DIR 为 0x0，使边沿对齐计数方向为向上。

9. 根据 PWM 的周期设置 ATIM_ARR。

10. 设置计数器 ATIM_CNT 的初值（初值必须小于 ATIM_ARR 的值）。

11. 根据 PWM 的脉冲宽度设置比较寄存器 ATIM_CHxCCRA。

12. 设置 ATIM_FLTR.OCMxA 为 0x7，使比较输出模式为 PWM 模式 2。

13. 设置 ATIM_ICR 寄存器的相关位，清除相关中断标志。如果需要，设置相关的中断使能。

14. 设置 ATIM_FLTR.CCPxA 为 0，不需要反相输出。

15. 设置 ATIM_DTR.MOE 为 0x01，使能 PWM 的输出。

16. 设置 ATIM_CH*x*CR 寄存器的 CDEA 位允许 DMA 请求。

17. 设置 ATIM_CR.EN 为 0x01，使能定时器。

注意：目标地址为 ATIM_CH*x*CCR*y* 寄存器的地址，源地址自增，目标地址固定。

5.5.6　触发模式

下面是计数器在 CH1B 输入上升沿开始向上计数的示例。

1. 设置 ATIM_FLTR.FLT1B 为 0x00，配置输入滤波器的带宽（本例中不需要滤波）。

2. 设置 ATIM_FLTR.CCP1B 为 0，选择极性（上升沿）。

3. 设置 ATIM_MSCR 的 SMS 位为 0x2，配置定时器为从模式的触发模式。

4. 设置 ATIM_MSCR 的 TS 位为 0x7，选择 CH1B 作为输入的触发源。

注意：如果使用下降沿触发，需要先选择触发极性，然后选择触发模式，以避免产生误触发。

5.5.7　门控模式

下面是计数器在 CH1A 输入低电平时进行向上计数的示例。

1. 设置 ATIM_FLTR.FLT1A 为 0x00，配置输入滤波器的带宽（本例中不需要滤波）。

2. 设置 ATIM_FLTR.CCP1A 为 0x1，选择极性（低电平）。

3. 设置 ATIM_MSCR 的 SMS 位为 0x7，配置定时器为从模式的门控模式。

4. 设置 ATIM_MSCR 的 TS 位为 0x6，选择 CH1A 作为输入的触发源。

5. 设置 ATIM_CR 的 EN 为 0x1，使能计数。当 CH1A 输入电平低时，计数器开始对内部时钟进行计数；当输入电平变高时，计数器停止计数。

5.5.8　内部级联 ITR

本例使用 ATIM 的使能位 EN 触发 BTIM*x* 启动，以实现 ATIM 和 BTIM*x* 同步启动，操作步骤如下。

1. 设置 SYSCTRL_APBEN2.BTIM 为 1，打开 BTIM1～BTIM3 模块的配置时钟（注：BTIM1～BTIM3 共用 SYSCTRL_APBEN2.BTIM）。

2. 设置 BTIM*x*_BCR.TRS 为 1，选择触发源来自内部级联信号。

3. 设置 BTIM*x*_BCR.PRS，选择预分频的分频比。

4. 设置 BTIM*x*_BCR.ONESHOT，选择单次或连续计数模式。配置为 0，则为连续计数模式；配置为 1，则为单次计数模式。如果希望触发事件引发中断，则配置 BTIM*x*_IER.IT 为 1。如果希望 ARR 溢出事件引发中断，则配置 BTIM*x*_IER.OV 为 1。

5. 设置 BTIM*x*_ARR 寄存器，选择 BTIM*x* 计数溢出时间。

6. 设置 BTIM*x*_BCR.MODE 为 0x10，选择 BTIM*x* 工作在触发启动模式。

7. 设置 SYSCTRL_APBEN2.ATIM 为 1，打开 ATIM 模块。

8. 设置 ATIM_MSCR.MMS 为 0x01，选择 ATIM 主模式输出 EN。

9. 设置 ATIM_CR.MODE 为 0x2，使定时器工作在边沿对齐模式。

10. 设置 ATIM_CR.DIR 为 0x0，使边沿对齐计数方向为向上。

11. 根据 PWM 的周期设置 ATIM_ARR。

12. 设置 ATIM_CR.EN 为 0x1，将同步启动 ATIM 和 BTIM*x*。

5.6　寄存器

ATIM 基地址：ATIM_BASE = 0x40012C00。

ATIM 寄存器如表 5-18 所示。

表 5-18 ATIM 寄存器

寄存器名称	寄存器地址	寄存器描述
ATIM_ARR	ATIM_BASE + 0x00	重载寄存器
ATIM_CNT	ATIM_BASE + 0x04	计数寄存器
ATIM_CR	ATIM_BASE + 0x0C	控制寄存器
ATIM_ISR	ATIM_BASE + 0x10	中断标志寄存器
ATIM_ICR	ATIM_BASE + 0x14	中断标志清除寄存器
ATIM_MSCR	ATIM_BASE + 0x18	主从模式控制寄存器
ATIM_FLTR	ATIM_BASE + 0x1C	输出控制/输入滤波寄存器
ATIM_TRIG	ATIM_BASE + 0x20	触发 ADC 控制寄存器
ATIM_CH1CR	ATIM_BASE + 0x24	通道 1 控制寄存器
ATIM_CH2CR	ATIM_BASE + 0x28	通道 2 控制寄存器
ATIM_CH3CR	ATIM_BASE + 0x2C	通道 3 控制寄存器
ATIM_CH4CR	ATIM_BASE + 0x58	通道 4 控制寄存器
ATIM_DTR	ATIM_BASE + 0x30	死区时间寄存器
ATIM_RCR	ATIM_BASE + 0x34	重复计数寄存器
ATIM_CH1CCRA	ATIM_BASE + 0x3C	通道 1 比较捕获寄存器 A
ATIM_CH1CCRB	ATIM_BASE + 0x40	通道 1 比较捕获寄存器 B
ATIM_CH2CCRA	ATIM_BASE + 0x44	通道 2 比较捕获寄存器 A
ATIM_CH2CCRB	ATIM_BASE + 0x48	通道 2 比较捕获寄存器 B
ATIM_CH3CCRA	ATIM_BASE + 0x4C	通道 3 比较捕获寄存器 A
ATIM_CH3CCRB	ATIM_BASE + 0x50	通道 3 比较捕获寄存器 B
ATIM_CH4CCR	ATIM_BASE + 0x54	通道 4 比较捕获寄存器

第 *6* 章

ADC

在现代电子系统中，ADC 是非常关键的组件。现实世界中的绝大多数信号（如光、电、声、图像等信号）都是模拟量，都要由 ADC 转换成数字信号，才能由 MCU 进行数字化处理。

本章将深入探讨集成在 CW32F030 微控制器内的 ADC，详细介绍其主要特性、优异的转换性能、多种工作模式的应用方法等。

6.1 概述

CW32F030 内部集成一个 12 位精度、最高 1M SPS 转换速度的逐次逼近型模数转换器（SAR ADC），最多可将 16 路模拟信号转换为数字信号。

6.1.1 主要特性

ADC 的主要特性如下。

- 12 位精度。
- 可编程转换速度，最高为 1M SPS。
- 16 路输入转换通道。

  13 路外部引脚输入。

  内置温度传感器。

  内置 BGR，1.2V 基准电压。

  1/3VDDA 电源电压。

- 4 路参考电压源（Vref）。

  VDDA 电源电压。

  ExRef（PB0）引脚电压。

  内置 1.5V 参考电压。

  内置 2.5V 参考电压。

- 采样电压输入范围：0～Vref。
- 多种转换模式，全部支持累加转换功能。

  单通道单次转换。

  单通道多次转换。

  单通道连续转换。

  序列连续转换。

  序列扫描转换。

  序列多次转换。

  序列断续转换。

- 支持单通道、序列通道两种通道，最多同时支持 4 个序列。
- 支持输入通道电压阈值监测。

- 内置信号跟随器，可转换高阻抗输入信号。
- 支持片内外设自动触发 ADC 转换。

6.1.2 功能框图

ADC 的功能框图如图 6-1 所示。

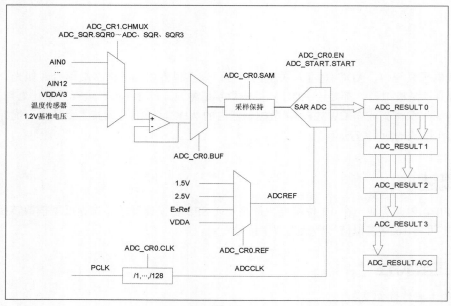

图 6-1

6.2 ADC 转换性能

本节主要从转换时序、转换速度、转换精度、转换结果 4 个方面描述 CW32 内部集成的 ADC 的转换性能。

6.2.1 转换时序

ADC 的转换时序如图 6-2 所示。

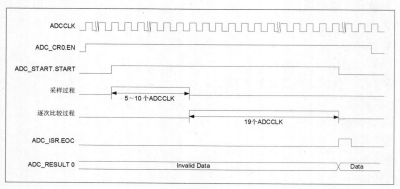

图 6-2

向 ADC 控制寄存器 ADC_CR0 的 EN 位域写入 1，使能 ADC 模块。

ADC_CR0.EN 由 0 变为 1 约 40μs 后，ADC_ISR.READY 标志位置 1，表示模拟电路初始化完成，可以开始进行 ADC 转换。

向 ADC 启动寄存器 ADC_START 的 START 位域写入 1，启动 ADC 转换，转换完成后硬件自动清零。

ADC 工作时钟 ADCCLK 由系统时钟 PCLK 经预分频器分频得到，通过控制寄存器 ADC_CR0 的 CLK 位域可选择 1～128 分频，如表 6-1 所示。

表 6-1 ADC 时钟配置

ADC_CR0.CLK	ADCCLK
000	PCLK
001	PCLK/2
010	PCLK/4
011	PCLK/8
100	PCLK/16
101	PCLK/32
110	PCLK/64
111	PCLK/128

一次完整的 ADC 转换需要 24～29 个 ADCCLK 时钟周期，包括采样阶段和逐次比较两个阶段。

（1）采样阶段：需要 5～10 个 ADCCLK 时钟周期。采样周期通过控制寄存器 ADC_CR0 的 SAM 位域配置，如表 6-2 所示。

表 6-2 ADC 采样周期配置

ADC_CR0.SAM	ADC 采样周期（ADCCLK 个数）
00	5
01	6
10	8
11	10

ADC 采样周期长度由用户对采样的速度要求和采样信号的电气特性决定，用户应选择合适的采样周期，以得到最佳的转换效果。

（2）逐次比较阶段：需要 19 个 ADCCLK 时钟周期。

ADC 转换完成之后，转换完成标志位 ADC_ISR.EOC 会被硬件置 1，ADC 转换结果存储在对应的 ADC 转换结果寄存器 ADC_RESULTy（y=0、1、2、3）中，用户可通过设置 ADC_ICR.EOC 为 0 清除该标志位。

6.2.2 转换速度

ADC 转换速度与 ADC 参考电压和 VDDA 电源电压密切相关，各种条件下的最高转换速度如表 6-3 所示。

表 6-3 ADC 转换速度

ADC 参考电压	VDDA 电源电压	最高转换速度	最大 ADCCLK 频率
内部 1.5V	1.8～2V	100K SPS	2MHz
内部 1.5V	2～5.5V	200K SPS	4MHz
内部 2.5V	2.8～5.5V	200K SPS	4MHz
VDDA/ExRef	1.65～1.8V	25K SPS	500kHz
VDDA/ExRef	1.8～2V	100K SPS	2MHz
VDDA/ExRef	2～2.4V	200K SPS	4MHz
VDDA/ExRef	2.4～2.7V	500K SPS	12MHz
VDDA/ExRef	2.7～5.5V	1M SPS	24MHz

ADC 转换速度与工作时钟 ADCCLK 的对应关系如下。

$$ADC\ 转换速度 = f_{ADCCLK}/N_T$$

其中，f_{ADCCLK} 为 ADCCLK 时钟频率，N_T 为一次 ADC 转换所需要的 ADCCLK 个数。

6.2.3　转换精度

当 ADC 外部输入信号驱动能力不足，或 ADC 输入来自芯片内部（内置温度传感器电压、内置 1.2V 基准电压或 1/3VDDA 电压）时，必须使能 ADC 模块内置的信号跟随器，并使用单通道单次转换模式。内置信号跟随器由控制寄存器 ADC_CR0 的 BUF 位域控制：设置 BUF 为 1，使能信号跟随器；设置 BUF 为 0，禁止信号跟随器。

若选择多通道 ADC 转换，在其中部分通道的信号驱动能力较弱时，为了避免 ADC 驱动能力弱的输入通道受到干扰，必须使能信号跟随器，同时需使 ADC 转换速度不高于 200K SPS。

如需进一步提高 ADC 转换精度，用户可使用 ADC 累加转换功能，对同一个通道进行多次采样，将累加结果的算术平均值作为最终测量值。

6.2.4　转换结果

ADC 转换完成后，12 位 ADC 转换结果存储在对应的转换结果寄存器 ADC_RESULTy 中。

当 ADC 工作于单通道转换模式时，转换结果存储在 ADC_RESULT0 寄存器。

当 ADC 工作于序列转换模式时，转换序列 SQRy（y=0、1、2、3）的转换结果保存在对应的 ADC_RESULTy（y=0、1、2、3）寄存器中。

转换结果寄存器 ADC_RESULTy 是 16 位宽，用户可选择左对齐或右对齐，由控制寄存器 ADC_CR1 的 ALIGN 位域决定。

- ALIGN 位域为 0，选择右对齐，有效值存储于 ADC_RESULTy 寄存器的低 12 位（位 11:0），高位（位 15:12）自动补 0。
- ALIGN 位域为 1，选择左对齐，有效值存储于 ADC_RESULTy 寄存器的高 12 位（位 15:4），低位（位 3:0）自动补 0。

6.3　工作模式

可通过 ADC 控制寄存器 ADC_CR0 的 MODE 位域配置 ADC 工作模式，如表 6-4 所示。

表 6-4　ADC 工作模式配置

ADC_CR0.MODE	ADC 工作模式
000	单通道单次转换模式
001	单通道多次转换模式，转换次数由 ADC_CR2.CNT 决定
010	单通道连续转换模式
011	序列连续转换模式
100	序列扫描转换模式
101	序列多次转换模式，转换次数由 ADC_CR2.CNT 决定
110	序列断续转换模式

要启动 ADC 转换，可通过向 ADC 启动寄存器 ADC_START 的 START 位域写入 1，也可通过其他外设来触发。

6.3.1　单通道单次转换模式

ADC 启动后，对指定的某一个通道，执行一次转换。

ADC 有 16 个通道可以选择，由控制寄存器 ADC_CR1 的 CHMUX 位域决定，如表 6-5 所示。其中，AIN0～AIN12 为外部引脚输入，使用时需先使能对应 GPIO 的模拟功能（GPIOx_ANALOG.PINy=1）。

表 6-5　单通道配置

ADC_CR1.CHMUX	通道选择	GPIO
0000	AIN0	PA00
0001	AIN1	PA01
0010	AIN2	PA02
0011	AIN3	PA03
0100	AIN4	PA04
0101	AIN5	PA05
0110	AIN6	PA06
0111	AIN7	PA07
1000	AIN8	PB00
1001	AIN9	PB01
1010	AIN10	PB02
1011	AIN11	PB10
1100	AIN12	PB11
1101	VDDA/3	—
1110	内置温度传感器	—
1111	1.2V 内核电压基准源	—

在单通道单次转换模式下，ADC 转换完成后，转换完成标志位 ADC_ISR.EOC 会被硬件自动置 1，转换结果保存在 ADC_RESULT0 寄存器中；同时 ADC_START.START 自动清 0，ADC 转换停止。

单通道单次转换模式的时序如图 6-3 所示。

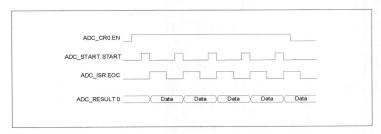

图 6-3

通过 START 位域启动 ADC 单通道对外部模拟输入信号的单次转换，参考操作流程如下。

1．设置 SYSCTRL_AHBEN.GPIOx 为 1、SYSCTRL_APBEN2.ADC 为 1，使能 ADC 通道对应的 GPIO 时钟和 ADC 工作时钟。

2．设置 ADC 通道对应的 GPIO 引脚为模拟功能。

3．设置 ADC_CR0.EN 为 1，使能 ADC 模块。

4．等待 ADC_ISR.READY 变为 1，即等待 ADC 模块启动完成。

5．设置 ADC_CR0.MODE 为 0，选择单通道单次转换模式。

6．配置 ADC_CR0.REF，选择 ADC 的参考电压源。

注意：如选择外部参考电压引脚，需先将此引脚配置为模拟功能。

7．配置 ADC_CR0.SAM 及 ADC_CR0.CLK，设置 ADC 的采样速度及时钟选择。

8．配置 ADC_CR1.CHMUX，选择待转换的通道。

9．设置 ADC_START.START 为 1，启动 ADC 转换。

10．等待 ADC_ISR.EOC 变为 1，读取 ADC_RESULT0 寄存器中的 ADC 转换结果。如需对其他通道进行转换，重复执行步骤 8～步骤 10。

11．设置 ADC_CR0.EN 为 0，关闭 ADC 模块。

通过外部触发启动 ADC 单通道对外部模拟输入信号的单次转换，使用 ADC 转换完成中断读取转换结果，参考操作流程如下。

1. 设置 SYSCTRL_AHBEN.GPIOx 为 1、SYSCTRL_APBEN2.ADC 为 1，使能 ADC 通道对应的 GPIO 时钟和 ADC 工作时钟。

2. 设置 ADC 通道对应的 GPIO 引脚为模拟功能。

3. 设置 ADC_CR0.EN 为 1，使能 ADC 模块。

4. 等待 ADC_ISR.READY 变为 1，即等待 ADC 模块启动完成。

5. 设置 ADC_CR0.MODE 为 0，选择单通道单次转换模式。

6. 配置 ADC_CR0.REF，选择 ADC 的参考电压。

注意：如选择外部参考电压引脚，需先将此引脚配置为模拟功能。

7. 配置 ADC_CR0.SAM 及 ADC_CR0.CLK，设置 ADC 的采样速度及时钟选择。

8. 设置 ADC_IER.EOC 为 1，使能 ADC 转换完成中断。

9. 使能 NVIC 中断向量表中的 ADC 中断。

10. 设置 ADC_ICR 为 0x00，清除 ADC 中断标志。

11. 配置外部触发寄存器 ADC_TRIGGER，选择外部触发源。

12. 配置 ADC_CR1.CHMUX，选择待转换的通道。

13. 等待 ADC 被触发启动。当 ADC 转换完成，ADC_ISR.EOC 标志位被硬件置 1，MCU 响应 ADC 中断，进入 ADC 中断服务程序，用户读取 ADC_RESULT0 寄存器中的 ADC 转换结果；退出服务程序时，应先清除 ADC_ISR.EOC 标志位。如需对其他通道进行转换，重复执行步骤 12～步骤 13。

14. 设置 ADC_CR0.EN 为 0，关闭 ADC 模块。

6.3.2　单通道多次转换模式

ADC 启动后对指定的某个通道执行多次转换，转换次数由 ADC_CR2.CNT 位域值决定，默认转换次数是 1。

多次转换模式下必须使能累加转换功能，即设置 ADC_CR2.ACCRST 为 1，清零 ADC_RESULTACC 寄存器，同时设置 ADC_CR2.ACCEN 为 1，使能 ADC 转换结果的自动累加功能。

每次 ADC 转换完成后，ADC_ISR.EOC 标志位自动置 1，转换结果保存在 ADC_RESULT0 寄存器中，同时自动对转换结果进行累加，累加值保存在 ADC_RESULTACC 寄存器中。如未达到设定的 ADC 转换次数，ADC 会继续进行转换；达到设定的 ADC 转换次数之后，多次转换完成标志位 ADC_ISR.EOA 自动置 1，同时 ADC_START.START 自动清 0，ADC 转换停止。

单通道多次转换模式的时序如图 6-4 所示。

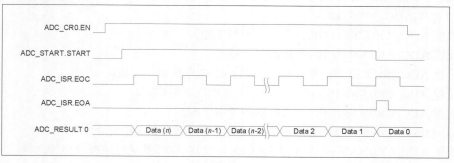

图 6-4

通过 START 位域启动 ADC 单通道多次转换，参考操作流程如下。

1. 设置 SYSCTRL_AHBEN.GPIOx 为 1、SYSCTRL_APBEN2.ADC 为 1，使能 ADC 通道对应的 GPIO 时钟、外部参考电压引脚对应的 GPIO 时钟和 ADC 工作时钟。

2．设置 ADC 通道对应的 GPIO 引脚为模拟功能。

3．设置外部参考电压对应的 GPIO 引脚为模拟功能。

注意：如果 ADC 参考电压没有选择外部参考电压引脚，则略过本步骤。

4．设置 ADC_CR0.EN 为 1，使能 ADC 模块。

5．等待 ADC_ISR.READY 变为 1，即等待 ADC 模块启动完成。

6．设置 ADC_CR0.MODE 为 1，选择单通道多次转换模式。

7．配置 ADC_CR0.REF，选择 ADC 的参考电压。

8．配置 ADC_CR0.SAM 及 ADC_CR0.CLK，设置 ADC 的采样速度及时钟选择。

9．配置 ADC_CR1.CHMUX，选择待转换的通道。

10．配置 ADC_CR2.CNT，设定转换次数。

11．设置 ADC_CR2.ACCRST 和 ADC_CR2.ACCEN 为 1，使能累加转换功能。

12．设置 ADC_IER.EOA 为 1，使能多次转换完成中断。

13．使能 NVIC 中断向量表中的 ADC 中断。

14．设置 ADC_ICR.EOA 为 0，清除 EOA 中断标志。

15．设置 ADC_START.START 为 1，启动 ADC 转换。

16．等待 ADC_ISR.EOA 变为 1（表示多次转换全部完成），ADC_START.START 自动清 0，ADC 转换停止。此时用户可读取 ADC_RESULTACC 寄存器获得 ADC 转换结果累加值，除以转换次数即得 ADC 转换结果。如需对其他通道进行转换，重复执行步骤 9～步骤 16。

17．设置 ADC_CR0.EN 为 0，关闭 ADC 模块。

6.3.3 单通道连续转换模式

在单通道连续转换模式下，无论是通过软件 START 位域启动 ADC，还是外部触发启动，一旦启动 ADC 就将对指定的某一个通道持续进行转换，直到 ADC_START.START 清 0 才停止转换。

每次 ADC 转换完成后，ADC_ISR.EOC 标志位自动置 1，转换结果保存在 ADC_RESULT0 寄存器中。用户应及时读取 ADC_RESULT0 中的转换结果，以避免转换结果溢出。用户向 ADC_START.START 写入 0，停止转换。

单通道连续转换模式的时序如图 6-5 所示。

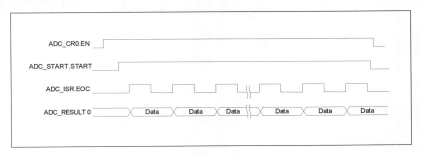

图 6-5

通过 START 位域启动 ADC 单通道连续转换，参考操作流程如下。

1．设置 SYSCTRL_AHBEN.GPIO*x* 为 1、SYSCTRL_APBEN2.ADC 为 1，使能 ADC 通道对应的 GPIO 时钟、外部参考电压引脚对应的 GPIO 时钟和 ADC 工作时钟。

2．设置 ADC 通道对应的 GPIO 引脚为模拟功能。

3．设置外部参考电压对应的 GPIO 引脚为模拟功能。

注意：如果 ADC 参考电压没有选择外部参考电压引脚，则略过本步骤。

4．设置 ADC_CR0.EN 为 1，使能 ADC 模块。

5．等待 ADC_ISR.READY 变为 1，即等待 ADC 模块启动完成。

6. 设置 ADC_CR0.MODE 为 2，选择单通道连续转换模式。

7. 配置 ADC_CR0.REF，选择 ADC 的参考电压。

8. 配置 ADC_CR0.SAM 及 ADC_CR0.CLK，设置 ADC 的采样速度及时钟选择。

9. 配置 ADC_CR1.CHMUX，选择待转换的通道。

10. 设置 ADC_START.START 为 1，启动 ADC 转换。

11. 查询等待 ADC_ISR.EOC 变为 1，不断读取 ADC_RESULT0 寄存器，以获取 ADC 转换结果。

12. 设置 ADC_START.START 为 0，停止 ADC 转换。如需对其他通道进行转换，重复执行步骤 9～步骤 12。

13. 设置 ADC_CR0.EN 为 0，关闭 ADC 模块。

6.3.4　序列连续转换模式

序列连续转换模式与单通道连续转换模式类似，不同之处在于序列连续转换模式可对最多 4 个序列的通道进行轮流转换，每个序列 SQRy 可选择 16 个转换通道之一，具体由序列配置寄存器 ADC_SQR 的 SQRy 位域配置。待转换的序列配置由 ADC 序列配置寄存器 ADC_SQR 的 ENS 位域决定，如表 6-6 所示。

表 6-6　待转换的序列配置

ADC_SQR.ENS	待转换的序列
00	仅转换 SQR0
01	转换 SQR0、SQR1
10	转换 SQR0、SQR1、SQR2
11	转换 SQR0、SQR1、SQR2、SQR3

在此模式下，无论是通过软件 START 位域启动 ADC，还是外部触发启动，一旦启动 ADC 就将对选择的转换序列持续进行转换，直到 ADC_START.START 清 0 才停止转换。

每次 ADC 转换完成后，ADC_ISR.EOC 标志位自动置 1，转换结果保存在与序列 SQR0～SQR3 序号相同的转换结果寄存器 ADC_RESULT0～ADC_RESULT3 中。当所选择的转换序列全部转换完成后，序列转换完成标志位 ADC_ISR.EOS 被置 1。用户应及时读取转换结果，以避免转换结果溢出。用户向 ADC_START.START 清 0，停止转换。

序列连续转换模式的时序如图 6-6 所示。

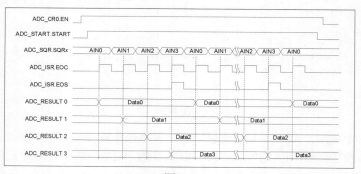

图 6-6

通过 START 位域启动 ADC 序列连续转换，参考操作流程如下。

1. 设置 SYSCTRL_AHBEN.GPIOx 为 1、SYSCTRL_APBEN2.ADC 为 1，使能 ADC 通道对应的 GPIO 时钟、外部参考电压引脚对应的 GPIO 时钟和 ADC 工作时钟。

2. 设置 ADC 通道对应的 GPIO 引脚为模拟功能。

3．设置外部参考电压对应的 GPIO 引脚为模拟功能。

注意：如果 ADC 参考电压没有选择外部参考电压引脚，则略过本步骤。

4．设置 ADC_CR0.EN 为 1，使能 ADC 模块。

5．等待 ADC_ISR.READY 变为 1，即等待 ADC 模块启动完成。

6．设置 ADC_CR0.MODE 为 3，选择序列连续转换模式。

7．配置 ADC_CR0.REF，选择 ADC 的参考电压。

8．配置 ADC_CR0.SAM 及 ADC_CR0.CLK，设置 ADC 的采样速度及时钟选择。

9．配置 ADC_SQR.ENS，选择待转换的序列，设置 ADC_SQR.ENS 为 3，转换序列为 SQR0～SQR3。

10．配置 ADC_SQR.SQR0，选择待转换序列 SQR0 的待转换通道，设置 ADC_SQR.SQR0 为 3，序列 SQR0 的待转换通道为 AIN3。

11．配置 ADC_SQR.SQR1，选择待转换序列 SQR1 的待转换通道，设置 ADC_SQR.SQR1 为 5，序列 SQR1 的待转换通道为 AIN5。

12．配置 ADC_SQR.SQR2，选择待转换序列 SQR2 的待转换通道，设置 ADC_SQR.SQR2 为 0，序列 SQR2 的待转换通道为 AIN0。

13．配置 ADC_SQR.SQR3，选择待转换序列 SQR3 的待转换通道，设置 ADC_SQR.SQR3 为 2，序列 SQR3 的待转换通道为 AIN2。

14．设置 ADC_ICR 为 0，清除 ADC 中断标志。

15．设置 ADC_START.START 为 1，启动 ADC 转换。

16．等待 ADC_ISR.EOS 变为 1，依次不断读取 ADC_RESULT0～ADC_RESULT3 寄存器，以获取各通道的 ADC 转换结果。当 ADC_ISR.EOS 为 1 时，表示一次 4 个通道的序列转换完成。

17．设置 ADC_START.START 为 0，停止 ADC 转换。如需对其他通道进行转换，重复执行步骤 9～步骤 17。

18．设置 ADC_CR0.EN 为 0，关闭 ADC 模块。

6.3.5　序列扫描转换模式

序列扫描转换模式与序列连续转换模式的不同之处在于，序列扫描转换模式仅完成一次对所选择的序列的转换。

在此模式下，无论是通过软件 START 位域启动 ADC，还是外部触发启动，启动一次 ADC 将对选择的所有转换序列进行一次转换。

每次 ADC 转换完成后，ADC_ISR.EOC 标志位自动置 1，转换结果保存在与序列 SQR0～SQR3 序号相同的转换结果寄存器 ADC_RESULT0～ADC_RESULT3 中。当所选择的转换序列全部转换完成后，ADC_ISR.EOS 标志位变为 1，ADC_START.START 自动清 0，ADC 停止转换。

序列扫描转换模式的时序如图 6-7 所示。

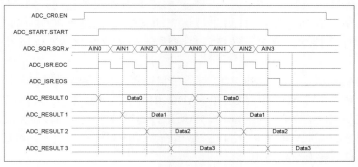

图 6-7

通过 START 位域启动 ADC 序列扫描转换，参考操作流程如下。

1．设置 SYSCTRL_AHBEN.GPIO*x* 为 1、SYSCTRL_APBEN2.ADC 为 1，使能 ADC 通道对应的 GPIO 时钟、外部参考电压引脚对应的 GPIO 时钟和 ADC 工作时钟。

2．设置 ADC 通道对应的 GPIO 引脚为模拟功能。

3．设置外部参考电压对应的 GPIO 引脚为模拟功能。

注意：如果 ADC 参考电压没有选择外部参考电压引脚，则略过本步骤。

4．设置 ADC_CR0.EN 为 1，使能 ADC 模块。

5．等待 ADC_ISR.READY 变为 1，即等待 ADC 模块启动完成。

6．设置 ADC_CR0.MODE 为 4，选择序列扫描转换模式。

7．配置 ADC_CR0.REF，选择 ADC 的参考电压。

8．配置 ADC_CR0.SAM 及 ADC_CR0.CLK，设置 ADC 的采样速度及时钟选择。

9．配置 ADC_SQR.ENS，选择待转换的序列，设置 ADC_SQR.ENS 为 3，转换序列为 SQR0～SQR3。

10．配置 ADC_SQR.SQR0，选择待转换序列 SQR0 的待转换通道，设置 ADC_SQR.SQR0 为 3，序列 SQR0 的待转换通道为 AIN3。

11．配置 ADC_SQR.SQR1，选择待转换序列 SQR1 的待转换通道，设置 ADC_SQR.SQR1 为 5，序列 SQR1 的待转换通道为 AIN5。

12．配置 ADC_SQR.SQR2，选择待转换序列 SQR2 的待转换通道，设置 ADC_SQR.SQR2 为 0，序列 SQR2 的待转换通道为 AIN0。

13．配置 ADC_SQR.SQR3，选择待转换序列 SQR3 的待转换通道，设置 ADC_SQR.SQR3 为 2，序列 SQR3 的待转换通道为 AIN2。

14．设置 ADC_ICR 为 0，清除 ADC 中断标志。

15．设置 ADC_START.START 为 1，启动 ADC 转换。

16．等待 ADC_ISR.EOS 变为 1，依次读取 ADC_RESULT0～ADC_RESULT3 寄存器，以获取对应通道的 ADC 转换结果。当 ADC_ISR.EOS 变为 1 时，表示一次 4 个通道的序列转换完成，ADC_START.START 自动清 0，ADC 转换停止。如需对其他通道进行转换，重复执行步骤 9～步骤 16。

17．设置 ADC_CR0.EN 为 0，关闭 ADC 模块。

6.3.6　序列多次转换模式

序列多次转换模式与序列扫描转换模式的不同之处在于，序列扫描转换模式仅完成一次对所选择的序列的转换，序列多次转换模式会连续转换多次，序列转换次数由 ADC_CR2.CNT 位域值决定，默认转换次数是 1。

多次转换模式下必须使能累加转换功能，即设置 ADC_CR2.ACCRST 为 1，清零 ADC_RESULTACC 寄存器，同时设置 ADC_CR2.ACCEN 为 1，使能 ADC 转换结果的自动累加功能。

在此模式下，无论是通过软件 START 位域启动 ADC，还是外部触发启动，一旦启动 ADC 就将对选择的转换序列持续进行轮流转换，直到达到 ADC_CR2.CNT 位域值的序列转换次数才停止转换。

每次 ADC 转换完成后，ADC_ISR.EOC 标志位自动置 1，转换结果保存在与序列 SQR0～SQR3 序号相同的转换结果寄存器 ADC_RESULT0～ADC_RESULT3 中，同时自动对转换结果进行累加，累加值保存在 ADC_RESULTACC 寄存器中。当所选择的转换序列全部转换完成后，ADC_ISR.EOS 标志位变为 1，如果未达到 ADC_CR2.CNT 位域值设置的序列转换次数，则继续转换。用户应及时读取转换结果，以避免转换结果溢出。

当序列转换次数达到 ADC_CR2.CNT 位域值时，ADC_ISR.EOA 标志位置 1，ADC_START.START

自动清 0，ADC 转换停止。

序列多次转换模式的时序如图 6-8 所示。其中，ADC_CR2.CNT 为 10，转换次数为 11 次。

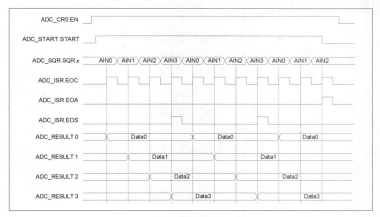

图 6-8

通过 START 位域启动 ADC 序列多次转换，参考操作流程如下。

1．设置 SYSCTRL_AHBEN.GPIOx 为 1、SYSCTRL_APBEN2.ADC 为 1，使能 ADC 通道对应的 GPIO 时钟、外部参考电压引脚对应的 GPIO 时钟和 ADC 工作时钟。

2．设置 ADC 通道对应的 GPIO 引脚为模拟功能。

3．设置外部参考电压对应的 GPIO 引脚为模拟功能。

注意：如果 ADC 参考电压没有选择外部参考电压引脚，则略过本步骤。

4．设置 ADC_CR0.EN 为 1，使能 ADC 模块。

5．等待 ADC_ISR.READY 变为 1，即等待 ADC 模块启动完成。

6．设置 ADC_CR0.MODE 为 5，选择序列多次转换模式。

7．配置 ADC_CR0.REF，选择 ADC 的参考电压。

8．配置 ADC_CR0.SAM 及 ADC_CR0.CLK，设置 ADC 的采样速度及时钟选择。

9．配置 ADC_SQR.ENS，选择待转换的序列，设置 ADC_SQR.ENS 为 3，转换序列为 SQR0～SQR3。

10．配置 ADC_SQR.SQR0，选择待转换序列 SQR0 的待转换通道，设置 ADC_SQR.SQR0 为 3，SQR0 的待转换通道为 AIN3。

11．配置 ADC_SQR.SQR1，选择待转换序列 SQR1 的待转换通道，设置 ADC_SQR.SQR1 为 5，SQR1 的待转换通道为 AIN5。

12．配置 ADC_SQR.SQR2，选择待转换序列 SQR2 的待转换通道，设置 ADC_SQR.SQR2 为 0，SQR2 的待转换通道为 AIN0。

13．配置 ADC_SQR.SQR3，选择待转换序列 SQR3 的待转换通道，设置 ADC_SQR.SQR3 为 2，SQR3 的待转换通道为 AIN2。

14．配置 ADC_CR2.CNT，设置 ADC_CR2.CNT 为 10，则转换次数为 11。

15．设置 ADC_CR2.ACCRST 和 ADC_CR2.ACCEN 为 1，使能累加转换功能。

16．设置 ADC_ICR 为 0，清除 ADC 中断标志。

17．设置 ADC_START.START 为 1，启动 ADC 转换。

18．循环等待 ADC_ISR.EOS 变为 1，依次不断读取 ADC_RESULT0～ADC_RESULT3 寄存器，以获取对应通道的 ADC 转换结果。当 ADC_ISR.EOS 为 1 时，表示一次 4 个通道的序列转换完成。

19．循环等待 ADC_ISR.EOA 变为 1，其间，依次不断读取 ADC_RESULT0～ADC_RESULT3 寄存器，以获取 ADC 转换结果。当 ADC_ISR.EOA 为 1 时，表示多次转换全部完成，ADC_START.START 自动清 0，ADC 转换停止。如需对其他通道进行转换，重复执行步骤 9～步骤 19。

20．设置 ADC_CR0.EN 为 0，关闭 ADC 模块。

6.3.7 序列断续转换模式

在序列断续转换模式下，每次启动 ADC 仅转换当前序列，而不是选择的所有序列。

在此模式下，可以通过软件 START 位域启动 ADC，或者外部触发启动。

每次启动 ADC，当前 ADC 转换序列 SQRy（y=0、1、2、3）中的指定通道，执行一次 ADC 转换。ADC 转换完成，ADC_ISR.EOC 标志位自动置 1，转换结果保存在对应的转换结果寄存器 ADC_RESULTy（y=0、1、2、3）中，同时 ADC_START.START 自动清 0，ADC 转换结束，等待再次启动 ADC 转换。

下一次启动 ADC 时，则待转换通道自动切换为下一个转换序列 SQR(y+1)的指定通道，再执行一次 ADC 转换。如果当前完成的转换序列是 SQR3，则下一个待转换序列自动重设为 SQR0。

当所有转换序列 SQRy 的全部通道转换完成后，ADC_ISR.EOS 标志位变为 1。

序列断续转换模式的时序如图 6-9 所示。

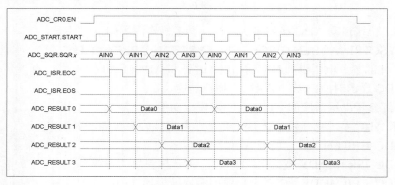

图 6-9

通过 START 位域启动 ADC 序列断续转换，参考操作流程如下。

1．设置 SYSCTRL_AHBEN.GPIOx 为 1、SYSCTRL_APBEN2.ADC 为 1，使能 ADC 通道对应的 GPIO 时钟、外部参考电压引脚对应的 GPIO 时钟和 ADC 工作时钟。

2．设置 ADC 通道对应的 GPIO 引脚为模拟功能。

3．设置外部参考电压对应的 GPIO 引脚为模拟功能。

注意： 如果 ADC 参考电压没有选择外部参考电压引脚，则略过本步骤。

4．设置 ADC_CR0.EN 为 1，使能 ADC 模块。

5．等待 ADC_ISR.READY 变为 1，即等待 ADC 模块启动完成。

6．设置 ADC_CR0.MODE 为 6，选择序列断续转换模式。

7．配置 ADC_CR0.REF，选择 ADC 的参考电压。

8．配置 ADC_CR0.SAM 及 ADC_CR0.CLK，设置 ADC 的采样速度及时钟选择。

9．配置 ADC_SQR.ENS，选择待转换的序列，设置 ADC_SQR.ENS 为 3，转换序列为 SQR0～SQR3。

10．配置 ADC_SQR.SQR0，选择待转换序列 SQR0 的待转换通道，设置 ADC_SQR.SQR0 为 3，序列 SQR0 的待转换通道为 AIN3。

11．配置 ADC_SQR.SQR1，选择待转换序列 SQR1 的待转换通道，设置 ADC_SQR.SQR1 为 5，序列 SQR1 的待转换通道为 AIN5。

12．配置 ADC_SQR.SQR2，选择待转换序列 SQR2 的待转换通道，设置 ADC_SQR.SQR2 为 0，序列 SQR2 的待转换通道为 AIN0。

13．配置 ADC_SQR.SQR3，选择待转换序列 SQR3 的待转换通道，设置 ADC_SQR.SQR3 为 2，

序列 SQR3 的待转换通道为 AIN2。

14. 设置 ADC_ICR 为 0，清除 ADC 中断标志。

15. 设置 ADC_START.START 为 1，启动 ADC 转换。

16. 等待 ADC_ISR.EOC 变为 1，选择读取 ADC_RESULT0 寄存器，以获取转换序列 SQR0 指定的通道的 ADC 转换结果。

17. 设置 ADC_START.START 为 1，再次启动 ADC 转换。

18. 等待 ADC_ISR.EOC 变为 1，选择读取 ADC_RESULT1 寄存器，以获取转换序列 SQR1 指定的通道的 ADC 转换结果。

19. 设置 ADC_START.START 为 1，再次启动 ADC 转换。

20. 等待 ADC_ISR.EOC 变为 1，选择读取 ADC_RESULT2 寄存器，以获取转换序列 SQR2 指定的通道的 ADC 转换结果。

21. 设置 ADC_START.START 为 1，再次启动 ADC 转换。

22. 等待 ADC_ISR.EOC 变为 1，选择读取 ADC_RESULT3 寄存器，以获取转换序列 SQR3 指定的通道的 ADC 转换结果。当 ADC_ISR.EOS 为 1 时，表示一次 4 个通道的序列转换完成。

23. 重复执行步骤 15～步骤 22，继续执行 ADC 转换；如需对其他通道进行转换，重复执行步骤 9～步骤 22。

24. 设置 ADC_CR0.EN 为 0，关闭 ADC 模块。

6.4 累加转换功能

累加转换可以在 ADC 的任何工作模式下进行，且在多次转换模式下必须使能累加转换功能。

设置 ADC_CR2.ACCEN 为 1，使能 ADC 转换结果的自动累加功能。ADC 每完成一次通道转换，就自动对转换结果进行累加，累加值保存在 ADC_RESULTACC 寄存器中。

使用累加转换功能前，必须先清零 ADC_RESULTACC 寄存器。设置 ADC_CR2.ACCRST 为 1 可使 ADC_RESULTACC 寄存器清 0。

图 6-10 演示了对 AIN0、AIN1、AIN5 这 3 个通道进行 10 次连续转换累加的过程，假定 AIN0、AIN1、AIN5 的 ADC 转换结果依次为 0x010、0x020、0x040。

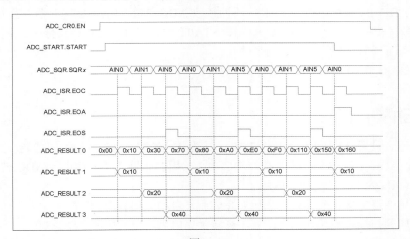

图 6-10

设置 ADC_START.START 为 1 启动 ADC，ADC 内部的状态机会依次对 AIN0、AIN1、AIN5 进行转换，直到总转换次数达到 10 次 ADC 转换才停止。每次转换完成时，ADC_RESULTACC 寄存器自动累加转换结果。

通过 START 位域启动 ADC 序列多次转换，并对转换结果进行累加，操作流程如下。

1. 设置 SYSCTRL_AHBEN.GPIO*x* 为 1、SYSCTRL_APBEN2.ADC 为 1，使能 ADC 通道对应的 GPIO 时钟、外部参考电压引脚对应的 GPIO 时钟和 ADC 工作时钟。

2. 设置 ADC 通道对应的 GPIO 引脚为模拟功能。

3. 设置外部参考电压对应的 GPIO 引脚为模拟功能（**注：如果 ADC 参考电压没有选择外部参考电压引脚，则略过本步骤**）。

4. 设置 ADC_CR0.EN 为 1，使能 ADC 模块。

5. 等待 ADC_ISR.READY 变为 1，即等待 ADC 模块启动完成。

6. 设置 ADC_CR0.MODE 为 5，选择序列多次转换模式。

7. 配置 ADC_CR0.REF，选择 ADC 的参考电压。

8. 配置 ADC_CR0.SAM 及 ADC_CR0.CLK，设置 ADC 的采样速度及时钟选择。

9. 配置 ADC_CR2.CNT，设置 ADC_CR2.CNT 为 9，则转换次数为 10。

10. 设置 ADC_CR2.ACCEN 为 1，使能 ADC 转换结果自动累加控制。

11. 设置 ADC_CR2.ACCRST 为 1，ADC 转换结果累加值寄存器 ADC_RESULTACC 清 0。

12. 配置 ADC_SQR.ENS，选择待转换的序列。设置 ADC_SQR.ENS 为 2，转换序列为 SQR0～SQR2。

13. 配置 ADC_SQR.SQR0，选择待转换序列 SQR0 的待转换通道。设置 ADC_SQR.SQR0 为 0，序列 SQR0 的待转换通道为 AIN0。

14. 配置 ADC_SQR.SQR1，选择待转换序列 SQR1 的待转换通道。设置 ADC_SQR.SQR1 为 1，序列 SQR1 的待转换通道为 AIN1。

15. 配置 ADC_SQR.SQR2，选择待转换序列 SQR2 的待转换通道。设置 1ADC_SQR.SQR2 为 5，序列 SQR2 的待转换通道为 AIN5。

16. 设置 ADC_IER.EOA 为 1，使能多次转换完成中断。

17. 设置 ADC_ICR.EOA 为 0，清除 ADC_ISR.EOA 中断标志。

18. 设置 ADC_ICR 为 0，清除 ADC 中断标志。

19. 设置 ADC_START.START 为 1，启动 ADC 转换。

20. 循环等待 ADC_ISR.EOC 变为 1，不断读取 ADC_RESULTACC 寄存器，以获取 ADC 转换结果累加值。当 ADC_ISR.EOS 为 1 时，表示一次 3 个通道的序列转换完成。

21. 等待 ADC_ISR.EOA 变为 1，其间不断读取 ADC_RESULTACC 寄存器。当 ADC_ISR.EOA 为 1 时，表示多次转换全部完成，ADC_START.START 自动清 0，ADC 转换停止。本例中，当 AIN0 完成了第 4 次 ADC 转换之后，ADC 转换停止。

22. 设置 ADC_CR0.EN 为 0，关闭 ADC 模块。

6.5 自动关闭模式

用户可以通过设置 ADC_START.AUTOSTOP 为 1，使能 ADC 自动关闭功能。当指定的 ADC 转换完成之后，ADC_CR0.EN 自动清 0，ADC 功能禁用。如果需要继续进行 ADC 转换，必须重新设置 ADC_CR0.EN 为 1 使能 ADC 模块。

如果采用单通道单次转换模式，当转换完成后，自动关闭 ADC 使能。

如果采用序列扫描转换模式，当所有序列转换完成后，自动关闭 ADC 使能。

如果采用多次转换模式（单通道多次转换模式或序列多次转换模式），当达到设定的转换次数之后，ADC 转换停止，自动关闭 ADC 使能。

如果采用连续转换模式（单通道连续转换模式或序列连续转换模式），转换完成后不会自动关闭 ADC 使能。设置 ADC_START.START 为 0，将关闭连续转换，同时自动关闭 ADC 使能。

采用序列断续转换模式时，当所有选择通道转换完成后，自动关闭 ADC 使能。

6.6 外部触发源

ADC 转换既可以通过软件启动（即设置 ADC_START.START 为 1），也可以通过外部触发启动，触发源由外部触发寄存器 ADC_TRIGGER 选择，有 16 种，详见表 6-7。

表 6-7 ADC 转换外部触发源

ADC_TRIGGER	位域名称	功能描述
15	DMA	DMA 中断触发 ADC 启动
14	I²C2	I²C2 中断触发 ADC 启动
13	I²C1	I²C1 中断触发 ADC 启动
12	SPI2	SPI2 中断触发 ADC 启动
11	SPI1	SPI1 中断触发 ADC 启动
10	UART3	UART3 中断触发 ADC 启动
9	UART2	UART2 中断触发 ADC 启动
8	UART1	UART1 中断触发 ADC 启动
7	BTIM3	BTIM3 中断触发 ADC 启动
6	BTIM2	BTIM2 中断触发 ADC 启动
5	BTIM1	BTIM1 中断触发 ADC 启动
4	GTIM4	GTIM4 中断触发 ADC 启动
3	GTIM3	GTIM3 中断触发 ADC 启动
2	GTIM2	GTIM2 中断触发 ADC 启动
1	GTIM1	GTIM1 中断触发 ADC 启动
0	ATIM	ATIM 输出的触发信号触发 ADC 启动

ADC 转换外部触发源如图 6-11 所示。

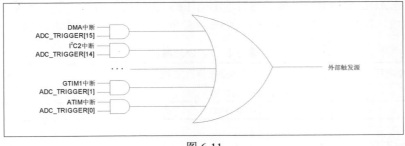

图 6-11

6.7 模拟看门狗

模拟看门狗功能支持将 ADC 转换结果与用户设定的阈值进行比较，支持上阈值比较、下阈值比较、区间值比较，可通过高阈值寄存器 ADC_VTH 和低阈值寄存器 ADC_VTL 设置比较阈值。

模拟看门狗功能只在单通道模式下起作用。设置控制寄存器 ADC_CR1 的 WDTALL 位域为 1，使能模拟看门狗功能，通过 ADC_CR1 寄存器的 WDTCH 位域使能指定通道的模拟看门狗功能。

模拟看门狗功能常用于对模拟量的自动监测，如果设置了中断使能寄存器 ADC_IER 的相应位域（WDTR、WDTH、WDTL），当 ADC 转换结果符合用户预期时将产生中断请求。

模拟看门狗的阈值比较如图 6-12 所示。

- 上阈值比较：当转换结果位于[ADC_VTH,4095]区间内时，ADC_ISR.WDTH 标志位置 1。
- 下阈值比较：当转换结果位于[0,ADC_VTL]区间内时，ADC_ISR.WDTL 标志位置 1。
- 区间值比较：当转换结果位于[ADC_VTL,ADC_VTH]区间内时，ADC_ISR.WDTR 标志位置 1。

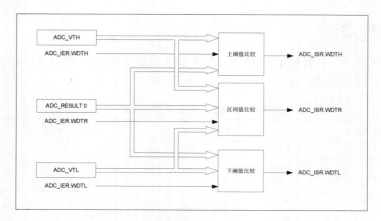

图 6-12

6.8 温度传感器

CW32F030 内置温度传感器模块，传感器的输出电压随温度变化。设置 ADC 模块的采样通道为内部温度传感器，通过 ADC 测量结果可计算得到当前的环境温度。

温度传感器默认处于关闭状态，通过设置控制寄存器 ADC_CR0 的 TSEN 位域为 1，使能温度传感器。

环境温度计算公式如下。

$$环境温度 = T_0 \times 0.5 + 0.0924 \times V_{ref} \times (AdcValue - T_{rim})$$

其中，V_{ref} 是当前 ADC 模块的参考电压，取值为 1.5V 或 2.5V。T_0 是 8 位的初始校准温度值，记录在芯片的 FLASH 存储器中，其地址是 0x00012609，读取出来的值需要除以 2，才是实际的温度值。AdcValue 是 ADC 模块测量温度传感器输出电压的 ADC 转换结果，取值范围为 0～4095。T_{rim} 是 16 位的校准值，计算时需要从芯片的 FLASH 存储器中读出，其存放地址等如表 6-8 所示。

表 6-8　ADC 校准值

ADC 参考电压	校准值存放地址	校准值精度
内部 1.5V	0x0001260A～0x0001260B	±3℃
内部 2.5V	0x0001260C～0x0001260D	±3℃

计算示例如下。

条件 1：V_{ref}=1.5、AdcValue=0x8CB、T_{rim}=0x883、T_0=0x32。

温度 1：0x32×0.5+0.0924×1.5×(0x8CB−0x883)=35℃。

条件 2：V_{ref}=2.5、AdcValue=0x599、T_{rim}=0x516、T_0=0x32。

温度 2：0x32×0.5+0.0924×2.5×(0x599−0x516)=55.3℃。

通过 ADC 测量环境温度的参考操作流程如下。

1. 设置 SYSCTRL_APBEN2.ADC 为 1，使能 ADC 配置时钟及工作时钟。

2. 设置 ADC_CR0.EN 为 1，使能 ADC 模块。

3. 等待 ADC_ISR.READY 变为 1，即等待 ADC 模块启动完成。

4. 设置 ADC_CR0.MODE 为 0，选择单通道单次转换模式。

5. 配置 ADC_CR0.REF，选择 ADC 的参考电压为内部 1.5V 或内部 2.5V。

6. 配置 ADC_CR0.SAM 及 ADC_CR0.CLK，设置 ADC 的转换速度。

7. 设置 ADC_CR0.TSEN 为 1，使能温度传感器。

8. 设置 ADC_CR1.CHMUX 为 0x0E，选择待转换的通道为温度传感器的电压输出。

9. 设置 ADC_CR0.BUF 为 1，使能内置信号跟随器。

10. 设置 ADC_ICR.EOC 为 0，清除 ADC_ISR.EOC 标志。

11. 设置 ADC_START.START 为 1，启动 ADC 转换。

12. 等待 ADC_ICR.EOC 变为 1，读取 ADC_RESULT0 寄存器，以获取 ADC 转换结果。

13. 设置 ADC_CR0.EN 为 0，关闭 ADC 模块。

14. 读取 T_0 及 T_{rim}，根据公式计算出当前的环境温度。

6.9 ADC 中断

ADC 中断源如表 6-9 所示。

表 6-9 ADC 中断源

中断源	中断标志位	中断使能	标志清除方法
转换结果溢出	ADC_ISR.OVW	ADC_IER.OVW 置 1	ADC_ICR.OVW 清 0
ADC_VTL≤转换结果<ADC_VTH	ADC_ISR.WDTR	ADC_IER.WDTR 置 1	ADC_ICR.WDTR 清 0
转换结果≥ADC_VTH	ADC_ISR.WDTH	ADC_IER.WDTH 置 1	ADC_ICR.WDTH 清 0
转换结果<ADC_VTL	ADC_ISR.WDTL	ADC_IER.WDTL 置 1	ADC_ICR.WDTL 清 0
ADC 多次转换完成	ADC_ISR.EOA	ADC_IER.EOA 置 1	ADC_ICR.EOA 清 0
ADC 序列转换完成	ADC_ISR.EOS	ADC_IER.EOS 置 1	ADC_ICR.EOS 清 0
ADC 转换完成	ADC_ISR.EOC	ADC_IER.EOC 置 1	ADC_ICR.EOC 清 0

6.10 寄存器

ADC 基地址：ADC_BASE=0x40012400。

ADC 寄存器如表 6-10 所示。

表 6-10 ADC 寄存器

寄存器名称	寄存器地址	寄存器描述
ADC_CR0	ADC_BASE+0x00	ADC 控制寄存器 0
ADC_CR1	ADC_BASE+0x04	ADC 控制寄存器 1
ADC_START	ADC_BASE+0x08	ADC 启动寄存器
ADC_SQR	ADC_BASE+0x0C	ADC 序列配置寄存器
ADC_CR2	ADC_BASE+0x10	ADC 控制寄存器 2
ADC_VTH	ADC_BASE+0x14	ADC 高阈值寄存器
ADC_VTL	ADC_BASE+0x18	ADC 低阈值寄存器
ADC_TRIGGER	ADC_BASE+0x1C	ADC 外部触发寄存器
ADC_RESULT0	ADC_BASE+0x20	ADC 转换结果 0 寄存器
ADC_RESULT1	ADC_BASE+0x24	ADC 转换结果 1 寄存器
ADC_RESULT2	ADC_BASE+0x28	ADC 转换结果 2 寄存器
ADC_RESULT3	ADC_BASE+0x2C	ADC 转换结果 3 寄存器
ADC_RESULTACC	ADC_BASE+0x30	ADC 转换结果累加值寄存器
ADC_IER	ADC_BASE+0x34	ADC 中断使能寄存器
ADC_ICR	ADC_BASE+0x38	ADC 中断标志清除寄存器
ADC_ISR	ADC_BASE+0x3C	ADC 中断标志寄存器

第 7 章

嵌入式硬件设计工具

嵌入式系统是现代电子工程领域的重要组成部分，它结合了硬件和软件的复杂性和独特性。硬件设计为嵌入式系统提供了物理结构和功能基础，而软件设计则为系统提供了智能和"灵魂"。硬件设计和软件设计在嵌入式系统中相辅相成，共同决定了系统的性能、功能和可靠性。

前文重点介绍的是与嵌入式软件设计较紧密的基础内容，本章和第 8 章将深入探讨嵌入式硬件设计相关的内容。读者通过学习使用电子设计自动化（Electronic Design Automation，EDA）软件进行原理图设计、PCB 设计等，可全面掌握嵌入式硬件设计的整个流程。

7.1　嵌入式硬件设计概述

嵌入式硬件设计是一个复杂的过程，需要精确地确定需求、选择适当的处理器架构、设计硬件系统，并进行性能仿真和测试。

具体来说，设计过程可以分解为以下 10 个步骤。

一、需求确定

首先，需要明确嵌入式系统的需求，包括功能、性能要求，I/O 接口，通信方式等。需要深入地与用户及相关使用者进行沟通，以便更好地理解这些需求，最后整理出需求分析文档。

二、系统架构设计

根据系统的需求和约束条件，首先选择合适的微控制器（MCU）规格型号；然后开始设计规划，明确电源架构、存储器、外围输入输出电路等配套的外围电路的实现思路，画出系统设计框图；最后，结合用户需求，初步选定所需要的芯片型号以及传感器等（设计团队内部需要反复沟通，软、硬件设计人员均要参与）。

这一阶段的工作还包括分析整个系统设计的可行性，考虑设备的采购是否容易、开发周期是否合适、开发过程中是否会有一些潜在的风险以及可能的应对策略，这些都需要提前进行规划。

三、硬件系统设计

在确定系统架构设计后，就进入正式的硬件系统设计阶段了，包括电路原理图设计、PCB 设计等。此外，可能还需进行各种硬件系统的性能仿真和测试，以确保硬件系统能够满足系统的需求。

在这个阶段，特别要注意同步编写硬件的详细设计方案文档。磨刀不误砍柴工！这些方案文档对后期调试、产品的升级以及更新换代有非常大的作用。在写方案文档的同时，需要梳理一下思路，比如电路、复位等一些比较重要的部分。对公司来说，有了这些方案文档，团队协作效率也会大大提高，也不用担心技术人员的流动。

四、硬件设计实现

硬件系统设计和硬件设计实现是不能分开、紧密结合、相互影响的两个阶段。硬件设计实现阶段，主要是根据硬件系统设计熟练运用 EDA 软件进行原理图、PCB 图的绘制等。在画原理图和 PCB 图的过程中，可能需要进行相应的仿真测试，并根据仿真结果调整原理图及 PCB 布局、布线等。

五、PCB 打样、焊接

所有的检查工作都顺利完成后，就可将经过验证的设计文件送交 PCB 加工厂打样。

拿到样板，先检查有没有明显的短路或者断裂，如果要求进行装配测试，看样板与相关机械设计是否匹配。检查通过后，可将前期采购的元器件和 PCB 交由生产厂家进行焊接。如果 PCB 的电路不复杂，为了加快速度，也可以由工程师手动焊接元器件。如果对设计的 PCB 把握比较大，也可以在 PCB 打样阶段同步选择焊接，这样可以大大提高开发效率。

六、PCB 调试、硬件测试

对于焊接完成的 PCB，首先用万用表通断挡，测试相关的输入、输出、电源正负极等关键位置是否有开路、短路。然后进行认真的目检：电容器有无装反？保险丝是否良好？一些容易短路、开路的地方是否焊接良好？有无粘连、粘锡等现象？……目检完毕后，再进行上电测试。有条件的，建议使用一个带限流功能的线性可调电源。首次上电时，电流限制设置在 1A 以内，同时不建议用开关电源，以防止上电时有冲击。正常通电后，检测电路各处的电压等是否符合设计要求，检测各处电路设计是否达到设计预期。

七、软、硬件配合，系统联调

硬件测试通过后，就可以进行程序的下载与功能测试。如果程序不能正常下载，可重点检查 MCU 核心电路设计，特别是 MCU 的每个电源和地的连接是否正常、电压是否正常、每个电源和地脚是否正确连接（不允许悬空）、内核供电 LDO 引出脚（VCORE 引脚）是否正常连接了滤波电容器……

在进行系统联调、功能测试时，需要对照产品的需求说明，一项一项进行测试，确认是否达到预期的要求。如果达不到要求，则需要对硬件产品进行调试和修改，直到符合产品的需求说明。

八、样机的反复修改、调试等

再简单的嵌入式硬件，一般都不会一次成功，需要进行反复修改、调试等，直至产品功能符合需求。

九、小量试产及测试

样机符合需求后，就可以进行小量试产及测试。这一步主要是要验证电路设计、产品设计的可生产性、批量性能的一致性等。同时，对于试产样机，要根据需求进一步进行高、低性能测试，老化测试，安规测试等。

十、批量出货

经过前面的验证，基本可以确认产品没有大问题了。但还是必须遵循产量渐进式的生产，即由小批量生产、中批量生产到大批量生产。

请注意，以上 10 个步骤可能需要根据具体情况进行迭代和调整。在实际操作中，可能需要反复进行需求确定、硬件和软件设计、仿真和测试等，以确保最终的嵌入式硬件产品能够满足要求并顺利运行。

在整个开发过程中，始终要坚持同步编写硬件的详细设计方案文档，并把测试、修改、调试中发现的问题和解决办法记录到文档中。

另外，以上 10 个步骤仅针对硬件设计部分进行了简单的描述。实际开发一款完整的、符合需求的嵌入式产品，需要硬件设计、软件设计、机械设计、生产管控、质量检测、安规测试等方面互相配合，需要团队的协作，是一个系统工程。

总的来说，嵌入式硬件设计是一个充满挑战和机遇的过程。在这个过程中，工程师们用自己的智慧和汗水创造出了无数令人瞩目的产品。这些产品不仅丰富了我们的生活，更推动了社会的进步和发展。工程师们的努力和付出，正是推动嵌入式硬件设计领域不断前进的动力。

7.2　常用 EDA 软件

在嵌入式系统设计中，EDA 软件扮演着至关重要的角色，为工程师们提供了从抽象到具体、从理论到实现的桥梁。

EDA 软件是用于设计嵌入式硬件的软件。EDA 软件可以帮助用户创建、模拟、测试和验证嵌入式系统的设计，常包括原理图编辑器、布局编辑器、布线编辑器、模拟器和仿真器等。

目前主流的 EDA 软件，可分为商用 EDA 软件和开源 EDA 软件。

- 商用 EDA 软件。这类软件通常由专业的 EDA 公司开发，提供全面的电子设计解决方案，包括原理图设计、电路仿真、PCB 布局和布线、可靠性分析等功能。商用 EDA 软件通常具有较高的集成性和稳定性，适用于大型企业、科研机构和高校等。一般这类软件的价格较高，但提供的服务和支持较为专业和全面。

- 开源 EDA 软件。这类软件通常由开源社区驱动开发，其源代码公开，用户可以自由获取和使用。开源 EDA 软件近年得到了快速发展，一些知名的开源 EDA 软件（如 KiCad、Fritzing、嘉立创 EDA 等）已经在全球范围内得到广泛应用。开源 EDA 软件在学术研究和教育领域尤其受欢迎，因为它们可以提供灵活的定制和扩展功能。

总的来说，商用 EDA 软件和开源 EDA 软件各有优劣，用户可以根据自己的需求选择合适的工具。同时，随着技术的发展和开源社区的壮大，开源 EDA 软件的应用范围和功能也在不断扩展和增强。

本节将对常用的商用 EDA 软件和开源 EDA 软件进行介绍。

7.2.1　常用的商用 EDA 软件

（1）Altium Designer。

Altium Designer 是一款由 Altium 公司开发的电子产品开发系统，主要在 Windows 操作系统上运行。Altium Designer 提供了一套完整的工具集，可用于原理图设计、电路仿真、PCB 布局和布线等。

（2）Cadence Allegro 和 OrCAD。

Cadence Allegro 是一款由 Cadence 公司开发的 EDA 软件，主要用于集成电路、封装和 PCB 协同设计。Cadence Allegro 提供了丰富的工具和功能，以支持从原理图到 PCB 布局和布线的整个设计流程。此外，Cadence 旗下的 OrCAD 也是一款得到行业广泛应用的 EDA 软件。目前 Cadence 公司在 EDA 工具领域仍执行双品牌战略，OrCAD 覆盖中低端市场，Cadence Allegro 覆盖中高端市场。

（3）Mentor Graphics PADS。

Mentor Graphics PADS 以其高效的设计功能和强大的自动布线功能而著称。无论是手动布线还是自动布线，Mentor Graphics PADS 都能提供出色的支持。其独特的推挤和拉伸功能使得工程师能够轻松调整元件的布局，可满足高速、高密度 PCB 的设计需求。Mentor Graphics PADS 还支持多种操作系统，为工程师提供了更多的选择空间。其强大的数据管理和版本控制功能，也确保了设计数据的安全性和可追溯性。

（4）Zuken CR-8000。

Zuken CR-8000 是一款高端的 EDA 软件，专为大型、复杂的电子系统设计而打造。其强大的数据管理和协同设计功能，使得多名工程师能够在同一平台上进行高效协作，可大大提高设计效率。Zuken CR-8000 还具备出色的仿真和验证功能，能够在设计初期就对电路的性能进行准确评估。其丰富的元件库和智能化的设计环境为工程师提供了极大的便利。无论是对大型企业还是中小型企业，Zuken CR-8000 都能提供全面的解决方案，满足各种复杂的设计需求。

总的来说，这些 EDA 软件各有千秋，都在电子设计领域占据了重要的地位。Altium Designer 以其全面的功能和用户友好的界面成为众多工程师的首选，Cadence Allegro 和 OrCAD 则以其专业的设计功能和强大的仿真功能赢得了广泛的好评，Mentor Graphics PADS 以其高效的设计功能和强大的自动布线功能脱颖而出，而 Zuken CR-8000 则以其高端的定位和出色的协同设计功能成为大型企业的首选。同时，这些软件在价格方面也有一定的差异。在选择 EDA 软件时，用户应根据项目的具体需求和自身的实际情况进行综合考虑，选择最合适的工具。

7.2.2 常用的开源 EDA 软件

（1）KiCad。

KiCad 是一款开源的 EDA 软件，提供了原理图设计和 PCB 设计功能。KiCad 还支持多种输出格式，可以与其他 EDA 软件进行集成。

（2）EasyEDA。

EasyEDA 是一款基于 Web 的 EDA 软件，可以在多种操作系统上运行。它提供了完整的原理图设计、电路仿真和 PCB 设计功能。

（3）Fritzing。

Fritzing 是一款开源的硬件设计软件，其主要用户为电子爱好者和教育者。它提供了可视化的电路原理图和元件布局功能，以及各种原型制作工具。Fritzing 还支持 Arduino 等开源硬件平台，可以方便地进行电路设计和原型制作。

（4）嘉立创 EDA。

嘉立创 EDA 是一款开源的 EDA 软件，它是拥有完全独立自主知识产权的国产 EDA 软件。嘉立创 EDA 基于云端在线设计，无须下载，打开网站就能开始设计。它提供了原理图设计、PCB 布局和布线、3D 预览等功能，并拥有实时更新的在线免费元件库。此外，嘉立创 EDA 还支持模块化设计、翻转板子等功能，可以流畅地支持超过 3 万器件或 10 万焊盘的设计规模。

嘉立创 EDA 的目标是服务广大电子工程师、教育者、学生、电子制造商和电子爱好者，用于绘制中小原理图、绘制电路图、电路仿真、PCB 设计并提供制造便利性。它拥有友好的用户界面和强大的功能，可以帮助用户高效地进行电子设计工作。

以上几款开源 EDA 软件都是优秀的电子设计工具，可以为用户提供全面的设计解决方案，并且无须支付高额的费用。

嘉立创 EDA 作为国产优秀开源 EDA 软件，专注于为国人提供友好的设计体验和丰富的元件库资源。因此，本书相关的电路硬件设计和讲解都是基于嘉立创 EDA 来完成的。

7.3 嘉立创 EDA 简介

嘉立创 EDA 现拥有超 100 万元件的在线免费元件库，该元件库会实时更新。在设计过程中，用户可以检查元件库存、价格，甚至可以立即下单购买以缩短设计周期。嘉立创 EDA 目前主要有 3 个版本，分别是专业版、标准版、私有化部署版。私有化部署版主要针对对数据安全有特殊需求的企业。一般工程师常使用的是专业版和标准版。专业版面向企业团队，与标准版相比功能更加强大，约束性更强。嘉立创 EDA 自 2017 年推出以来就对我国用户保持免费，并优化和更新，为用户带来越来越好的设计体验。

嘉立创 EDA 是一个基于云端平台的免费 PCB 设计软件，既可以在线使用，也可以下载离线版，安装后再使用。在线使用只需通过浏览器（推荐使用 Chrome 浏览器或 Firefox 浏览器）登录嘉立创 EDA 官网（见图 7-1）。

离线版需要用户在嘉立创 EDA 官网进行客户端下载。客户端下载界面如图 7-2 所示，用户可以选择合适的版本进行下载。

图 7-1

图 7-2

在线版包括标准版和专业版两个版本，如图 7-3 所示。嘉立创 EDA 官方设计团队致力于为用户提供专业、细致的服务体验。

图 7-3

对于嘉立创 EDA 的标准版和专业版，官网还提供了直观、清晰的功能对比。若需要更为详细地了解两种版本的功能，可以单击图 7-4 所示界面中的"查看更多功能差异"超链接。

功能对比

	功能	嘉立创EDA标准版	嘉立创EDA专业版
客户端	全在线模式	✓	✓
	半离线模式	✓	✓
	全离线模式		✓
元件库	符号/封装/3D模型库	✓	✓
	仿真符号	✓	
原理图	原理图设计	✓	✓
	导出BOM	✓	✓
	电路仿真	✓	
	层次图/复用图块		✓
	设计规则检查		✓
PCB	PCB设计	✓	✓
	导出制造文件Gerber	✓	✓
	推挤布线		✓
	盲埋孔		✓
	禁止区域		✓
	3D外壳设计		✓
	导出3D文件STEP		✓
其他	导入Altium/EAGEL/KiCad	✓	✓
	导出Altium	✓	✓
	导入Protel/PADS/LTspice		✓
	面板设计		✓
	多板设计		✓

查看更多功能差异>

图 7-4

7.4 嘉立创 EDA 功能特点

嘉立创 EDA 对于云端技术的使用让其有别于传统的只能通过离线下载使用的 EDA 软件，使得用户不再局限于个人独立的设计，而可采用网络资源共享的方式，极大地发挥了网络优势。

除了设计原理图与 PCB 外，嘉立创 EDA 还支持电路仿真、面板设计、3D 外壳设计等。嘉立创 EDA 功能特点如图 7-5 所示。用户通过嘉立创 EDA 就能掌握电路仿真、PCB 设计以及 3D 建模的操作方法，可节约设计开发时间，提高学习效率与兴趣。

图 7-5

7.4.1　共享系统库

嘉立创 EDA 有海量原理图库和 PCB 库，除了立创商城所售元件的库外，绝大部分共享库由用户提供。随着用户数量的不断增加，云端的库文件也在不断地更新、扩容，现在用户在嘉立创 EDA 上基本可以找到自己所需的大部分元件及其对应的封装。购买元件也非常方便快捷，用户可自主选择合适的商家和价格，还可以免费申请画库/封装，不仅可免去自己制作封装的麻烦，还可提高原理图和 PCB 的设计效率。嘉立创 EDA 元件库如图 7-6 所示。

图 7-6

7.4.2　电路仿真与 PCB 设计

嘉立创 EDA 的电路仿真支持电路原理分析、模拟电路以及数字电路仿真，优势是可将电路仿真与 PCB 设计结合到一起。进行电路仿真后，用户还可以进行实物的制作，将虚拟仿真与实物验证结合起来，从而加深对电路的理解。

本小节以"波形发生器"原理图设计、电路仿真、PCB 设计为例展示嘉立创 EDA 的功能。

波形发生器原理图如图 7-7 所示，波形发生器仿真图如图 7-8 所示，波形发生器 PCB 图如图 7-9 所示，波形发生器 3D 预览图如图 7-10 所示。同时，嘉立创 EDA 官网上有该案例的完整教学视频，有关仿真模型的教学视频如图 7-11 所示。

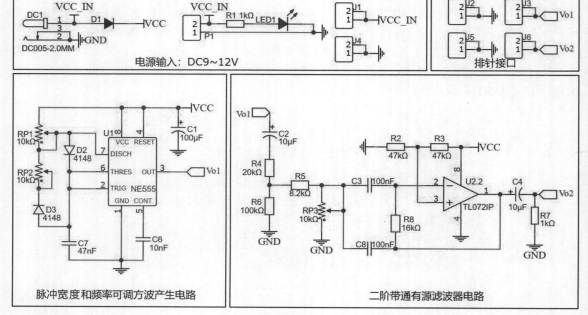

图 7-7

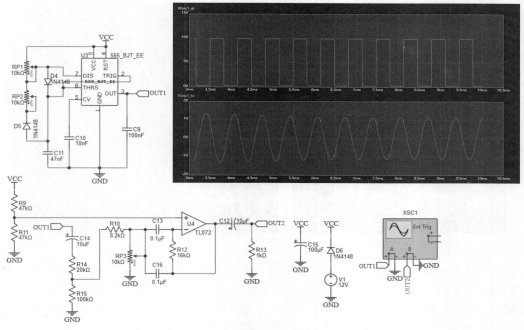

图 7-8

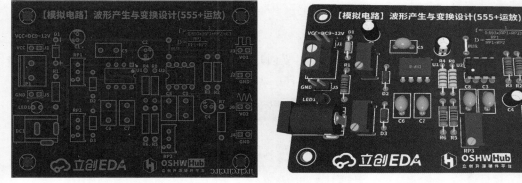

图 7-9

图 7-10

图 7-11

7.4.3 3D 外壳建模功能

现在电子设计越来越集成化，3D 打印技术已经非常成熟，电子教学也应往产品化设计靠拢，培养有想法、有创造力的新一代电子工程师。不少的高校教学体系都在引入项目式教学、产品式教学的理念，产品外形的设计在其中扮演着重要角色，而专业的建模软件是很难在短时间内学会的，如果将之引入教学课程会使原有课程重心偏移。

嘉立创 EDA 建模功能的推出解决了这一难题，用户在设计好 PCB 电路之后可直接建立所需的 3D 外壳文件，只需要在对应的位置开槽、挖孔、放螺丝就可以快速地完成外壳设计。嘉立创 EDA 让每位用户都可以轻松地完成电子产品的设计。例如，图 7-12 和图 7-13 所示为语音蓝牙音响 PCB 图及其外壳预览图。

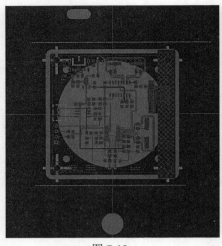 

图 7-12　　　　　　　　　　　　　　　　　　图 7-13

　　在图 7-12 中，PCB 外侧有一些绿色的线条与图形，这些分别对应外壳中的开口位置与开孔大小，选择对应的基准面后放置一些挖槽形状，在预览图中会实时更新设计情况，以便用户进行调整。为了解决外壳固定问题，嘉立创 EDA 支持各种不同规格的螺丝柱的放置，通过螺丝就可以将上下层的外壳与 PCB 固定。设计好外壳文件后可以直接将之导出为 3D 打印所需的 STL 文件（也可直接到嘉立创三维猴平台下单进行打印，该平台价格低，有多种打印耗材可选）。

7.4.4　开源广场

　　嘉立创集团提供了一个硬件开源的平台——立创开源硬件平台，该平台的开源广场如图 7-14 所示。在开源广场上可以看到用户开源的工程文件，如图 7-15 所示。

图 7-14

图 7-15

在开源广场,工程师可将自己的工程文件开源,与其他用户一起学习、交流,这是一种共享的良性学习方式。其他用户通过对开源工程文件进行学习和研究后,也可以和开源的工程师进行交流讨论。

硬件开源环境需要用户共同营造,立创开源硬件平台首页如图 7-16 所示。因此嘉立创集团创建了一个专门用于硬件电路开源的论坛,以便用户进行交流。不仅如此,嘉立创集团为了大学生能够更好地将学习到的专业理论知识应用于实践,开展了大学计划,该计划面向全国高校电子类专业,创立了符合产业需求与促进高校专业学科发展的人才培养模式,通过一校一基地建设、精品课程设计、电子竞赛赞助、协同育人项目申报、嘉立创 EDA 教育版等多类项目,建立双向合作机制,推进校企联合专业共建合作的落地。针对相关开源项目,不仅有视频,还有文章等各种学习形式供用户选择,更为用户提供了学习活动、长期性的星火计划,帮助用户更好地体验和学习,使得开源广场的开源项目更具使用价值和学习价值,工程师可以从中得到更多设计灵感及设计思路。嘉立创集团将牢记用简约、高效的国产 EDA 工具助力工程师专注创造与创新的使命,推进开源广场继续更新、拓展。

图 7-16

7.4.5 丰富的学习资源

嘉立创 EDA 还可用于教学,图 7-17 所示为哔哩哔哩网站上的嘉立创 EDA 学习视频,为学习者提供了丰富和专业的技术指导支持,可帮助初学者快速上手,解决在软件学习上遇到的问题。

图 7-17

立创开源硬件平台还会展示一些优秀项目,供用户借鉴、学习。立创开源硬件平台项目展示页面如图 7-18 所示。

图 7-18

7.4.6 团队管理

嘉立创 EDA 提供了强大的团队管理功能。创建一个团队后，团队的创建者可通过搜索用户名称、链接邀请和邮箱邀请 3 种方式添加团队成员，同时可对成员设置角色以授予团队工程项目相应权限，实现多人共同设计同一工程，做到分工协作、提高工程设计效率。通过团队管理的方式让团队成员对工程有更深入的理解，有助于完善工程，体现团队协作的优势。在团队管理中，对工程文件同样可以设置版本管理的功能，团队成员之间可以就一个项目设计多个版本，不同的团队成员可以设计不同的版本，有助于促进团队成员相互学习、交流和进步。

团队的创建者可以对成员进行管理员的设置。在团队管理中，成员角色及对应权限有以下几种。

- 所有者：工程的所有者，对工程拥有全部的操作权限。
- 管理员：可添加团队成员，拥有对工程文件进行设置、编辑和开发的权限。
- 开发者：拥有对工程文档、附件进行创建和编辑的权限。
- 观察者：拥有对工程文件、附件进行查看的权限。

第 8 章

CW32 最小系统电路设计

在硬件设计领域，嵌入式系统电路设计是一个复杂且重要的环节。设计过程主要包括电路原理图的设计和 PCB 的设计两大核心内容。它们分别描述了电路的逻辑关系和物理布局。其中，最关键的是基于 ARM Cortex-M0+系列处理器的最小系统电路设计，因为它会直接影响整个嵌入式系统的性能和稳定性。

本章将围绕 CW32 最小系统电路设计，使用嘉立创 EDA 专业版设计平台逐步讲解原理图和 PCB 的设计思路、流程与注意事项。本章将为读者提供一个全面而深入的视角，帮助读者了解如何设计高效、可靠的嵌入式系统电路。

8.1 CW32 核心板原理图设计

原理图是一种使用图形符号表示电路元件和它们之间连接关系的图，它反映了各元件的电气连接情况，详细描绘了电路的功能和元件之间的逻辑关系，是进行电路分析和设计的基础。在原理图中，元件之间的连接关系和信号流向一目了然，有助于理解电路的工作原理和功能。

在电路设计与制作过程中，原理图设计是整个硬件电路设计的基础及关键环节。

将 CW32 核心板原理图通过嘉立创 EDA 专业版用工程表达方式呈现出来，使电路符合设计需求和规则，是本节要完成的任务。通过跟随本节的设计步骤，读者能够完成 CW32 核心板原理图的绘制，为设计其他功能电路打下坚实的基础。

8.1.1 设计流程

CW32 核心板原理图设计流程如图 8-1 所示。

1. 创建新工程。打开嘉立创 EDA 专业版，选择"文件"→"新建"→"工程"，创建 CW32 核心板工程。

2. 创建 CW32 核心板原理图。

3. 在嘉立创 EDA 的元件库中搜索元件，或者在个人库中创建元件。

4. 在原理图中放置元件。从常用库/库/器件库中选取元件，放置到图纸的合适位置，并对元件的名称、封装进行定义和设定。

5. 进行电气连线。根据实际电路的需要，利用原理图提供的各种工具，将工作平面上的元件用具有电气意义的导线、符号连接起来。

6. 检查 CW32 核心板原理图。检查原理图的电气连线是否符合设定规则，如果原理图通过电气检查，则原理图的设计完成。

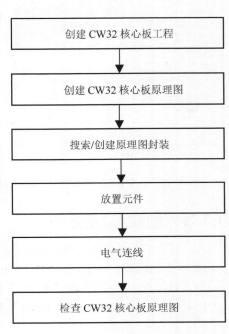

图 8-1

8.1.2 创建工程

1．打开嘉立创 EDA 主界面，选择"文件"→"新建"→"工程"，或直接单击"快速开始"选项栏中的"新建工程"按钮，如图 8-2 所示。

2．在打开的"新建工程"对话框中选择工程的"所有者"（所有者既可是个人，也可是团队），对工程进行命名（这里命名为"CW32CoreBoard"）。工程链接是自动生成的，不需要操作。设置完成后单击"保存"按钮完成工程的建立，如图 8-3 所示。

图 8-2

图 8-3

3．在主界面左侧找到刚才新建的工程，在其上单击鼠标右键，选择"工程管理"→"成员"，如图 8-4 所示，进入成员管理界面。

在成员管理界面可以自行添加成员，也可以单击左侧的"团队"按钮，添加其他团队或创建新的团队，如图 8-5 所示。

图 8-4

图 8-5

在本书中，CW32 核心板工程的所有者为个人。

8.1.3 创建原理图

1．双击工程名进入工程，如图 8-6 所示，系统会默认创建一个文件夹"Board1"，其中有一个文件夹"Schematic1"以及一个文件"PCB1"。

2．对"Schematic1"和"PCB1"进行重命名，如图 8-7 所示。将"Schematic1"重命名为"SCH_CW32CoreBoard"，将"PCB1"重命名为"PCB_CW32CoreBoard"。

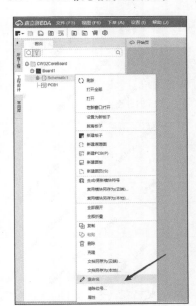

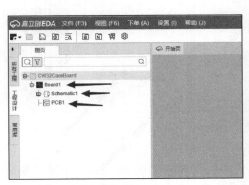

图 8-6

图 8-7

3. 双击原理图名，进入原理图设计界面，CW32 核心板原理图设计界面如图 8-8 所示。

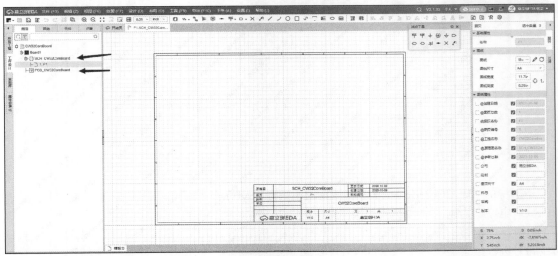

图 8-8

8.1.4 放置元件

在进行原理图的设计时，元件的查找和放置有 3 种方式。

（1）第 1 种：通过"常用库"查找和放置元件。

"常用库"包含一些常用的基础元件，它并不支持自定义。在"常用库"中选中元件，然后移动鼠标指针到画布，单击即可放置元件，如需取消放置可单击鼠标右键。在元件下的下拉列表中可选择相应的封装和参数，编辑器会自动保存选择的参数，以便下次应用。

注意，从"常用库"中获取的元件属性信息是不完善的，只包含元件名称和封装信息。选中元件后移动鼠标指针至画布即可放置，无须拖动，嘉立创 EDA 专业版不支持拖动放置元件。"常用库"中的元件有很多，包含电源、电容器、电阻器等基础元件，如图 8-9 所示。

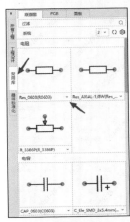

图 8-9

（2）第 2 种：从"库"中搜索和放置元件。

单击原理图下方的"库"，在搜索框中搜索对应的元件，这里以搜索 CW32F030C8T6 主控芯片为例。输入对应的芯片信息，单击搜索按钮进行查找，下方会显示对应的元件，同时右侧会出现对应的原理图符号、PCB 封装、3D 模型和实物图，如图 8-10 所示。选中元件后在画布上单击即可将其放置在原理图上。

图 8-10

（3）第 3 种：从"器件库"中搜索和放置元件。

选择"放置"→"器件"（快捷键为 Shift+F），在对应搜索框中输入名称进行搜索，系统会弹出对应的 3D 模型或实物图、"数据手册"超链接，以及价格、库存等参数，单击"放置"按钮即可将元件放置在原理图上，如图 8-11 所示。

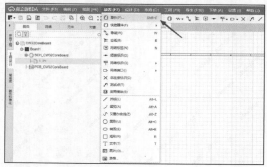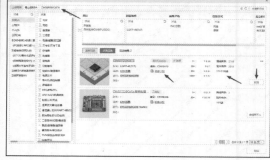

图 8-11

本书中的 CW32CoreBoard 原理图涉及的所有元件均可从"器件库"中获取。下面以"JTAG/SWD 调试接口电路"为例介绍如何从"器件库"中获取元件。

1. 在"器件库"搜索界面选择"立创商城"，然后在搜索栏中搜索"排针"。也可以根据立创商城编号进行搜索，如输入"C2938451"搜索对应的连接器，如图 8-12 所示，查看无误后单击"放置"按钮，将其放置在原理图上。

图 8-12

2．在原理图中单击放置的元件，在右侧的"属性"面板中将"位号"修改为"SWD"，如图8-13所示。

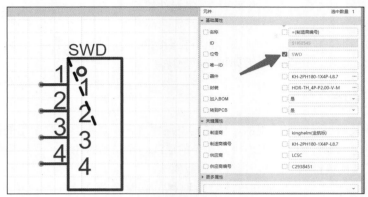

图 8-13

3．一个完整的电路包括元件、电源、地和导线，因此在"JTAG/SWD 调试接口电路"中还需要添加电源、地和导线。添加电源和地的方法是选择"放置"→"网络标识"，找到对应的网络标识并放置（也可以通过工具栏快速放置对应的网络标识），如图8-14所示。

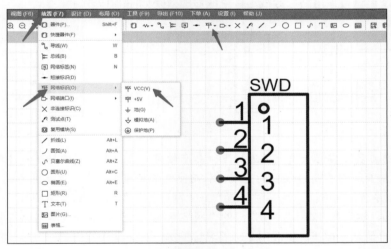

图 8-14

4．选中 VCC 网络标识，在右侧的"属性"面板中将"名称"改为"+3.3V"，如图8-15所示，"全局网络名"会被相应修改。

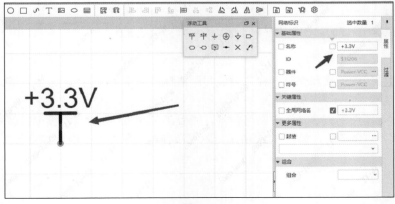

图 8-15

5．"JTAG/SWD 调试接口电路"中的元件、地、电源全部放置完成后的效果如图 8-16 所示。为了尽量降低连线复杂度，可对元件的引脚方向进行适当调整。选中元件然后按空格键，可以旋转元件。

除了放置元件、地、电源外，有时还需要将它们删除。选中某个元件、地、电源，按 Delete 键即可将其删除。

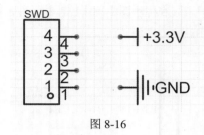

图 8-16

8.1.5　电气连接

电气连接主要是通过导线来实现的。导线是电路原理图中最重要、最常用的图元之一。

导线是指具有电气属性的、用来连接元件等的连线。导线上的任意一点都具有电气属性。选择"放置"→"导线"（快捷键为 Alt+W），进入连线模式。

将鼠标指针移动到需要连接的引脚上，此时鼠标指针会变成十字形，单击即可放置导线，如图 8-17 所示。

注意：网络标识与元件引脚上有灰色圆点，只有将导线对准两个灰色圆点连接，才能有效进行电气连接，否则连接无效，如图 8-18 所示。

重复上述操作继续连接其他引脚。单击鼠标右键或按 Esc 键可退出连线模式。

"JTAG/SWD 调试接口电路"导线连接完成后的效果如图 8-19 所示。

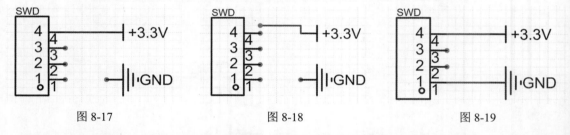

图 8-17　　　　　　　　　　图 8-18　　　　　　　　　　图 8-19

注意："网络标签"实际上是电气连接点，具有相同网络标签的网络标识是连接在一起的。使用网络标签可以避免电路中出现较长的连线，从而使电路原理图清晰地表示电路连接的脉络。

修改网络标签名称的方法：选择"放置"→"网络标签"（快捷键为 Alt+N，也可以通过工具栏进行快速放置），然后按 Tab 键，在弹出的"网络标签"对话框中修改网络标签名称，如图 8-20 所示，最后单击"确认"按钮。修改网络标签名称的另一种方法：双击要修改名称的网络标签，然后在弹出的文本框中输入新的网络标签名称，如图 8-21 所示。

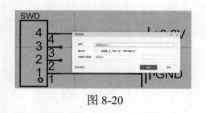
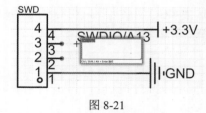

图 8-20　　　　　　　　　　　　　　图 8-21

网络标签与导线的连接和引脚一样，导线与网络标签的十字标签相连接，如图 8-22 所示，表示已经与导线连接上。

修改网络标签属性的方法是选中网络标签，然后在右侧的"属性"面板中修改网络标签的"名称""字体颜色""字体"等，如图 8-23 所示。本书所使用的原理图中网络标签保持默认属性。

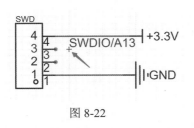

图 8-22

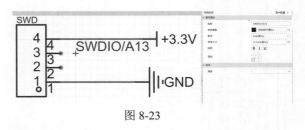

图 8-23

"JTAG/SWD 调试接口电路"的网络标签放置完成后的效果如图 8-24 所示。

注意：如果元件的某些引脚不需要连接任何网络标签或元件，就需要给悬空的引脚添加"非连接标识"。可选择"放置"→"非连接标识"或通过工具栏快速放置。

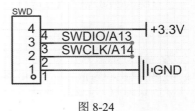

图 8-24

8.1.6 模块式原理图绘制

每份原理图都由若干个模块组成，在绘制原理图时，建议分模块绘制，即单独画每一部分功能电路。具体步骤如下。

（1）根据已有原理图，找到某功能电路所需的元件并放置到原理图中。

（2）用线把该部分功能电路圈起来，即划定一个区域，使整体更美观。

（3）按照原理图，将各个元件连接成功能电路。

（4）按照原理图，修改元件的值（如具体的电阻值）。

（5）按照原理图，放置网络标签。

这样绘制的优点如下。

- 检查电路时可按模块逐个检查，提高了原理图设计的可视性和可靠性。
- 模块可以重用到其他工程中，且经过验证的模块可以降低工程出错的概率。因此，在进行原理图设计时，最好给每个模块添加模块名称。

下面介绍如何在原理图上添加"JTAG/SWD 调试接口电路"模块名称。选择"放置"→"文本"（或在工具栏中单击 T 按钮），然后按 Tab 键，在弹出的"文本"对话框中输入电路模块名称"JTAG/SWD 调试接口电路"，如图 8-25 所示，单击"放置"按钮。

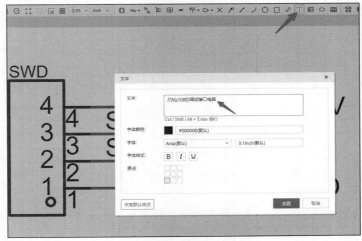

图 8-25

将文本"JTAG/SWD 调试接口电路"移动到图 8-26 所示的位置。选中电路模块名称，在主界面右侧的"属性"面板中修改文本的"字体颜色""字体"等属性，本节所用原理图中的电路模块名称文本的"字体大小"设置为"0.1inch（默认）"，如图 8-27 所示。0.1inch（英寸）≈2.54mm。

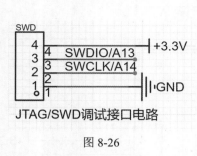

图 8-26

图 8-27

为了更好地区分各个电路模块，可用矩形框将各个独立的模块隔开。选择"放置"→"矩形"（或通过工具栏快速放置），在电路模块外绘制大小合适的矩形框，绘制完成后的效果如图 8-28 所示。选中矩形框，可在右侧的"属性"面板中设置矩形框的属性，如图 8-29 所示。

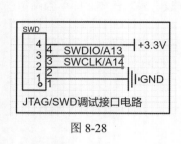

图 8-28

图 8-29

8.1.7　原理图检查

原理图设计完成后，需要检查原理图的电气连接是否正确。可单击左下方的"DRC"，再单击"检查 DRC"按钮进行原理图设计规则检查（Design Rule Check，DRC），判断引脚、封装等是否正常，如图 8-30 所示。若出现警告或错误，不用慌张，选中对应的提示定位错误位置，根据提示信息进行修改即可。若发现无法解决，可以前往嘉立创 EDA 官网寻求技术支持。

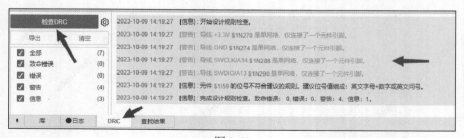

图 8-30

此处发现某些网络是单网络，仅连接了一个元件引脚（后续这些网络会对应连接到芯片引脚上）。这里还有一个位号名称建议修改（大家可以自行修改为"SWD1"或者保持默认），没有提示"致命错误"或"错误"。

注意：嘉立创 EDA 一个工程内只支持存在一份原理图，支持多个图页和全局网络，若工程创建了多页原理图，可将它们通过相同名称的网络标签和网络端口连接起来，并且设计管理器会自动关联整个原理图的元件与网络信息；设计管理器内的文件夹不会自动刷新，需要手动刷新。目前网络端口和网络标签的作用基本一致，对全局有效。嘉立创 EDA 支持层次原理图设计，不支持将每页原理图单独转为 PCB，例如在原理图的 A 页和 B 页均放置了网络标签 A、B、C，那么编辑器会自动将网络连接起来。

8.1.8 CW32 最小系统原理图

按照以上步骤，最终完成的 CW32 最小系统原理图如图 8-31 所示。

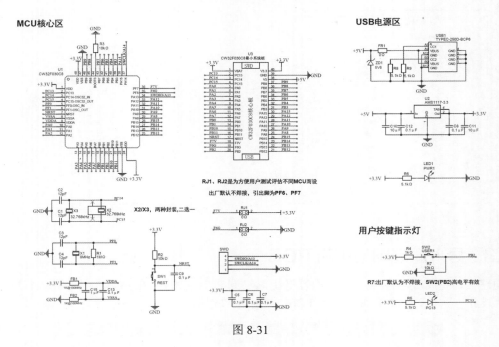

图 8-31

8.2 CW32 的 PCB 设计

PCB 设计是将原理图变成具体的 PCB 的必由之路。将 8.1 节设计好的 CW32 核心板原理图通过嘉立创 EDA 转变成 PCB，是本节将探讨的内容。

8.2.1 设计流程

在嘉立创 EDA 中，进行 CW32 核心板的 PCB 设计的一般流程如图 8-32 所示。

1. 在工程中新建 CW32 核心板的 PCB 文件。
2. 将 CW32 核心板原理图导入 PCB 文件中。
3. 根据修改或者重新设计的原理图，更新 PCB。
4. 设计 CW32 核心板的边框和定位孔。
5. 对 PCB 上的元件进行布局操作。
6. 对元件进行布线操作。
7. 添加丝印。
8. 添加泪滴。
9. PCB 覆铜。
10. PCB 检查。

8.2.2 新建 PCB 文件

使用嘉立创 EDA 专业版新建工程默认会创建好 PCB 文件，如果需

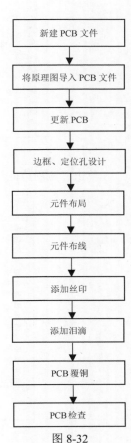

图 8-32

要新建 PCB 文件，可以选中对应的工程文件，单击鼠标右键，选择"新建 PCB"，如图 8-33 所示。

　　注意，只能存在一份 PCB 文件，用户可以自行选择 PCB 文件，单击鼠标右键，将其设置为"脱离板子"，如图 8-34 所示。

图 8-33

图 8-34

8.2.3　导入原理图与更新 PCB

　　电路设计完成后，需要将原理图内容更新/转换到 PCB 中去，以在 PCB 设计中完成布局和布线。选择"设计"→"更新/转换原理图到 PCB"，如图 8-35 所示。

图 8-35

单击"应用修改"按钮，将数据导入 PCB，如图 8-36 所示。

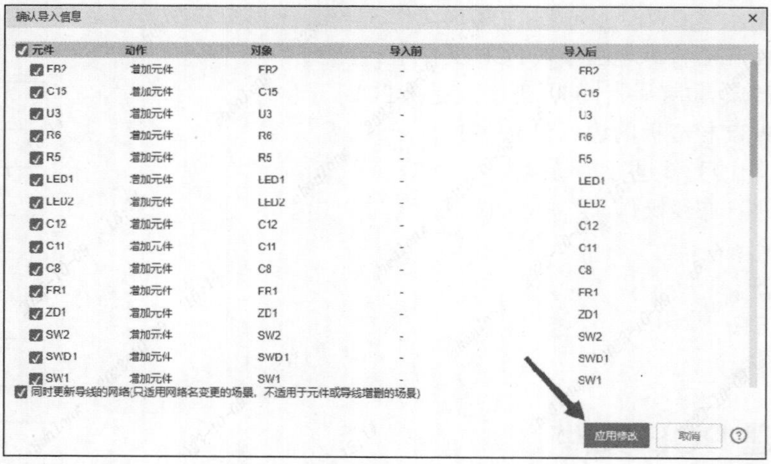

元件	动作	对象	导入前	导入后
FR?	着加元件	FR?	-	FR?
C15	着加元件	C15	-	C15
U3	着加元件	U3	-	U3
R6	着加元件	R6	-	R6
R5	着加元件	R5	-	R5
LED1	着加元件	LED1	-	LED1
LED2	着加元件	LED2	-	LED2
C12	着加元件	C12	-	C12
C11	着加元件	C11	-	C11
C8	着加元件	C8	-	C8
FR1	着加元件	FR1	-	FR1
ZD1	着加元件	ZD1	-	ZD1
SW2	着加元件	SW2	-	SW2
SWD1	着加元件	SWD1	-	SWD1
SW1	着加元件	SW1	-	SW1

确认导入信息

图 8-36

导入完成后，绘制板框进行尺寸确定。选择"放置"→"板框"，此处选择"矩形"。绘制矩形板框，尽量从 PCB 坐标轴中心开始绘制，如图 8-37 所示。

绘制完成后，后续如果需要调整尺寸，可以选中板框，在右侧"属性"面板中对"宽""高""圆角半径"等进行调整。如果发现单位不是"mm"，可以通过工具栏上的单位下拉列表快速修改，如图 8-38 所示。

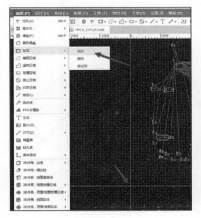

图 8-37

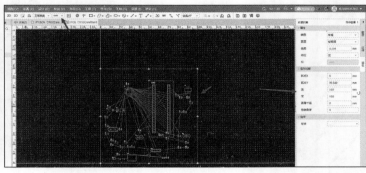

图 8-38

注意：在进行电路设计的过程中，除了将原理图导入新建的 PCB 中之外，还常常会遇到修改或重新设计原理图的情况。当原理图有变化时，需要及时将原理图数据更新到 PCB 中。

8.2.4 PCB 的图层

图层是 PCB 设计中的重要概念。PCB 的设计是分层进行的，PCB 的图层包括物理意义上的层与设计用到的层。本小节介绍如何进行层的设置。

一、层工具

PCB 设计中经常用到"图层"面板，如图 8-39 所示，单击 👁 图标可以隐藏对应的层；单击颜色标识区，当显示 ✏ 图标时，表示该层已进入编辑状态，可进行布线等操作；图层右侧还有一个锁状图标 🔒，默认是打开的，如果不希望编辑此层，可以单击该图标，将图层锁上。

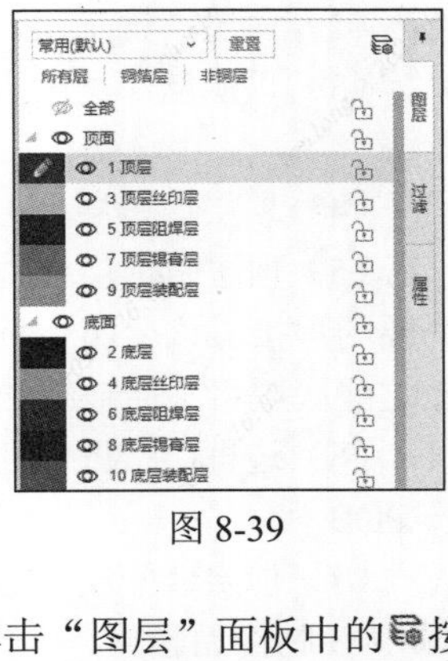

在 PCB 设计环境中，切换层的快捷键如下。

- Alt+T：切换至顶层。
- Alt+B：切换至底层。
- 1：切换至内层 1。
- 2：切换至内层 2。
- 3：切换至内层 3。
- 4：切换至内层 4。

图 8-39

二、"图层管理器"对话框

通过"图层管理器"对话框，可以设置 PCB 的层数和其他参数。单击"图层"面板中的 按钮，或选择"工具"→"图层管理器"，可打开"图层管理器"对话框，如图 8-40 所示。

注意："图层管理器"对话框中的设置仅对当前 PCB 有效。

下面简要介绍部分与"图层管理器"对话框相关的参数。

（一）铜箔层：嘉立创 EDA 支持多达 32 个铜箔层。一般使用的铜箔层越多，PCB 价格就越高。顶层和底层是默认的铜箔层，无法被删除。

（二）名称：层的名称，内层支持自定义名称。

图 8-40

（三）类型。

（1）信号层：进行信号连接的层，如顶层、底层。

（2）内电层：当内层的类型是内电层时，该层默认是一个覆铜层，可通过绘制线和圆弧来分割内电区块。对于分割出的内电区块，可以分别对其设置网络。当生成 Gerber 文件时，绘制的线处会产生对应宽度的间隙。该层是以负片的形式给出的。需要注意的是，在绘制内电层的线时，线的起点和终点必须超出边框的边界线，否则无法分割内电区块。

（3）非信号层：包括丝印层、阻焊层、锡膏层等。

（4）其他层：只作显示用，如飞线层、孔层。

（四）颜色：可以为每个层配置不同的颜色。

（五）透明度：默认的透明度为 0%，数值越大，层越透明。

（六）层定义。

（1）顶层/底层：PCB 顶面和底面的铜箔层，用于电气连接及信号布线。

（2）内层：铜箔层，用于信号走线和覆铜。

（3）顶层丝印层/底层丝印层：用于在 PCB 上印刷文字或符号来标示元件在 PCB 上的位置等信息。

（4）顶层锡膏层/底层锡膏层：贴片时用于制造钢。

（5）顶层阻焊层/底层阻焊层：指 PCB 的顶层/底层盖油层，一般盖绿油，绿油的作用是阻止不需要的焊接。该层属于负片，当有导线或区域不需要盖绿油时，需要在对应的位置进行绘制，PCB 上这些区域将不会被绿油覆盖，该过程一般称为开窗。

（6）边框层：PCB 形状定义层，用于定义 PCB 的实际大小，PCB 加工厂会根据定义的外形生产 PCB。

（7）顶层装配层/底层装配层：元件的简化轮廓，用于产品装配、维修以及导出可打印的文档，对 PCB 制作无影响。

（8）机械层：用于描述 PCB 的机械结构、标注及加工说明，仅作信息记录用。

（9）文档层：与机械层类似，但该层仅在编辑器中可见，不会生成在 Gerber 文件里。

（10）飞线层：显示 PCB 网络飞线，它不属于物理意义上的层，仅为了方便使用和设置颜色，故放在"图层管理器"对话框中进行配置。

（11）孔层：不属于物理意义上的层，只用于通孔（非金属化孔）的显示和颜色配置。

（12）多层：用于金属化孔的显示和颜色配置。

（13）错误层：用于 DRC 的错误标识显示和颜色配置。

8.2.5 边框、定位孔设计

制作好的 PCB 需要通过定位孔固定在结构件上，定位孔通常具有以下作用。

（1）在组装成品时作为 PCB 的螺丝固定孔使用。

（2）在 PCB 生产过程及测试过程中，PCB 定位孔可起到定位作用，以方便生产及测试，保证产品在测试，（如高压测试、绝缘测试等）过程中不被损坏。

（3）PCB 生产过程中，主要在贴片、补焊、回流焊、印锡膏时起到准确的定位作用。

（4）在测试过程中，其定位准确可以让探针及接口准确接触。

选择"放置"→"线条"→"圆形"，在 PCB 的顶角处进行放置，然后选中该圆，在 PCB 设计界面右侧的"属性"面板中设置圆的相关属性，将"线宽"改为 5mil（1mil=0.001inch），将"中心 X"设置为 3250mil、"中心 Y"设置为 740mil，将"半径"设置为 63mil，还可选择是否锁定。属性设置完成后的圆如图 8-41 所示。

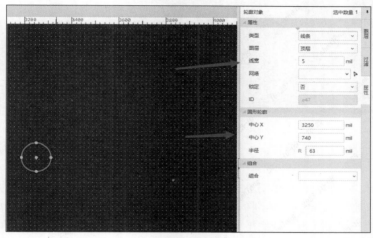

图 8-41

选中该圆并单击鼠标右键，在快捷菜单中选择"转为"→"转为挖槽区域"，如图 8-42 所示。转为槽孔的圆如图 8-43 所示。

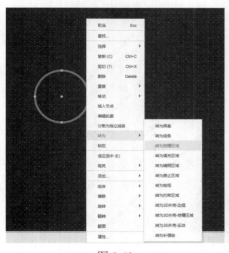

图 8-42

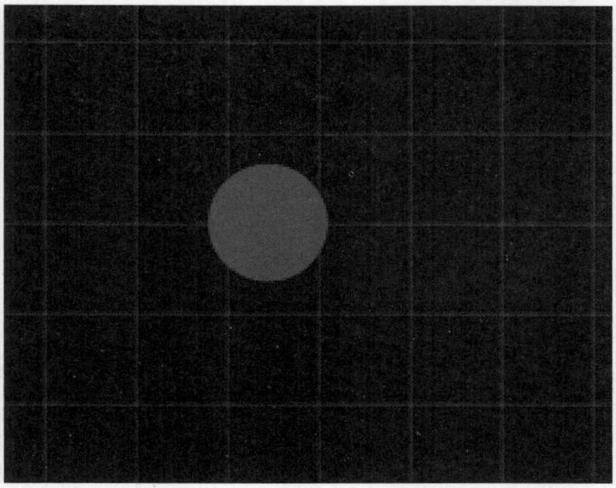

图 8-43

一般核心板的 4 角均要绘制定位孔，因此应按照同样的方法绘制其余 3 个圆，特别需要注意的是要确定各个圆的圆心坐标，最后将 3 个圆都转为槽孔。4 个定位孔绘制完成后可以预览一下效果图。选择"视图"→"3D 预览"，可以获得更真实的效果图。

在设计 PCB 时，常常会在定位孔的外侧增加一个丝印圈，目的是提醒设计师在进行 PCB 布线时不要让导线距离定位孔太近，以避免导线在 PCB 加工过程中受损。下面以给左上角的定位孔添加丝印圈为例说明具体操作方法。

首先，在"图层"面板中选择顶层丝印层；然后，在 PCB 上绘制一个圆，选中该圆，在 PCB 设计界面右侧的"属性"面板中设置"线宽"为 5mil、"中心 X"为 3250mil、"中心 Y"为 740mil、"半径"为 75mil。属性设置完成后的圆如图 8-44 所示。

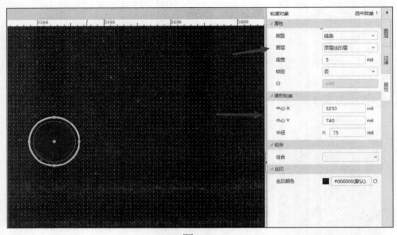

图 8-44

通过复制、粘贴的方法绘制其余 3 个丝印圈，这样就无须重复绘制和设置线宽与半径，只需要设置圆心坐标。

在平时的设计中，如何设计单层 PCB 也是需要解决的问题。需要特别注意的是，嘉立创 EDA 的铜箔层数都是双数，不支持直接绘制单层 PCB，用户可以通过两种方法达到绘制单层 PCB 的目的。

方法一：直接在单层（顶层或底层）进行布局和布线，不要放置过孔。

方法二：如果使用者使用含多层焊盘的封装，那么顶层、底层都会有铜出现。此时可以通过查找相似对象的方法把全部的多层焊盘找出来，把"金属化（镀铜）"属性改为"否"。在生成 Gerber 文件之后，将不要的层文件删除（若只需要底层，则需要删除 Gerber_Top Layer.GTL、Gerber_Top Paste Mask Layer.GTP、Gerber_Top Silk Layer.GTO、Gerber_Top Solder Mask Layer.GTS）即可。

8.2.6 元件布局

将元件按照一定的规则在 PCB 中摆放的过程称为布局。在 PCB 设计过程中，布局是一个重、难点环节，布局结果的好坏将直接影响布线的效果。因此可以这样认为，合理的布局是 PCB 设计成功的关键之一。

布局的方式分两种，一种是交互式布局，另一种是自动布局。在实际设计中，一般在自动布局的基础上用交互式布局进行调整。在布局时还可根据走线的情况对电路进行再调整，如将两个电路进行交换使布局成为便于布线的最佳布局。布局完成后，还可对设计文件及有关信息返回标注于原理图，使得 PCB 中的有关信息与原理图一致，便于之后的建档、更改设计同步；同时对模拟的有关信息进行更新，以便对电路的电气性能及功能进行板级验证。

一、布局原则

布局一般要遵守以下原则。

（1）遵照"先大后小，先难后易"的布置原则，即重要的单元电路、核心元件应当优先布局。

（2）布线最短原则。例如，集成电路（Integrated Circuit，IC）的去耦电容应尽量放置在相应的 VCC 和 GND 引脚之间，且距离 IC 尽可能近，使之与 VCC 和 GND 之间形成的回路最短。

（3）布局应参考原理图，根据电路的主信号流向有规律地摆放主要元件。

（4）同一功能模块集中原则，即实现同一功能的相关电路模块中的元件应就近集中布局。

（5）满足 PCB 的可测试性要求，易于检测和返修。元件的排列要便于调试和维修，即小元件周围不能放置大元件，需调试的元件周围要有足够的空间。

（6）满足结构要求，包括 PCB 的安装、PCB 的尺寸形状要求、PCB 对应的外围接口的位置等。对于结构相同的电路部分，应尽可能采用"对称式"标准布局。

（7）在满足系统功能和性能的前提下，应按照均匀分布、重心平衡、美观的标准优化布局，如对于质量大的元件，应尽量在 PCB 上做质量的均匀布置。

（8）同类型插装元件在 x 轴或 y 轴方向上应朝一个方向放置。同一种类型的有极性元件也要力争在 x 轴或 y 轴方向上保持一致，以便生产和检验。

（9）发热元件应均匀分布，以利于单板和整机的散热，除温度检测元件以外的温度敏感元件应远离发热量大的元件。

（10）禁止在 PCB 的禁布区布局和走线。布局时，位于 PCB 边缘的元件，离 PCB 边缘一般不小于 2mm（如果空间允许，建议距离设置为 5mm）。

（11）满足电源通道的最小要求，不能因过密的布局而影响电源的供电通道。

（12）满足关键元件、关键信号、整板的布线通道需求，需要着重考虑关键元件的布局、关键信号的走线规划。

（13）布局晶振时，应尽量靠近 IC，且与晶振相连的电容器要紧邻晶振。

二、布局基本操作

进行元件布局时，应掌握以下基本操作。

（1）交叉选择。

此功能用于切换原理图和 PCB 设计界面。在原理图中选中一个元件，选择"设计"→"交叉选择"，如图 8-45 所示，或者按快捷键 Shift+X，即可切换至 PCB 设计界面并高亮显示该元件。

注意：在使用该功能之前，应确保 PCB 文件已经保存。如果没有打开 PCB 文件，编辑器会自动打开；若工程含有多个 PCB 文件且都未打开，则编辑器会自动打开第一个。

（2）布局传递。

在原理图中，同一电路模块中的元件一目了然，但是当原理图中的元件被更新到 PCB 之后，具有相同封装的元件被放置在同一列，也无法区分各电路模块中的元件。为此，嘉立创 EDA 专业版提供了"布局传递"功能。布局传递用于快速查找、选中对应的元件。例如，选中原理图中"用户按键指示灯"模块中的所有元件，如图 8-46 所示。

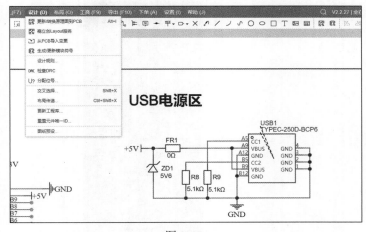

图 8-45

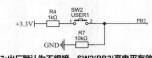

图 8-46

选择"设计"→"布局传递"，或者按快捷键 Ctrl+Shift+X，如图 8-47 所示，即可切换至 PCB 设计界面，编辑器将按照在原理图中选中的元件的位置对应进行摆放，如图 8-48 所示。

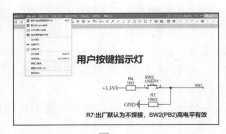

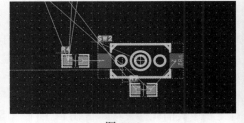

图 8-47 　　　　　　　　　　　　　　　　　　图 8-48

单击放置元件后，鼠标指针仍为手掌形状，单击元件可进行细节调整。单击鼠标右键可将鼠标指针变回箭头形状。

（3）元件的复选。

按住 Ctrl 键的同时单击元件，可实现多个元件的复选。

（4）元件的对齐。

选中需要对齐的元件，选择"布局"→"对齐"，然后选择所需的对齐操作即可实现元件的对齐，如图 8-49 所示。也可通过工具栏中的"对齐"按钮进行对齐。

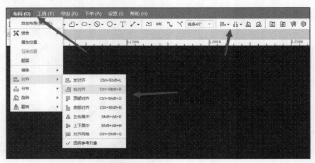

图 8-49

（5）元件的旋转。

选中待旋转的元件，选择"布局"→"旋转"，然后选择所需的旋转操作即可实现元件的旋转。也可选中元件，然后按空格键进行旋转。

CW32 核心板布局完成后的效果如图 8-50 所示，图 8-51 所示为隐藏飞线后的布局效果。

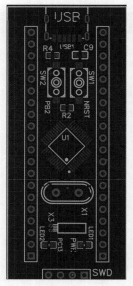

图 8-50 　　　　　　　　　　　　　　　　　　图 8-51

注意：对初学者而言，建议第一次布局时严格参照 CW32 核心板实物进行布局，完成第一块 PCB 的设计后，再尝试自行布局。

8.2.7 元件布线

一、布线基本操作

（1）关闭飞线。

飞线是基于相同网络产生的，当两个焊盘的网络相同时，将会出现飞线，表示这两个焊盘可以通过导线连接。如果需要关闭某条网络的飞线（即隐藏飞线），可以在左侧的"网络"面板中选择"工程设计"→"网络"→"飞线"，在其中取消勾选相应网络。关闭电源网络的飞线前的效果如图 8-52 所示，关闭电源网络的飞线后的效果如图 8-53 所示，可以看到，电源网络的飞线被隐藏了。基于该操作，可以在布线前将 GND 网络的飞线隐藏，这样可以减少飞线对布线的干扰。

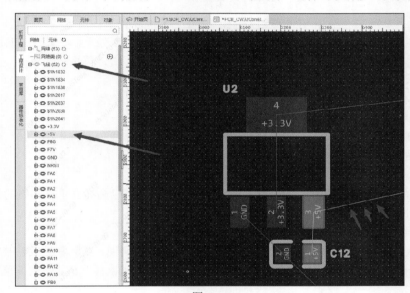

图 8-52

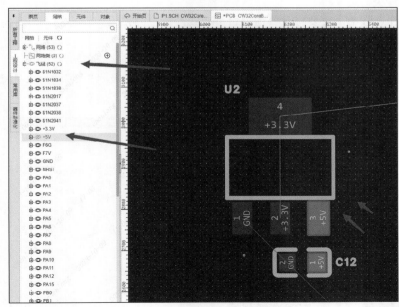

图 8-53

（2）选择布线工具。

选择"布线"→"单路布线"，或按快捷键 Alt+W，即可进入布线模式。在画布上单击开始绘制，再次单击确认布线；单击鼠标右键取消布线，再次单击鼠标右键退出布线模式。布线时要选择正确的层，在铜箔层和非铜箔层都可使用该布线工具。

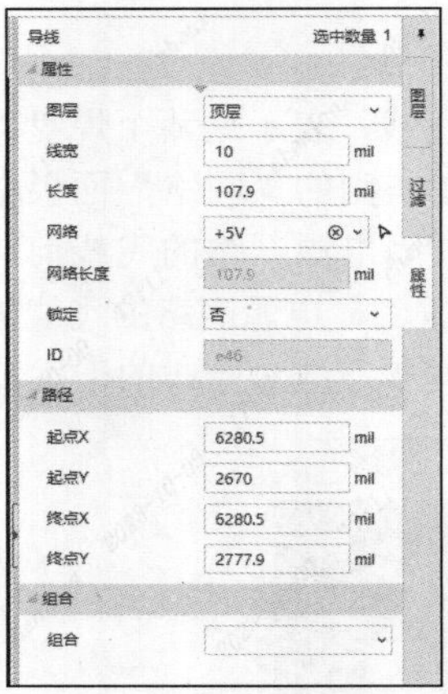

（3）修改导线属性。

首先选择待修改属性的一段导线，然后在 PCB 设计界面右侧的"属性"面板中修改，如图 8-54 所示。

（4）切换布线层。

在顶层绘制一段导线，单击确认布线，然后按快捷键 Alt+B，可以自动添加过孔，并自动切换到底层继续布线。按快捷键 Alt+W 可由底层切换至顶层。

（5）调节导线线宽。

在布线过程中，按+、–键可以调节当前导线的线宽，线宽以 2mil 的幅度递增或递减。也可以按 Tab 键修改线宽。如果在布完一段导线后，要增大下一段导线的线宽，则先按 L 键，再按+键。

（6）移动导线。

选中一段导线，拖动即可调节其位置。

（7）切换布线角度。

在布线过程中，按 Ctrl+Shift+空格键可以切换布线角度。布线角度有 4 种：90°布线、45°布线、任意角度布线和弧形布线。

（8）高亮显示网络。

选中待高亮显示的网络中的一段导线，按快捷键 Shift+H 可以高亮显示该网络的所有导线，再次按快捷键 Shift+H 可以取消高亮显示。

（9）删除导线。

在布线的过程中，要删除上一段布线可以通过按 Delete 键实现。要删除导线的某一段，可以按住 Shift 键双击要删除的线段；或者选中要删除的线段，然后单击鼠标右键，在快捷菜单中选择"删除线段"。

（10）布线冲突。

在 PCB 设计过程中，需要打开其他项目下布线冲突中的"阻挡"功能，如图 8-55 所示。这样在布线过程中，不同网络之间将不相连。

（11）布线吸附。

在布线过程中，需要打开"吸附"功能（选择"编辑"→"吸附"将其打开，快捷键是 Alt+S），如图 8-56 所示，这样布线时导线将自动吸附在焊盘的中心位置。

图 8-54

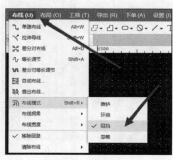

图 8-55

图 8-56

二、布线注意事项

布线时应注意以下事项。

电源主干线原则上要加粗（尤其是 PCB 的电源输入/输出线）。对于 CW32 核心板，电源输出线包括"OLED 显示屏接口电路"模块电源线、"JTAG/SWD 调试接口电路"模块电源线和"外扩引脚"电源线。建议将 CW32 核心板的电源线线宽设置为 30mil，如图 8-57 所示。可以看到，图中还有一些电源线未加粗，这是因为这些电源线并非电源主干线。

导线上能够承载的电流大小取决于线宽、线厚及容许温升。在 25℃时对于铜厚约为 35μm 的导线，10mil（约 0.25mm）线宽能够承载约 0.65A 电流，40mil（约 1mm）线宽能够承载约 2.3A 电流，80mil（约 2mm）线宽能够承载 4A 电流。温度越高，导线能够承载的电流越小。因此保守考虑，在实际布线中，如果导线上需要承载 0.25A 电流，则应将线宽设置为 10mil；如果需要承载 1A 电流，则应将线宽设置为 40mil；如果需要承载 2A 电流，则应将线宽设置为 80mil；以此类推。

图 8-57

在 PCB 设计和生产中，常用 oz（盎司）作为铜箔厚度（简称铜厚）的单位，1oz 铜厚意为 1 平方英尺面积内铜箔的重量为 1 盎司，对应的物理厚度约为 35μm。PCB 生产厂使用的板材上的铜厚常以 oz 为单位。

- PCB 布线不要距离定位孔和 PCB 边框太近，否则在进行 PCB 加工时，导线容易被切掉一部分甚至被切断。
- 同一层禁止 90°拐角布线，不同层之间允许过孔 90°布线。此外，布线时应尽可能遵守"一层水平布线、另一层垂直布线"的原则。

三、CW32 核心板分步布线

布局合理，布线就会变得顺畅。如果是第一次布线，建议读者按照下面的步骤进行操作，熟练掌握后可尝试按照自己的思路布线。CW32 核心板的布线可分为以下 7 步。

（1）从 CW32F030C8T6 的部分引脚引出连线到排针，如图 8-58 所示。

（2）C 口电源和下拉电阻器电路布线，主要针对电源转换电路以及其余模块的电源线部分，如图 8-59 和图 8-60 所示。

（3）独立按键、复位及 LED 指示灯电路模块布线，如图 8-61 所示。

图 8-58

图 8-59

图 8-60

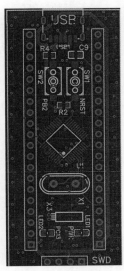

图 8-61

（4）SWD 调试接口电路布线，如图 8-62 所示。

（5）BOOT0 电路布线，如图 8-63 所示。

（6）外部晶振电路布线，如图 8-64 所示。

（7）GND（地）网络布线，如图 8-65 所示，建议将 GND 网络的线宽设置为 30mil。至此，整个电路的布线完成。

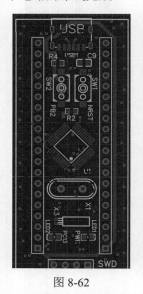 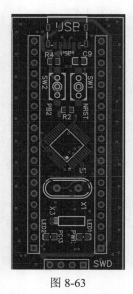 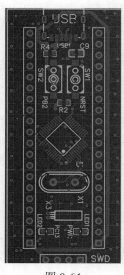 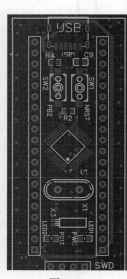

图 8-62　　　　　　　　图 8-63　　　　　　　　图 8-64　　　　　　　　图 8-65

注意：由于绝大多数双面 PCB 的覆铜网络都是 GND 网络，因此有的工程师在布线时习惯不对 GND 网络进行布线，而是依赖覆铜。本书建议对所有网络（包括 GND 网络）布线后再进行覆铜，这样可以避免在实际操作中产生诸多麻烦。

8.2.8　添加丝印

PCB 具有许多不同的层，丝印层是印刷在 PCB 表面用于标识元件和重要信息的图文，主要是为了方便 PCB 的焊接、调试、安装和维修等。PCB 一般有两个丝印层，即顶层丝印层和底层丝印层。丝印字符布置原则是"不出歧义，见缝插针，美观大方"。

一、添加丝印

本节详细介绍如何在顶层丝印层和底层丝印层添加丝印。

（1）在顶层丝印层添加丝印。

在"图层"面板中选择"顶层丝印层"，如图 8-66 所示。

选择"放置"→"文本"，或单击工具栏中的 T 按钮，这时鼠标指针处会出现"TEXT"文本，按 Tab 键，在弹出的"文本"对话框中输入"GND"，然后单击"确认"按钮，如图 8-67 所示。

这时鼠标指针处的文本变成"GND"，单击将之放置在 PCB 相应的位置。然后，选中丝印"GND"，在 PCB 设计界面右侧的"属性"面板中设置丝印文本的"线宽"为 6mil、"高度"为 45mil，如图 8-68 所示。

（2）在底层丝印层添加丝印。

在"图层"面板中选择"底层丝印层"，其余操作与在顶层丝印层添加丝印相似。也可在"属性"面板的"图层"下拉列表中选择"底层丝印层"，将顶层丝印层切换为底层丝印层。顶层丝印层和底层丝印层效果如图 8-69 所示，两者呈镜像关系。

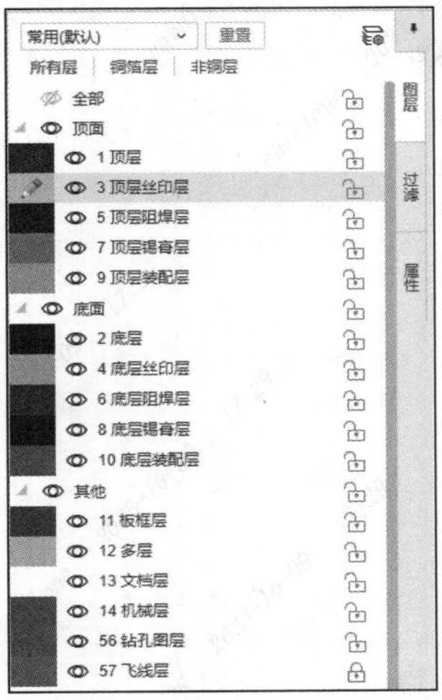

图 8-66

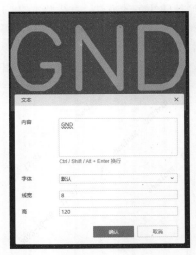

图 8-67

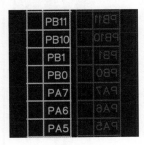

图 8-68

图 8-69

二、丝印的方向

丝印的摆放方向应遵守"从左到右，从下到上"的原则，如图 8-70 和图 8-71 所示。如果丝印是竖排的，则首字母需位于下方。

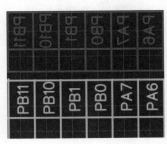

图 8-70

图 8-71

三、批量添加底层丝印

对于直插件（如 PH 座子、XH 座子、简牛座子等），在顶层丝印层和底层丝印层均需要添加引脚名丝印，并用丝印线条将相邻的引脚名隔开，以便 PCB 调试。

由于直插件的顶层丝印和底层丝印通常是镜像的，因此在添加完顶层丝印后，可以通过复制的方式添加底层丝印。以 CW32 核心板上的 J2 排针的引脚丝印为例，首先框选 J2 的顶层丝印，按快捷键 Ctrl+C 复制，再按快捷键 Ctrl+V 粘贴，这时鼠标指针处会显示被复制的丝印；然后，在 PCB 设计界面右侧的"属性"面板的"图层"下拉列表中选择"底层丝印层"，如图 8-72 所示。鼠标指针处的丝印就会镜像翻转，将其放置在相应的位置即可。

添加丝印线条的方法：首先将 PCB 工作层切换到"顶层丝印层"，然后单击工具栏中的 按钮开始绘制。顶层丝印线条绘制完成后，可以在右侧"过滤"面板中单击"文本"左侧的 图标，隐藏文本，如图 8-73 所示，这样可以很方便地只复制顶层丝印线条。用同样的方法添加底层丝印线条，全部添加完成后可自行查看效果图。

图 8-72

图 8-73

四、CW32 核心板丝印效果图

CW32 核心板顶层丝印效果如图 8-74 所示，底层丝印效果如图 8-75 所示。

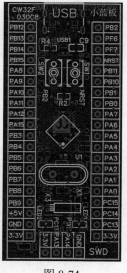

图 8-74

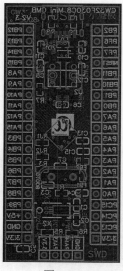

图 8-75

8.2.9 添加泪滴

在 PCB 设计过程中，常常需要在导线和焊盘或过孔的连接处添加泪滴，这样做大致有如下好处：在 PCB 受到巨大外力的冲撞时，可避免导线与焊盘、导线与过孔处出现断裂现象；在 PCB 生产过程中，可避免出现由蚀刻不均或过孔偏位等导致的裂缝。

下面介绍如何添加和删除泪滴。

一、添加泪滴

在 PCB 设计界面选择"工具"→"泪滴"，在弹出的"泪滴"对话框中选中"新增"单选按钮，再单击"应用"按钮即可添加泪滴，如图 8-76 所示。

执行完上述操作后，可以看到 PCB 上的焊盘与导线的连接处增加了泪滴，如图 8-77 所示。

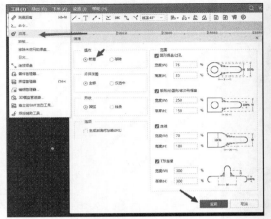

图 8-76

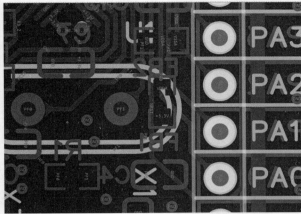

图 8-77

二、删除泪滴

对电路重新布线时，有时需要先删除泪滴。具体方法是先在 PCB 设计界面选择"工具"→"泪滴"，然后在弹出的"泪滴"对话框中选中"移除"单选按钮，最后单击"应用"按钮，如图 8-78 所示。

执行完上述操作后，可以看到 PCB 上的焊盘与导线连接处的泪滴已全部被删除，如图 8-79 所示。

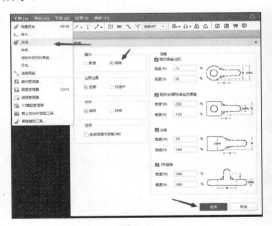

图 8-78

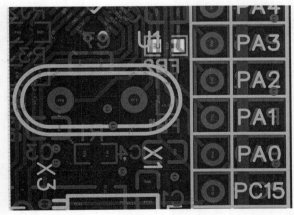

图 8-79

8.2.10 PCB 覆铜

覆铜又称为灌铜，是指对 PCB 信号层上布线后的空白区域用铜进行填充。对大面积的 GND 或电源网络而言，覆铜将起到屏蔽作用，可提高电路的抗干扰能力；还可降低压降，提高电源效率；此外，与地线相连的覆铜可以减小环路面积。

对于 CW32 核心板，将覆铜网络设置为 GND。以顶层覆铜为例，在"图层"面板中选择"顶层"，选择"放置"→"覆铜区域"→"矩形"，或单击工具栏中的　　按钮，或按快捷键 Alt+E，即可开始覆铜。在 PCB 边框外部沿着边框绘制一个比边框略大的矩形框，结束绘制时单击鼠标右键，系统将自动对顶层覆铜，如图 8-80 所示。

完成顶层覆铜后，用类似的方法给底层覆铜。底层覆铜后的效果如图 8-81 所示。

选中覆铜线框（即图 8-80 中外围两条虚线框），可在 PCB 设计界面右侧的"属性"面板中修改属性，如图 8-82 所示。"保留孤岛"选择"否"，可以去除"死铜"；"填充样式"选择"全填充"；如果对 PCB 做了修改或者修改了覆铜属性，则可通过单击"重建覆铜区"（软件中为"铺"）按钮或按快捷键 Shift+B 重建所有覆铜区，无须重新绘制覆铜区。如果要清除所有覆铜区，可按快捷键 Shift+M。

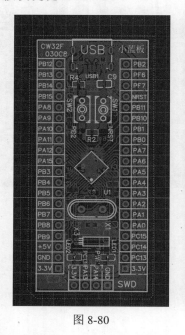

图 8-80

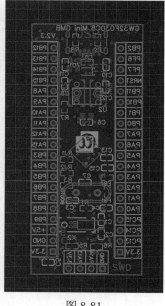

图 8-81

图 8-82

8.2.11 PCB 检查

当一个 PCB 设计完成之后，通常要进行 DRC。

DRC 是指检查 PCB 设计是否遵循设计师所设置的规则。一个完整的 PCB 设计必须经过各项电气规则检查，常见的检查项包括间距、开路以及短路的检查，要求较高的还有差分对、阻抗线等检查。DRC 需要检查什么是和规则相对应的，在检查某个选项时，需要注意对应的规则是否使能打开。

在 PCB 设计界面单击左下方的"DRC"，然后单击"检查 DRC"按钮，如图 8-83 所示。一旦检查出 PCB 设计有不符合规则的地方，错误信息将会逐条显示。

图 8-83

8.3 CW32 硬件配置要求检查

在进行生产前，必须检查相关硬件配置要求，如表 8-1 所示。

表 8-1　CW32 硬件配置要求

项目	要求	备注
BOOT 引脚	BOOT 引脚应通过 10kΩ 电阻器接地	BOOT=0，进入用户模式；BOOT=1，进入 ISP 模式
烧录口	应留出烧录口	最少烧录口线为 VCC-GND-SWCLK-SWDIO，最多烧录口线为 VCC-GND-SWCLK-SWDIO-BOOT-NRST。若使用 CW-DAPLINK，应注意：CW-DAPLINK 的 VTREF 引脚必须始终接 VCC；CW-DAPLINK 可为目标板供电 3.3V；对于非 3.3V 系统，目标板必须单独供电，CW-DAPLINK 的 VDD 引脚可不接
LSE	晶体与 LSE 引脚距离应尽量小 晶体的电源与地应单独处理 晶体与外部信号应减少相互干扰 晶体的负载电容及驱动功率应符合晶体手册的要求	计算匹配电容时，应考虑 PCB 的寄生电容为 3～6pF；可联系晶体厂商提供晶体匹配服务
HSE	晶振与 HSE 引脚距离应尽量小 晶振的电源与地应单独处理 晶振与外部信号应减少相互干扰 晶体的负载电容及驱动功率应符合晶体手册的要求	计算匹配电容时，应考虑 PCB 寄生电容为 3～6pF；可联系晶体厂商提供晶体匹配服务
ADC	VDDA/VDD/VSSA/VSS 应进行分离以提高 ADC 精度 待采样通道引脚旁边应增加电容器，以提高 ADC 精度 内置参考电压精度不满足应用需求时应外接参考电压	—
GPIO	输入 GPIO 的电压应不大于 V_{CC}+0.3V	引脚无 5V 耐压功能，输入电压禁止大于 V_{CC}+0.3V

8.4　电路设计注意事项

在电路设计中，为确保电路的性能、可靠性和安全性，需要注意的事项很多，无法一一列举。同时，电路设计也是一个"手艺活"，需要不断积累经验。电路设计是细节之美、平衡之美、科技之美、艺术之美综合平衡的结果。

本节将简单介绍嘉立创 EDA 专业版的常用快捷键、电路设计的注意事项与设计技巧、电路设计的十大原则，希望读者能举一反三、不断实践，成长为电路设计高手。

8.4.1　默认快捷键

熟练使用快捷键是提高电路设计效率的关键之一。使用快捷键，能够快速执行命令，避免在菜单和对话框中烦琐地查找和单击。例如，常用的复制、粘贴、撤销等命令，在常规方式下可能需要通过多个步骤才能执行，而使用快捷键则可以快速执行。这样，设计师可以更快地完成设计工作，缩短设计周期。

以下是嘉立创 EDA 专业版的默认快捷键。

Shift+F：查找并放置元件。

Alt+S：开启/取消吸附功能。

Alt+W：绘制导线（单路布线）。

Alt+B：绘制总线。

Alt+N：放置网络标签。

Alt+T：放置文本。

Alt+V：放置过孔。

Alt+P：放置焊盘。

Shift+H：高亮/取消高亮显示网络。

Ctrl+R：显示/隐藏所选飞线。

Shift+B：重建所有覆铜区。

Shift+M：循环切换覆铜区可见性。

值得注意的是，不同版本的快捷键可能不一样，可在设置选项中查看当前版本的快捷键，嘉立创 EDA 也支持自定义快捷键功能。

8.4.2　注意事项与设计技巧

在电路设计中，确保性能、可靠性和安全性需要综合考虑多个方面。从了解需求和规格到持续优化和改进，每个步骤都至关重要。通过遵循最佳实践和行业标准，以及进行充分的测试和验证，可以设计出具有高性能、高可靠性和高安全性的电路。

在电路设计中，需要注意的事项很多，设计技巧也很多。此处结合嘉立创 EDA 的特点进行简单列举，更多的内容需要读者在实践中不断发现。

（1）原理图上不同功能的电路分开放置，用折线（快捷键为 Alt+L）隔开并用文本（快捷键为 Alt+T）写上功能，以便找出问题或进行优化改进。

（2）有些没有电气特性的地方，可以根据情况直接把引脚修改为对应的电气特性。在本章实例中，原 Type-C 连接器的 4 个固定脚在原理图设计时没有定义电气特性；在进行 PCB 设计时，可以为方便 PCB 布局将之改为 GND 特性。

（3）为方便 PCB 的布局、布线，有时候可适当修改原理图，再进行更新。

（4）对于不用连接的端口，用非连接符号"×"进行标注。

（5）PCB 的布局应当分布均匀，主控芯片放中间，功能相同的元件放在一起，电位器和可变电容器应当放在易于调试的地方，接口和按键、电源放在边上且超出边框。布局讲究先主要后次要，先大后小，先复杂后简单。先放连接器和铜柱，把外边的元件确定下来。

（6）画板框要注意尺寸，不要让板面太空旷，可以在四角加倒角。

（7）PCB 布线一般不要从对角引出，这样的线强度不高，容易断掉。

（8）布线应当从复杂的部分（如主控芯片）开始。

（9）滤波电容器应当放在芯片电源的引脚边上，遵循平均分配的原则，并保持电源、电容器和 GND 在同一直线上，以滤去电源中的低频、高频噪声。

（10）一般元件的位号应朝着同一方向，文字尽量不要挡住信号线。

（11）一般来说，晶振要靠近主控芯片放置，远离边框，且连接晶振的信号线应尽可能短。晶振下面不允许信号线通过，对于有晶振的电路，可以在晶振上添加禁止覆铜区域后再覆铜。晶振周围可以加一圈 GND 属性的过孔进行包地处理，以屏蔽外来干扰，以及避免晶振向外辐射。能用低速芯片就不用高速芯片，高速芯片仅用在关键处。

（12）模拟电路和数字电路应当分开布局。

（13）信号线不能出现回环。

（14）贴片焊盘上一般不可放置过孔，这样会影响贴片的可靠性。

（15）可以由设计师自行加丝印文字，起到提示作用。

（16）发热元件不能紧邻导线和热敏元件；高热元件要均衡分布。

（17）对于有热焊盘的芯片，需要做好散热处理，有条件的话，添加适当数量的过孔和底层的平面连接，芯片下面尽量保持一个比较大的完整平面，然后开窗让铜皮与空气接触，以增强散热效果。

（18）接地问题要特别注意：一般在大功率电路中，都会将数字地与模块地分开，再进行单点接地。

8.4.3　电路设计的十大原则

电路设计需要设计师将经验和技术相结合，对电子设备中各个元件进行精确控制和优化，以确保电路能够正常、安全、有效地运行。一个好的电路设计往往需要考虑到许多因素，如功耗、性能、可靠性、成本等，并且需要在这些因素之间找到平衡点。遵循下面列举的十大设计原则，可以有效地找到这样的平衡点。

（1）选择合适的元件。在选择元件时，应考虑其规格、性能参数、工作温度、功耗和封装尺寸等。确保所选元件能够满足电路设计的需要，并且留有一定的余量。

（2）原理图设计。在绘制原理图时，要遵循一定的设计规则和标准，如使用正确的符号、标注清晰的线路和元件编号等。同时，要确保原理图的可读性和可维护性，以便后续的电路分析和调试。

（3）电源和接地设计。电源和接地设计是电路设计中的重要部分。要确保电源的稳定性和可靠性，避免电源纹波过大或电源噪声干扰过大。同时，要合理设计接地方式，避免出现接地不良引起的电磁干扰和信号完整性问题。

（4）信号完整性设计。信号完整性是指信号在传输过程中保持其完整性和可靠性。在电路设计中，要考虑信号的时序、幅度、上升沿和下降沿等参数，以及信号间的串扰和地弹等问题。采取相应的措施（如选择合适的线宽、布局、终端匹配等），以减小信号的失真和噪声干扰。

（5）电磁兼容性设计。电磁兼容性是指电路在工作时对外界电磁干扰的抵抗能力。在电路设计中，要考虑元件之间的电磁干扰、PCB之间的电磁干扰以及外部环境的电磁干扰等问题。采取相应的措施（如增加屏蔽、使用滤波器、优化元件布局和布线等），以提高电路的电磁兼容性。

（6）热设计。在电路设计中，要考虑元件的散热问题。对于高功耗的元件，应采取适当的散热措施（如增加散热片、优化布局等），以防止元件过热导致性能下降或损坏。

（7）安全设计。在电路设计中，要考虑电路的安全性。对于可能存在安全隐患的电路部分，应采取相应的保护措施（如过流保护、过压保护、欠压保护等），还要确保电路符合国家或地区的相关电气安全标准。此外，要特别注意：对于任何电子产品，请务必考虑设计保险丝或类似的保险设计。在任何电子电路失效或发生任何意外的情况下，都要杜绝发生起火、爆炸等安全事故！

（8）可维护性和可测试性设计。在电路设计中，要考虑到电路的可维护性和可测试性。通过合理的设计，使电路易于调试、维修和升级。例如，为调试预留接口、使用易于替换的模块化设计等。

（9）文档编写。在设计过程中，应编写详细的电路设计文档，包括设计说明、元件清单、电路原理图、PCB布局图和布线图等。这些文档将有助于后续的维护和改进工作。

（10）复查与验证。在完成初步的电路设计后，应进行复查和验证，确保设计的正确性和可靠性。可以采用仿真软件进行电路性能的预测和分析，或者制作样板进行实际测试。在复查与验证中发现问题时，应及时进行修正和改进。特别是对一些偶发性故障、不好重现的问题，一定要对问题故障进行彻底的排查和解决。

电路设计是一个综合性过程，需要考虑到多个方面的因素。遵循上述原则可以有效地提高电路设计的效率和可靠性，减少潜在的问题和风险。

第9章

CW32F030 基础应用实例

通过对前面 8 章的学习，读者应对 CW32 系列微控制器的原理和基础、硬件电路设计等有了深入的理解。本章将正式进入嵌入式项目开发实战阶段。

本章将详细介绍基于 CW32F030C8T6 的 IoT 评估板的应用开发，通过一系列的基础应用的小实验来展示其在实践中的应用。通过这些实例，读者可以深入了解 CW32F030 微控制器的使用方法和编程技巧，为下一步的产品项目级开发打下基础。

9.1 CW32_IoT_EVA 评估板简介

CW32_IoT_EVA 评估板是一款基于 CW32F030C8T6 的物联网应用评估板。CW32F030C8T6 基于 ARM Cortex-M0+内核，最高主频为 64MHz，具有 64KB 的 FLASH 存储器、8KB 的 RAM，采用 LQFP48 封装，是一款高性价比 MCU。

CW32_IoT_EVA 评估板板载资源丰富，含有有机发光二极管（Organic Light Emitting Diode，OLED）显示屏（0.91inch）、DHT11 温湿度传感器、蓝牙模块接口、ESP8266 Wi-Fi 模块接口、RS-485 接口、CW24C02（EEPROM）芯片、CW25Q64（SPI）存储芯片、电位器、蜂鸣器、4 路用户按键、复位按键、4 路指示灯、通用同步异步收发器（Universal Synchronous Asynchronous Receiver Transmitter，USART）接口、电源接口、SWD 接口等，并且扩展了 Arduino 兼容接口，使平台可以灵活扩展。可以满足工程师进行各种应用评估、开展各类实验、实现相关工程创新及科研的要求。

图 9-1 所示为 CW32_IoT_EVA 评估板的资源配置。通过蓝牙模块，可实现 App 或小程序与评估板点对点双向通信。通过 ESP8266 Wi-Fi 模块，可以连接物联网云平台（如阿里云物联网平台、ONENET 物联网平台等）实现数据流转，采用多种前后端框架技术实现设备信息的多种展示方式（如 App 展示、小程序展示或网页展示等）。

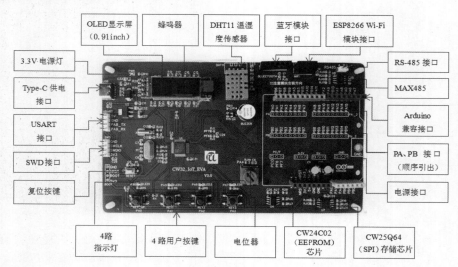

图 9-1

有别于目前市场上某些功能繁复、操作复杂、令人眼花缭乱的评估板，CW32_IoT_EVA 评估板具有简单、方便、易用、实用等特点。

通过微信搜索"优物联教仪"小程序，可运行 CW32-IoT 应用系统，如图 9-2 所示。该例程通过 Wi-Fi 连接阿里云物联网平台，再通过 Java 后端框架编程及小程序前端显示技术，可实现温湿度实时在手机端显示的功能。

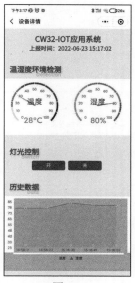

图 9-2

9.2　CW32_IoT_EVA 评估板原理图

CW32_IoT_EVA 评估板原理图如图 9-3 和图 9-4 所示。

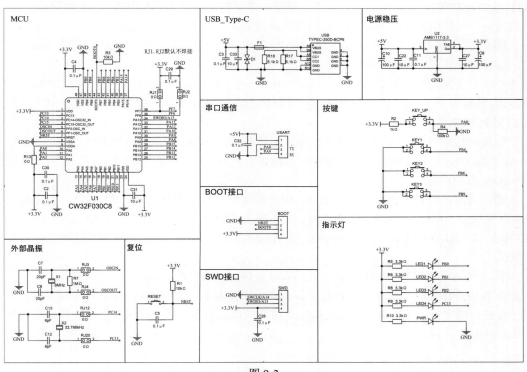

图 9-3

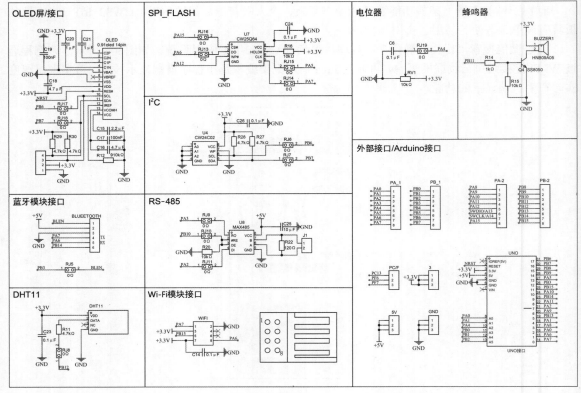

图 9-4

在最小系统电路中，MCU 采用 CW32F030C8 处理器。使用 USB_Type_C 接口供电，经过 U2 稳压电路，输出 3.3V 给 MCU 供电。评估板具有上电复位电路及 RESET 按键复位电路。通过 RJ3、RJ4 可选用外部高速 8MHz 晶振输入，通过 RJ12、RJ20 可选用外部低速 32.768kHz 晶振输入。RJ1 与 RJ2 为 STM32F030C8 的兼容设计，默认悬空，即可使用 CW32 芯片 PF6、PF7 端口。SWD 接口 为下载接口，可使用常见的 WCH-Link、CW-DAPLINK 等下载器编程调试。

在图 9-4 中，所有的 GPIOA、GPIOB、PC13、PF6、PF7 端口均已引出，并且预留了 Arduino UNO 接口，方便用户使用各种标准模块。

该评估板使用的 OLED 显示屏尺寸为 0.91inch，充分考虑该模块的尺寸以及为了节约宝贵的 I/O 接口资源，特采用 I²C 通信。评估板默认焊接 4 针的插件式 OLED 显示屏，SCL 连接到 MCU 的 PB6，SDA 连接到 PB7。

评估板采用型号为 CW25Q64 的 SPI 存储芯片及 CW24C02 的 I²C EEPROM 芯片。在 I²C 中，A0～A2 均接 GND，即 CW24C02 的器件偏移地址设为 0。RJ6、RJ7 短接时，I²C 的 SCL 接 PB6，I²C 的 SDA 接 PB7。

在通信方面，评估板预留了串口 PA8、PA9 的排针接口，还具有 RS-485 电路、蓝牙模块接口 及 Wi-Fi 模块接口电路。在 RS-485 电路中，使用 PA2、PA3 串口。其中 RS-485_RE 直接连接在 MCU 的 PB10 接口（RJ10 短接），该信号用来控制 MAX485 的工作模式（高电平为发送模式，低电平为 接收模式）。

在蓝牙模块接口与 Wi-Fi 模块接口中，共用了 PA6、PA7 串口资源。

蓝牙模块是指集成了蓝牙功能的蓝牙芯片和外围基本电路组成的集合体，是半成品，如需实际 应用还要接口的支持，所以蓝牙模块的接口是模块应用的桥梁。评估板配套使用的蓝牙模块与接口 定义如图 9-5 所示。

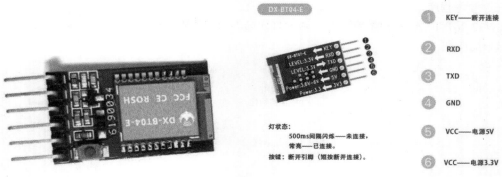

图 9-5

常用的 Wi-Fi 模块为 ESP-01S（即 ESP8266 模块），如图 9-6 所示。其中，VCC 为模块供电电压 3.3V，GPIO0 悬空表示模块处于工作模式，CH_PD 为高电平使能模块引脚。在评估板电路中，ESP8266 模块的 TXD 接到 PA7（RX），RXD 接到 PA6（TX），RST 复位引脚接 PB15，CH_PD 默认接到电源 3.3V 上。

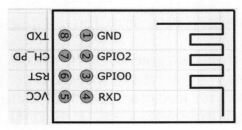

图 9-6

9.3 GPIO 应用实验

CW32_IoT_EVA 评估板上具有 4 路用户按键和 4 路指示灯。每个 GPIO 引脚可软件配置为推挽或开漏的数字输出、带内部上拉或下拉的数字输入，以及外设复用功能。部分 GPIO 引脚具有模拟功能，与内部模拟外设连接。所有 I/O 接口可配置为外部中断输入引脚，同时具有数字滤波功能。GPIO 的响应速度和驱动能力均有两个挡位可选择，I/O 接口的配置可以锁定，以防止程序误操作，提高安全性。GPIO 支持高、低字节的单独访问操作，以加速用户程序运行。

9.3.1 流水灯实验

一、实验要求
- 在灵活使用 MDK 环境的条件下，熟悉 MDK 开发平台的仿真与下载方法。
- 掌握 CW32 单片机 CW_GPIO 接口的输出控制。
- 实现 LED1～LED4 指示灯的流水功能。

二、硬件原理

流水灯电路如图 9-7 所示。

由图 9-7 可知，当端口电平置为低电平时，对应的 LED 指示灯亮。可以设计程序对每个 LED 指示灯置低进行控制，从而实现流水功能。LED1 连接到 PB0，LED2 连接到 PB1，LED3 连接到 PB2，LED4 连接到 PC13，可以直接在程序中对这几个 I/O 接口进行操作。

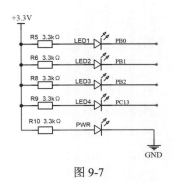

图 9-7

三、参考程序

CW32_IoT_EVA 板载的"实验一　流水灯实验"例程主程序代码如下。

```
int main()
{
    uint32_t i;
    RCC_Configuration();        //时钟配置 64MHz
        GPIO_Configuration();       //LED 初始化
    while(1)
        {
            PB00_TOG();          //翻转 LED 指示灯
            for(i=0;i<1000000;i++);
            PB01_TOG();
            for(i=0;i<1000000;i++);
            PB02_TOG();
            for(i=0;i<1000000;i++);
            PC13_TOG();
            for(i=0;i<1000000;i++);
        }
}
```

以上程序可实现 LED 指示灯的流水功能。

系统时钟配置为 64MHz，PB00_TOG 是官方已经定义好的宏（CW_GPIOB->TOG=bv0），用于翻转 LED 指示灯。

该流水灯使用内部高速 RC 振荡器时钟 HSIOSC，经过分频器分频后产生 HSI 时钟，分频系数通过内置高频时钟控制寄存器 SYSCTRL_HSI 的 DIV 位域进行设置，有效分频系数为 1、2、4、6、8、10、12、14、16。HSIOSC 时钟频率固定为 48MHz，在本程序中选择使用 64MHz。

这里将 HSIOSC 时钟进行 6 分频，然后使能 PLL，通过 PLL 倍频到 64MHz。参考代码如下。

```
void RCC_Configuration(void)
{
  /* 0. 使能 HSI 并校准 */
  RCC_HSI_Enable(RCC_HSIOSC_DIV6);

  /* 1. 设置 HCLK 和 PCLK 的分频系数 */
  RCC_HCLKPRS_Config(RCC_HCLK_DIV1);
  RCC_PCLKPRS_Config(RCC_PCLK_DIV1);

  /* 2. 使能 PLL，通过 PLL 倍频到 64MHz */
  RCC_PLL_Enable(RCC_PLLSOURCE_HSI, 8000000, 8);
  // HSI 默认输出频率为 8MHz

  //< 使用的时钟源 HCLK 大于 24MHz、小于等于 48MHz：设置 FLASH 读等待周期为 2 cycle
  //< 使用的时钟源 HCLK 大于 48MHz：设置 FLASH 读等待周期为 3 cycle
  __RCC_FLASH_CLK_ENABLE();
  FLASH_SetLatency(FLASH_Latency_3);

  /* 3. 时钟切换到 PLL */
  RCC_SysClk_Switch(RCC_SYSCLKSRC_PLL);
  RCC_SystemCoreClockUpdate(64000000);
}
```

其中，GPIO_Configuration()函数原型代码如下。

```
void GPIO_Configuration(void)
{
  GPIO_InitTypeDef GPIO_InitStruct;
  __RCC_GPIOB_CLK_ENABLE();
  __RCC_GPIOC_CLK_ENABLE();

  GPIO_InitStruct.IT = GPIO_IT_NONE; //LED0、LED1、LED2
  GPIO_InitStruct.Mode = GPIO_MODE_OUTPUT_PP;
```

```
GPIO_InitStruct.Pins = GPIO_PIN_0|GPIO_PIN_1|GPIO_PIN_2;
GPIO_InitStruct.Speed = GPIO_SPEED_HIGH;
GPIO_Init(CW_GPIOB, &GPIO_InitStruct);

GPIO_InitStruct.Pins = GPIO_PIN_13; //LED4
GPIO_Init(CW_GPIOC, &GPIO_InitStruct);

GPIO_WritePin(CW_GPIOB,GPIO_PIN_0|GPIO_PIN_1|GPIO_PIN_2,GPIO_Pin_SET);    //LED 指示灯拉高
GPIO_WritePin(CW_GPIOC,GPIO_PIN_13,GPIO_Pin_SET);
}
```

四、运行结果与验证

流水灯例程已在 CW32_IoT_EVA 评估板上测试完成，下载并运行后，可以看到 LED1～LED4 被循环点亮。

9.3.2 按键指示灯实验

一、实验要求

● 掌握 CW32 单片机 GPIO 接口的输入输出配置。

● 熟悉按键的工作原理及编程方法。

● 按下按键则对应 LED 指示灯发生翻转。上电，LED 指示灯全亮；按 KEY_UP 时，LED1 翻转；按 KEY1 时，LED2 翻转；按 KEY2 时，LED3 翻转；按 KEY3 时，LED4 翻转。

二、硬件原理

按键指示灯电路如图 9-8 所示。按键和指示灯对应的 I/O 接口分别为 KEY_UP-PA0、KEY1-PB4、KEY2-PB8、KEY3-PB9，LED1-PB0、LED2-PB1、LED3-PB2、LED4-PC13。

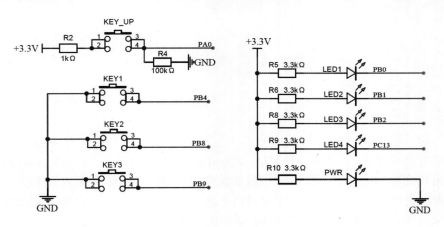

图 9-8

三、参考程序

CW32_IoT_EVA 板载的"实验二 按键指示灯实验"例程主程序代码如下。

```
int main()
{
  unsigned int key_1,key_2,key_3,key_up;

  RCC_Configuration();          //系统时钟配置为 64MHz
  GPIO_Configuration();         //初始化 LED 和 KEY

  while(1)
  {
    //KEY1
    if(GPIO_ReadPin(CW_GPIOB,GPIO_PIN_4)==GPIO_Pin_SET)key_1=0;
    else if(key_1==0)              //按下检测按键
```

```
    {
        delay1ms(10);                    //消抖
        if(GPIO_ReadPin(CW_GPIOB,GPIO_PIN_4)==GPIO_Pin_RESET)
        { key_1=1; PB01_TOG();}          //确认按下，指示灯翻转
    }

    //KEY2
    if(GPIO_ReadPin(CW_GPIOB,GPIO_PIN_8)==GPIO_Pin_SET)key_2=0;
    else if(key_2==0)
    {
        delay1ms(10);
        if(GPIO_ReadPin(CW_GPIOB,GPIO_PIN_8)==GPIO_Pin_RESET)
        {
        key_2=1;PB02_TOG();
        }
    }

    //KEY3
    if(GPIO_ReadPin(CW_GPIOB,GPIO_PIN_9)==GPIO_Pin_SET)key_3=0;
    else if(key_3==0)
    {
        delay1ms(10);
        if(GPIO_ReadPin(CW_GPIOB,GPIO_PIN_9)==GPIO_Pin_RESET)
        {
        key_3=1;PC13_TOG();
        }
    }

    //KEY_UP
    if(GPIO_ReadPin(CW_GPIOA,GPIO_PIN_0)==GPIO_Pin_RESET)key_up=0;
    else if(key_up==0)
    {
        delay1ms(10);
        if(GPIO_ReadPin(CW_GPIOA,GPIO_PIN_0)==GPIO_Pin_SET)
        {
        key_up=1;PB00_TOG();
        }
    }
    }
}
```

　　按键指示灯的原理是采用下降沿检测法，delay1ms(10)延时是一个消抖处理。要进行消抖的原因是按键所用开关为机械弹性开关，当机械触点断开、闭合时，由于机械触点的弹性作用，按键开关在闭合时并不会马上稳定地接通，在断开时也不会立刻断开，因此在闭合及断开的瞬间均伴随有一连串的抖动。为了防止这种现象产生干扰，采取的措施是对按键消抖。

　　注意：KEY_UP 按键跟其他按键不一样，为高电平有效。

　　其中，**GPIO_Configuration()** 函数原型代码如下。

```
void GPIO_Configuration(void)
{
  GPIO_InitTypeDef GPIO_InitStruct;

  __RCC_GPIOB_CLK_ENABLE();
  __RCC_GPIOC_CLK_ENABLE();
  __RCC_GPIOA_CLK_ENABLE();

  GPIO_InitStruct.IT = GPIO_IT_NONE;  //KEY1、KEY2、KEY3 按键初始化
  GPIO_InitStruct.Mode = GPIO_MODE_INPUT_PULLUP; //配置为内部上拉输入
  GPIO_InitStruct.Pins = GPIO_PIN_4|GPIO_PIN_8|GPIO_PIN_9;
  GPIO_InitStruct.Speed = GPIO_SPEED_HIGH;
  GPIO_Init(CW_GPIOB, &GPIO_InitStruct);
```

```
GPIO_InitStruct.IT = GPIO_IT_NONE;  //KEY_UP
GPIO_InitStruct.Mode = GPIO_MODE_INPUT;
GPIO_InitStruct.Pins = GPIO_PIN_0;
GPIO_InitStruct.Speed = GPIO_SPEED_HIGH;
GPIO_Init(CW_GPIOA, &GPIO_InitStruct);

GPIO_InitStruct.IT = GPIO_IT_NONE;          //LED0、LED1、LED2 指示灯对应的 GPIO 的初始化
GPIO_InitStruct.Mode = GPIO_MODE_OUTPUT_PP;//配置为推挽输出
GPIO_InitStruct.Pins = GPIO_PIN_0|GPIO_PIN_1|GPIO_PIN_2;
GPIO_InitStruct.Speed = GPIO_SPEED_HIGH;
GPIO_Init(CW_GPIOB, &GPIO_InitStruct);

GPIO_InitStruct.Pins = GPIO_PIN_13;          //LED4 指示灯对应的 GPIO 的初始化
GPIO_Init(CW_GPIOC, &GPIO_InitStruct);

GPIO_WritePin(CW_GPIOB,GPIO_PIN_0|GPIO_PIN_1|GPIO_PIN_2,GPIO_Pin_RESET);    //置低
GPIO_WritePin(CW_GPIOC,GPIO_PIN_13,GPIO_Pin_RESET);    //置低
}
```

四、运行结果与验证

本按键指示灯例程已在 CW32_IoT_EVA 评估板上测试成功，下载并运行后上电，LED 指示灯全亮；按 KEY_UP 时，LED1 翻转；按 KEY1 时，LED2 翻转；按 KEY2 时，LED3 翻转；按 KEY3 时，LED4 翻转。

9.3.3 蜂鸣器实验

一、实验要求

- 掌握 CW32 单片机 GPIO 接口的输出控制。
- 熟悉蜂鸣器电路的设计与编程。
- 实现蜂鸣器的发声功能。

二、硬件原理

蜂鸣器电路如图 9-9 所示。

蜂鸣器是一种一体化结构的装置，采用直流电，广泛应用于计算机、打印机、复印机、报警器、电子玩具、汽车电子设备、电话机、定时器等电子产品。按驱动方式，蜂鸣器可分为有源蜂鸣器（内含驱动线路，也叫自激式蜂鸣器）和无源蜂鸣器（外部驱动，也叫他激式蜂鸣器）。CW32 板载的是有源蜂鸣器。由图 9-9 可知，当端口 PB11 电平置为高电平时，Q4 晶体管导通，蜂鸣器电路形成回路，蜂鸣器响。

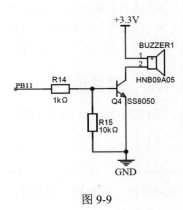

图 9-9

三、参考程序

CW32_IoT_EVA 板载的"实验三 蜂鸣器实验"例程主程序代码如下。

```
int main()
{
    uint32_t i;
    RCC_Configuration();    //系统时钟配置为 64MHz
    GPIO_Configuration();    //初始化 LED 和 BEEP
    while(1)
    {
        PB11_SETHIGH();
        for(i=0;i<1000000;i++);
        PB11_SETLOW();
        for(i=0;i<1000000;i++);
    }
}
```

以上程序代码中，PB11_SETHIGH 与 PB11_SETLOW 是标准库中定义好的宏，可直接调用。PB11_SETHIGH()输出高电平，而 PB11_SETLOW()输出低电平。

其中，GPIO_Configuration()函数原型代码如下。

```
void GPIO_Configuration(void)
{
  GPIO_InitTypeDef GPIO_InitStruct;

  __RCC_GPIOB_CLK_ENABLE();

  GPIO_InitStruct.IT = GPIO_IT_NONE;
  GPIO_InitStruct.Mode = GPIO_MODE_OUTPUT_PP;
  GPIO_InitStruct.Pins = GPIO_PIN_0|GPIO_PIN_1|GPIO_PIN_11;
  GPIO_InitStruct.Speed = GPIO_SPEED_HIGH;
  GPIO_Init(CW_GPIOB, &GPIO_InitStruct);
  GPIO_WritePin(CW_GPIOB,GPIO_PIN_0|GPIO_PIN_1,GPIO_Pin_RESET);
}
```

四、运行结果与验证

蜂鸣器例程已在 CW32_IoT_EVA 评估板上完成测试，下载并运行后，LED1 与 LED2 常亮，蜂鸣器响。

9.4 定时器应用实验

定时器是单片机应用的基本外设资源。本节使用 CW32 的 ATIM 实现 LED 的定时控制。

9.4.1 实验要求

- 熟悉 CW32 的时钟配置及定时器工作原理。
- CW32_IoT_EVA 评估板上具有 4 个用户 LED，使用定时器功能完成 LED 的定时控制实验。
- 按 KEY1 时，LED2 翻转，同时 LED1 间隔 0.5s 闪烁一次。

9.4.2 硬件原理

CW32F030x6/x8 微控制器内部集成一个高级定时器、4 个通用定时器、3 个基本定时器，如表 9-1 所示。

表 9-1 不同类型的定时器

定时器类型	定时器	计数器位宽	计数方式	分频因子	DMA 请求	比较捕获通道	互补输出
高级定时器	ATIM	16 位	上/下/上下	2^N ($N=0,\cdots,7$)	YES	6	3
通用定时器	GTIM1	16 位	上/下/上下	2^N ($N=0,\cdots,15$)	YES	4	1
	GTIM2	16 位	上/下/上下	2^N ($N=0,\cdots,15$)	YES	4	1
	GTIM3	16 位	上/下/上下	2^N ($N=0,\cdots,15$)	YES	4	1
	GTIM4	16 位	上/下/上下	2^N ($N=0,\cdots,15$)	YES	4	1
基本定时器	BTIM1	16 位	上	2^N ($N=0,\cdots,15$)	YES	0	1
	BTIM2	16 位	上	2^N ($N=0,\cdots,15$)	YES	0	1
	BTIM3	16 位	上	2^N ($N=0,\cdots,15$)	YES	0	1

- 高级定时器（ATIM）：ATIM 由一个 16 位的自动重装载计数器和 7 个比较单元组成，并由一个可编程的预分频器驱动。ATIM 支持 6 个独立的比较捕获通道,可实现 6 路独立 PWM 输出、3 对互补 PWM 输出或对 6 路输入进行捕获。可用于基本的定时/计数、测量输入信号的脉冲宽度和周期、产生输出波形（PWM、单脉冲、插入死区时间的互补 PWM 等）。

- 通用定时器（GTIM1～GTIM4）：4 个 GTIM，每个 GTIM 完全独立且功能完全相同，各包含一个 16 位自动重装载计数器并由一个可编程预分频器驱动。GTIM 支持定时器模式、计数器模式、触发启动模式和门控模式 4 种基本工作模式，每组带 4 路独立的比较捕获通道，可以测量输入信号的脉冲宽度（输入捕获）或者产生输出波形（输出比较和 PWM）。
- 基本定时器（BTIM1～BTIM3）：3 个 BTIM，每个 BTIM 完全独立且功能相同，各包含一个 16 位自动重装载计数器并由一个可编程预分频器驱动。BTIM 支持定时器模式、计数器模式、触发启动模式和门控模式 4 种基本工作模式，支持溢出事件触发中断请求和 DMA 请求。得益于对触发信号的精细处理设计，BTIM 可以由硬件自动执行触发信号的滤波操作，还能令触发事件产生中断和 DMA 请求。

本实验用到的资源有 LED1、LED2、按键 KEY1、高级定时器 ATIMER。其中定时器也可以改用通用定时器或基本定时器。

9.4.3 参考程序

CW32_IoT_EVA 板载的"实验四 定时器实验"例程主程序代码如下。

```
int main()
{
  unsigned int key_1=0,i=0;
  RCC_Configuration();     //系统时钟配置为64MHz
  GPIO_Configuration();    //初始化 LED 和 KEY
  ATIMER_init();
  while(1)
  {
    //下降沿检测
    if(GPIO_ReadPin(CW_GPIOB,GPIO_PIN_4)==GPIO_Pin_SET)key_1=0;
    else if(key_1==0)
    {
        for(i=0;i<2000;i++);              //消抖
        if(GPIO_ReadPin(CW_GPIOB,GPIO_PIN_4)==GPIO_Pin_RESET)
        { key_1=1; PB01_TOG();}
    }
  }
}
```

ATIM 初始化时选择向上计数，主频为 64MHz，8 分频，定时 1ms，函数代码如下。

```
void ATIMER_init(void)
{
  ATIM_InitTypeDef ATIM_InitStruct;

  __RCC_ATIM_CLK_ENABLE();

  __disable_irq();
  NVIC_EnableIRQ(ATIM_IRQn);   //先关闭定时器中断
  __enable_irq();

  ATIM_InitStruct.BufferState = ENABLE;                //使能缓存寄存器
  ATIM_InitStruct.ClockSelect = ATIM_CLOCK_PCLK;       //选择 PCLK 时钟计数

//边沿对齐
  ATIM_InitStruct.CounterAlignedMode = ATIM_COUNT_MODE_EDGE_ALIGN;
  ATIM_InitStruct.CounterDirection = ATIM_COUNTING_UP;      //向上计数
  ATIM_InitStruct.CounterOPMode = ATIM_OP_MODE_REPETITIVE;//连续运行模式
  ATIM_InitStruct.OverFlowMask = DISABLE;          //重复计数器上溢出，不屏蔽
  ATIM_InitStruct.Prescaler = ATIM_Prescaler_DIV8; //8 分频，8MHz
  ATIM_InitStruct.ReloadValue = 8000;              //重载周期 8000，即定时 1ms 周期
  ATIM_InitStruct.RepetitionCounter = 0;           //重复周期 0
  ATIM_InitStruct.UnderFlowMask = DISABLE;         //重复计数下溢出，不屏蔽
  ATIM_Init(&ATIM_InitStruct);
  ATIM_ITConfig(ATIM_CR_IT_OVE, ENABLE);   //有重复计数器溢出产生，进入中断
```

```
    ATIM_Cmd(ENABLE);
}
```

ATIM 定时器中断服务函数代码如下。

```
void ATIM_IRQHandler(void)
{
  static unsigned int count=0; //静态计数变量定义

  if (ATIM_GetITStatus(ATIM_IT_OVF)) //产生计数溢出中断
  {
     ATIM_ClearITPendingBit(ATIM_IT_OVF);

     count++;
     if(count>=500)//0.5s
     {
             count=0;
             PB00_TOG();
     }
  }
}
```

在中断服务函数中，每 500ms 翻转一次 LED。

9.4.4　运行结果与验证

定时器例程已在 CW32_IoT_EVA 评估板上完成测试，下载并运行后，按 KEY1 时，LED2 翻转，同时 LED1 每 0.5s 翻转一次。

9.5　OLED 显示应用实验

OLED 是现在广泛使用的人机交互显示器，具有成本低、显示清晰的特点。本节使用 CW32 的 I²C 资源实现 OLED 的基本显示功能。

9.5.1　实验要求

- 了解 OLED 显示屏显示原理。
- 实现 OLED 的显示功能。

9.5.2　硬件原理

评估板中，OLED 显示屏的 SCL 和 SDA 分别接到了 PB6、PB7，复位引脚接到了 MCU 的复位引脚上，复位 MCU 可以复位 OLED 显示屏。

CW32F030 内部集成两个 I²C 控制器，能按照设定的传输速率（标准、快速、高速）将需要发送的数据按照 I²C 规范串行发送到 I²C 总线上，并对通信过程中的状态进行检测。另外，还支持多主机通信中的总线冲突和仲裁处理。

I²C 总线使用两根信号线（数据线 SDA 和时钟线 SCL）在设备间传输数据。SCL 为单向时钟线，固定由主机驱动，SDA 为双向数据线，在数据传输过程中由收发两端分时驱动。

I²C 总线上可以连接多个设备，所有设备在没有进行数据传输时都处于空闲状态（未寻址从机接收模式），任一设备都可以作为主机发送起始信号（START）来开始数据传输，在停止信号（STOP）出现在总线上之前，总线一直处于被占用状态。

I²C 通信采用主从结构，并由主机发起和结束通信。主机通过发送起始信号来发起通信，之后发送 SLA+W/R 共 8 位数据（其中，SLA 为 7 位从机地址，W/R 为读写位），并在第 9 个 SCL 时钟释放 SDA，对应的从机在第 9 个 SCL 时钟占用 SDA 并输出 ACK 应答信号，完成从机寻址。此后根据主机发送的第 1 个字节的读写位来决定数据通信的发端和收端，发端每发送一个字节数据，收端必须回应一个 ACK 应答信号。数据传输完成后，主机发送停止信号结束本次通信。

标准 I²C 传输协议帧包含起始信号或重复起始信号（Repeated START）、从机地址及读写位、数据传输（一个字节数据）应答信号、停止信号，如图 9-10 所示。

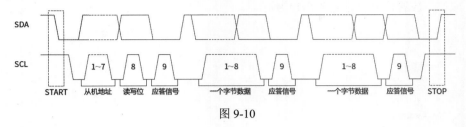

图 9-10

一、起始信号

当总线处于空闲状态时（SCL 和 SDA 同时为高电平），SDA 上出现的由高到低的下降沿信号被定义为起始信号。起始信号时序如图 9-11 所示。主机向总线发出起始信号后开始数据传输，并占用总线。

二、重复起始信号

在一个起始信号后（未出现停止信号），出现了新的起始信号，新的起始信号被定义为重复起始信号。在主机发送停止信号前，SDA 总线一直处于占用状态，其他主机无法占用总线。

三、停止信号

当 SCL 为高电平时，SDA 上出现的由低到高的上升沿信号被定义为停止信号。停止信号时序如图 9-11 所示。主机向总线发出停止信号以结束数据传输，并释放总线。

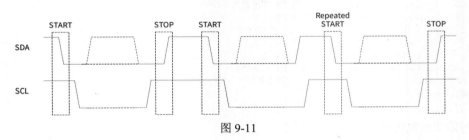

图 9-11

四、从机地址及读写位

当起始信号产生后，主机开始传输第 1 个字节数据：7 位从机地址+读写位。读写位（1 表示读，0 表示写）用于控制总线上数据的传输方向。被寻址的从机在第 9 个 SCL 时钟周期内占用 SDA 总线，并将 SDA 置为低电平作为 ACK 应答。

五、数据传输

主机在 SCL 上输出串行时钟信号，主、从机通过 SDA 进行数据传输。在数据传输过程中，一个 SCL 时钟脉冲传输一个数据位（最高有效位 MSB 在前），且 SDA 上的数据只在 SCL 为低电平时改变，每传输一个字节数据跟随一个应答位。数据传输时序如图 9-12 所示。

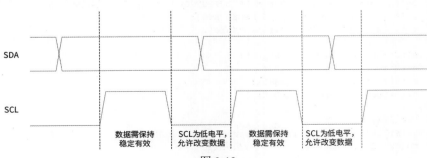

图 9-12

六、应答信号

在总线上传输数据时，发端每传输完一个字节数据，在第 9 个 SCL 时钟周期发端放弃对 SDA 的控制，收端必须在第 9 个 SCL 时钟周期回复一个应答位：接收成功发送 ACK 应答，接收异常发送 NACK 应答。应答信号时序如图 9-13 所示。

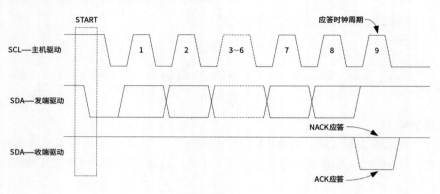

图 9-13

9.5.3　参考程序

CW32_IoT_EVA 板载的"实验七　OLED 实验"例程主程序代码如下。

```
int main()
{
    RCC_Configuration();        //系统时钟配置为 64MHz
    GPIO_Configuration();        //初始化 LED
        I2C_init();                //初始化 I²C
        I2C_OLED_Init();
        I2C_OLED_Clear(1);        //清屏
    I2C_OLED_ShowString(0,0,"OLED Init OK");
    I2C_OLED_UPdata();            //更新显示
    while(1);
}
```

I²C 初始化函数代码如下。

```
void I2C_init(void)
{
    GPIO_InitTypeDef GPIO_InitStructure;
    I2C_InitTypeDef I2C_InitStruct;

    __RCC_I2C1_CLK_ENABLE();
    __RCC_GPIOB_CLK_ENABLE();

    PB06_AFx_I2C1SCL();
    PB07_AFx_I2C1SDA();

    GPIO_InitStructure.Pins = GPIO_PIN_6 | GPIO_PIN_7;
    GPIO_InitStructure.Mode = GPIO_MODE_OUTPUT_OD;   //I²C 必须开漏输出
    GPIO_InitStructure.Speed = GPIO_SPEED_HIGH;
    GPIO_Init(CW_GPIOB, &GPIO_InitStructure);

    I2C_InitStruct.I2C_BaudEn = ENABLE;
    I2C_InitStruct.I2C_Baud = 0x08;
    I2C_InitStruct.I2C_FLT = DISABLE;
    I2C_InitStruct.I2C_AA = DISABLE;

    I2C1_DeInit();
    I2C_Master_Init(CW_I2C1,&I2C_InitStruct);    //初始化模块
    I2C_Cmd(CW_I2C1,ENABLE);              //模块使能
}
```

此部分代码是对 I²C 的初始化，将 PB06、PB07 分别复用到 SCL 和 SDA，输出配置为开漏输出。
OLED 器件地址及读写命令宏定义代码如下。

```
#define OLED_ADDRESS 0x78    //器件地址为 0x78
#define COM  0x00   //OLED 指令（禁止修改），写命令
#define DAT  0x40   //OLED 数据（禁止修改），写数据
```

OLED 显示屏 I²C 写时序函数代码如下。

```
void I2C_MasterWriteEepromData1(I2C_TypeDef *I2Cx,uint8_t u8Addr,uint8_t *pu8Data,uint32_t
  u32Len)
{
  uint8_t u8i=0,u8State;
  I2C_GenerateSTART(I2Cx, ENABLE);
  while(1)
  {
    while(0 == I2C_GetIrq(I2Cx))
    {;}
    u8State = I2C_GetState(I2Cx);
    switch(u8State)
    {
        case 0x08:   //发送完 START 信号
            I2C_GenerateSTART(I2Cx, DISABLE);
            //从设备地址发送
            I2C_Send7bitAddress(I2Cx, OLED_ADDRESS,0X00);
            break;

        case 0x18:   //发送完 SLA+W 信号，ACK 已收到
            I2C_SendData(I2Cx,u8Addr);       //从设备内存地址发送
            break;

        case 0x28:   //发送完一个字节数据
            I2C_SendData(I2Cx,pu8Data[u8i++]);
            break;
        case 0x20:   //发送完 SLA+W 信号后从机返回 NACK
        case 0x38:   //主机在发送 SLA+W 信号阶段或发送数据阶段丢失仲裁，或者主机在发送 SLA+R 信号阶段或
回应 NACK 阶段丢失仲裁
            I2C_GenerateSTART(I2Cx, ENABLE);
            break;
        case 0x30:   //发送完一个字节数据后从机返回 NACK
            I2C_GenerateSTOP(I2Cx, ENABLE);
            break;
        default:
            break;
    }
    if(u8i>u32Len)
    {
        I2C_GenerateSTOP(I2Cx, ENABLE);
        I2C_ClearIrq(I2Cx);
        break;
    }
    I2C_ClearIrq(I2Cx);
  }
}
```

OLED 显示屏 I²C 写命令函数代码如下。

```
void WriteCmd(unsigned char I2C_Command)//写命令
{
  I2C_MasterWriteEepromData1(CW_I2C1,COM,&I2C_Command,1);
}
```

OLED 显示屏 I²C 写数据函数代码如下。

```
void WriteDat(unsigned char I2C_Data)//写数据
{
  I2C_MasterWriteEepromData1(CW_I2C1,DAT,&I2C_Data,1);
}
```

9.5.4　运行结果与验证

本例程已在 CW32_IoT_EVA 评估板上完成测试，下载并运行后可以看到 LED1 常亮，OLED 显示屏显示字符串。

9.6　ADC 应用实验

通过 CW32 的片内 ADC，可以将外界输入的模拟信号转换为数字信号。

9.6.1　实验要求

● 熟悉 ADC 工作原理。
● 完成 AD 转换值与电压值的采集与显示。

9.6.2　硬件原理

评估板带有一路电位器，其电路如图 9-14 所示。其中电位器接口接入 PA4 端口，即 AIN4 通道。

CW32F030 内部集成一个 12 位精度、最高 1M SPS 转换速度的 SAR ADC，最多可将 16 路模拟信号转换为数字信号。现实世界中的绝大多数信号都是模拟信号，如光、电、声、图像信号等，都要由 ADC 转换成数字信号，才能由 MCU 进行数字化处理。

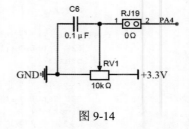

图 9-14

其中，16 路模拟信号通道包括 13 个外部通道和 3 个内部通道（温度传感器、电压基准、VDDA/3），支持单通道或序列通道转换模式。ADC 属于 CW32 的内部资源，只需要进行软件设置就可以正常工作，不过需要在外部连接其端口到被测电路，通过 ADC 的通道 4（PA4）来读取电位器电压值。

9.6.3　参考程序

CW32_IoT_EVA 板载的“实验八　AD 电位器实验”例程主程序代码如下。

```
int main()
{
    float temp;
    char temp_buff[10];
    char temp_buff1[10];

    RCC_Configuration();        //系统时钟配置为 64MHz
    GPIO_Configuration();       //初始化 LED
    ADC_Configuration();        //初始化 ADC
    BTIM_init();                //初始化定时器
    I2C_init();                 //初始化显示屏 I²C
    I2C_OLED_Init();            //初始化显示屏 OLED

    while(1)
    {
        if(timecount>200)   //每 200ms 转换一次，并通过 OLED 显示
        {   //timecount 变量在定时器中断函数里每毫秒加 1
            timecount=0;
            ADC_SoftwareStartConvCmd(ENABLE);     //启动 AD 转换
            while(ADC_GetITStatus(ADC_IT_EOC))    //判断 AD 转换是否结束
            {
                ADC_ClearITPendingBit(ADC_IT_EOC);   //清除标志位
                adcvalue=ADC_GetConversionValue();    //读取 AD 转换值
```

```
                        sprintf(temp_buff,"AD/VAL:%d  ",adcvalue);
                        I2C_OLED_ShowString(0,15,temp_buff);
                        temp=(float)adcvalue*(3.3/4096);    //电压值换算
                        sprintf(temp_buff1,"AD/VOL:%0.1f V  ",temp);
                        I2C_OLED_ShowString(0,0,temp_buff1);
                        I2C_OLED_UPdata();        //更新显示
                    }
                }
            }
        }
```

ADC 初始化配置函数代码如下。

```
void ADC_Configuration(void)
{
    ADC_SingleChTypeDef ADC_SingleInitStruct;

    __RCC_ADC_CLK_ENABLE();      // ADC 时钟使能
    __RCC_GPIOA_CLK_ENABLE();

//配置 ADC 端口 PA4，即电位器接口
    PA04_ANALOG_ENABLE();
    ADC_SingleInitStruct.ADC_Chmux = ADC_ExInputCH4;      //通道 4 输入 PA4
    ADC_SingleInitStruct.ADC_DiscardEn = ADC_DiscardNull;

//转换结果累加不使能
    ADC_SingleInitStruct.ADC_InitStruct.ADC_AccEn = ADC_AccDisable;

//ADC 转换结果右对齐
    ADC_SingleInitStruct.ADC_InitStruct.ADC_Align = ADC_AlignRight;
    ADC_SingleInitStruct.ADC_InitStruct.ADC_ClkDiv = ADC_Clk_Div16;

//关闭 DMA 传输
    ADC_SingleInitStruct.ADC_InitStruct.ADC_DMAEn = ADC_DmaDisable;
    ADC_SingleInitStruct.ADC_InitStruct.ADC_InBufEn = ADC_BufEnable; //开启跟随器
    ADC_SingleInitStruct.ADC_InitStruct.ADC_OpMode = ADC_SingleChOneMode;

//5 个 ADC 时钟周期
    ADC_SingleInitStruct.ADC_InitStruct.ADC_SampleTime = ADC_SampTime5Clk;

//禁用内置温度传感器
    ADC_SingleInitStruct.ADC_InitStruct.ADC_TsEn = ADC_TsDisable;

//VDDA 参考电压
    ADC_SingleInitStruct.ADC_InitStruct.ADC_VrefSel = ADC_Vref_VDDA;
    ADC_SingleInitStruct.ADC_WdtStruct.ADC_WdtAll = ADC_WdtDisable;
    ADC_SingleChOneModeCfg(&ADC_SingleInitStruct);
    ADC_Enable();        //使能 ADC
    ADC_SoftwareStartConvCmd(ENABLE);
}
```

使用定时器作为软变量，每 200ms 转换一次结果并显示在 OLED 显示屏上。电压值计算语句实现如下。

```
temp=(float)adcvalue*(3.3/4096);        //电压值换算（做线性运算得到电压值）
```

9.6.4 运行结果与验证

ADC 应用实验例程已在 CW32_IoT_EVA 评估板上完成测试，下载并运行后，可以看到 LED1 每 0.5s 闪烁一次，旋转电位器可查看 OLED 显示屏上的 AD 转换的电压值。

9.7 串行接口应用实验

在单片机系统中，通常会通过串行接口与外部设备进行通信。本节使用 CW32 内部集成的 UART1 外设，并借助 USB 转串口线，实现单片机与计算机的通信。

9.7.1　实验要求

- 熟悉 CW32 的串口通信原理。
- 通过串口完成数据收发。

9.7.2　硬件原理

串行接口的电路如图 9-15 所示。

CW32F030 内部集成 3 个 UART，支持异步全双工、同步半双工和单线半双工模式，支持硬件数据流控和多机通信；可编程数据帧结构，可以通过小数波特率发生器提供宽范围的波特率选择。使用 UART 控制器工作在双时钟域下，允许在深度休眠模式下进行数据的接收，接收完成中断可以唤醒 MCU 回到运行模式。

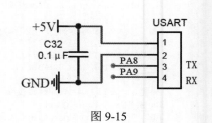

图 9-15

UART 控制器挂载到 APB 上，配置时钟域 PCLK，固定为 APB 时钟 PCLK，用于寄存器配置逻辑工作；传输时钟域 UCLK，用于数据收发逻辑工作，其来源可选择 PCLK 时钟、LSE 时钟以及 LSI 时钟。双时钟域的设计更便于波特率的设置，支持在深度休眠模式下唤醒控制器。

UART 控制器的功能框图如图 9-16 所示。

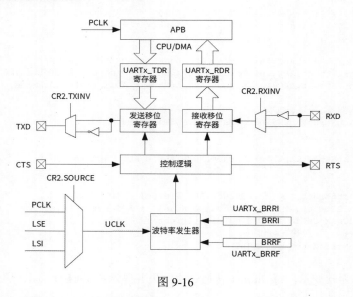

图 9-16

UART 控制器支持多种工作模式：异步全双工、同步半双工、单线半双工。在不同的工作模式下，各引脚具有不同的功能，引脚配置也不同。

在 UART 异步通信中，数据是以数据帧的形式发送和接收的，一帧数据包括一个起始位、一个数据域、一个可选的校验位和宽度可编程的停止位。

- 起始位：长度固定为 1 位，起始位的判定方式可以选择下降沿或低电平，通过控制寄存器 UARTx_CR1 的 START 位域来选择。一般选择下降沿作为起始位的判定方式，低电平方式判定起始位主要应用于低功耗模式。
- 数据域：数据字长可以设置为 8 位或 9 位，通过有无校验位来自动配置。当设置为无校验时，数据字长为 8 位；当设置为有校验（包括自定义校验、偶校验、奇校验）时，数据字长自动设置为 9 位。
- 校验位：校验方式支持自定义校验、偶校验和奇校验，具体通过控制寄存器 UARTx_CR1 的

PARITY 位域来选择。自定义校验：校验位由软件写入 UARTx_TDR[8]和读取 UARTx_RDR[8] 决定，主要应用于多机通信。奇校验：校验位使一帧数据中数据位和校验位中"1"的总数为奇数。偶校验：校验位使一帧数据中数据位和校验位中"1"的总数为偶数。

● 停止位：长度可以配置为 1、1.5 或 2 位，具体通过控制寄存器 UARTx_CR1 的 STOP 位域来配置。

UART 发送控制环节的时序如图 9-17 所示。

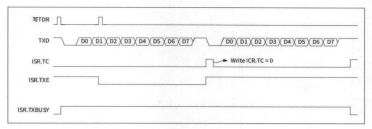

图 9-17

UART 接收控制环节的时序如图 9-18 所示。

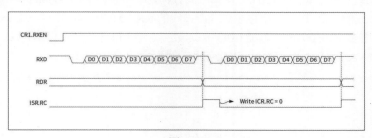

图 9-18

UART 的接收和发送波特率是相同的，由同一个波特率发生器产生。波特率发生器支持 16 倍采样、8 倍采样、4 倍采样和专用采样这 4 种采样模式，具体的采样模式通过控制寄存器 UARTx_CR1 的 OVER 位域来选择。

（1）OVER=00，设置 16 倍采样，波特率计算公式如下。

$$BaudRate=UCLK/(16 \times BRRI+BRRF)$$

UCLK 是 UART 的传输时钟，其来源可以是 PCLK、LSE 或 LSI，具体来源通过 UARTx_CR2. SOURCE 来选择。

BRRI（UARTx_BRRI[15:0]）是波特率计数器的整数部分，可设置范围为 1～65535。

BRRF（UARTx_BRRF[3:0]）是波特率计数器的小数部分，可设置范围为 0～15。

例 1：

当传输时钟 UCLK 的频率为 24MHz 时，设置 BRRI=156（即 UARTx_BRRI=0x9C）、BRRF=4（即 UARTx_BRRF=0x04），则有 BaudRate=24000000/(16×156+4)=9600bit/s。

例 2：

当传输时钟 UCLK 的频率为 24MHz 时，要求配置 BaudRate=115200bit/s，则有 16×BRRI+BRRF= 24000000/115200=208.33。

由此可得，BRRI=208.33/16=13.02，最接近的整数是 13（0x0D）；BRRF=0.02×16=0.32，最接近的整数是 0（0x00）。

即需要设置 UARTx_BRRI 为 0x0D、UARTx_BRRF 为 0x00。

此时，实际波特率 BaudRate=115384.62bit/s，误差率为 0.16%。

（2）OVER=01，设置 8 倍采样，波特率计算公式如下。

$$BaudRate=UCLK/(8 \times BRRI)$$

（3）OVER=10，设置 4 倍采样，波特率计算公式如下。

$$BaudRate=UCLK/(4×BRRI)$$

（4）OVER=11，设置专用采样，波特率计算公式如下。

$$BaudRate=(256×UCLK)/BRRI$$

注意：专用采样仅适合传输时钟源为 LSE 或者 LSI 时，进行 2400bit/s、4800bit/s 或 9600bit/s 波特率下的 UART 通信。

例：

传输时钟 UCLK 选择 LSE，频率为 32.768kHz，要求配置 9600bit/s 波特率，由此可得 BRRI=256× 32768/9600=873.81，最接近的整数是 874（0x36A）。

即需要设置 UARTx_BRRI 为 0x36A。

此时，实际波特率 BaudRate=9597.95bit/s，误差率为 0.02%。

所用到的硬件资源有 PA8、PA9 以及 LED1、LED2。

9.7.3　参考程序

例程功能：系统时钟配置为 64MHz，串口收发数据。串口波特率为 9600bit/s，CW_UART1 的 PA8 接串口模块或串口线的 TX，PA9 接串口模块或串口线的 RX。MCU 每秒发送一组 0x00 0x01 0x02 0x03 0x04 数据。MCU 接收到 0x00 0x01 0x02 0x03 0x04 数据，则 LED2 翻转；LED1 每 0.5s 翻转一次状态。

CW32_IoT_EVA 板载的"实验九　串口应用"例程主程序代码如下。

```
unsigned char dat[5]={0x00,0x01,0x02,0x03,0x04};  //发送的数据

int main()
{
  uint16_t t=0;
  RCC_Configuration();        //系统时钟配置为 64MHz
  GPIO_Configuration();       //初始化 LED
  UART_init();                //初始化串口
  BTIM_init();                //初始化定时器

  while(1)
  {
    if(check_flag==1)   //接收数据完成标志
    { //在串口接收中断中判断数据，正确接收到数据时置位 check_flag
        check_flag=0;   // 清零标志
        PB01_TOG();     //LED1 翻转
    }

    if(counttime>1000)    //counttime 在 BTIM1 中实现 1ms 定时累加
    { //每秒主动向串口发送一次数据
        counttime=0;
        for(t=0;t<5;t++)
        {
            USART_SendData(CW_UART1,dat[t]); //dat 为全局变量数组
            while(USART_GetFlagStatus(CW_UART1,USART_FLAG_TXE)==RESET);
            //判断发送完成
            USART_ClearFlag(CW_UART1,USART_FLAG_TXE);
            //清零标志
        }
    }
  }
}
```

串口初始化配置函数代码如下。

```
void UART_init(void)
{
  //定义结构体
  GPIO_InitTypeDef GPIO_InitStructure;
  USART_InitTypeDef USART_InitStructure;
```

```
//使能 UART1 及 GPIOA 的时钟
RCC_APBPeriphClk_Enable2(RCC_APB2_PERIPH_UART1, ENABLE);
RCC_AHBPeriphClk_Enable( RCC_AHB_PERIPH_GPIOA, ENABLE);

//复用 PA8、PA9、TX1、RX1
PA08_AFx_UART1TXD();
PA09_AFx_UART1RXD();

GPIO_InitStructure.Pins = GPIO_PIN_8;              //PA8
GPIO_InitStructure.Mode = GPIO_MODE_OUTPUT_PP;
GPIO_InitStructure.Speed = GPIO_SPEED_HIGH;
GPIO_Init(CW_GPIOA, &GPIO_InitStructure);

GPIO_InitStructure.Pins = GPIO_PIN_9;              //PA9
GPIO_InitStructure.Mode = GPIO_MODE_INPUT_PULLUP;
GPIO_Init(CW_GPIOA, &GPIO_InitStructure);

USART_InitStructure.USART_BaudRate = 9600;      //波特率设为 9600bit/s
USART_InitStructure.USART_Over = USART_Over_16;
USART_InitStructure.USART_Source = USART_Source_PCLK;
USART_InitStructure.USART_UclkFreq = 64000000;
USART_InitStructure.USART_StartBit = USART_StartBit_FE;
USART_InitStructure.USART_StopBits = USART_StopBits_1;
USART_InitStructure.USART_Parity = USART_Parity_No ;
USART_InitStructure.USART_HardwareFlowControl = USART_HardwareFlowControl_None;

//选择收发模式
USART_InitStructure.USART_Mode = USART_Mode_Rx | USART_Mode_Tx;
USART_Init(CW_UART1, &USART_InitStructure);

//使能 UARTx RC 中断
USART_ITConfig(CW_UART1, USART_IT_RC, ENABLE);
//优先级，无优先级分组
NVIC_SetPriority(UART1_IRQn, 0);
//UARTx 中断使能
NVIC_EnableIRQ(UART1_IRQn);
}
```

串口中断服务函数代码如下。

```
void UART1_IRQHandler(void)
{
  /* USER CODE BEGIN */
  unsigned char TxRxBuffer;
  if(USART_GetITStatus(CW_UART1, USART_IT_RC) != RESET)
  {
     USART_ClearITPendingBit(CW_UART1, USART_IT_RC);
     TxRxBuffer = USART_ReceiveData_8bit(CW_UART1); //接收 8 位数据
     rec[re_count]=TxRxBuffer; //存入数组
     if (re_count == 0&&rec[0]==0x00)
         {   //成功接收第一个数据时，置位 rev_start
              rev_start=1;
              re_count++;
         }
     else if(rev_start==1)  //累计接收数据
         {
              if(rec[re_count]!=dat[re_count])  //判断数据有效性
                 {
                      re_count=0;rev_start=0;return;
                      //数据不正确时，清零相关变量
                 }
              if(re_count==4)             //计算总个数，0～4
              {check_flag=1;re_count=0;rev_start=0;}
              //如果对，那么将 check_flag 置 1，并清零相关变量，重新接收
              else
                 re_count++;
         }
  }
  /* USER CODE END */
}
```

串口中断服务函数里面接收数据，判断帧头是否为 0x00。如果是，则继续接收后面的数据；如果不是，则清零相关变量，重新接收。共接收 5 个数（0～4），接收完成之后将 check_flag 置 1，表示数据接收完成。

定时器 BTIM1 主要实现 1ms 的基本定时，定时器中断函数对变量 counttime 累加，以实现定时功能。BTIM1 中断函数参考代码如下。

```
void BTIM1_IRQHandler(void)
{
 /* USER CODE BEGIN */
 static unsigned int count2=0;
 if(BTIM_GetITStatus(CW_BTIM1, BTIM_IT_OV))
 {
    BTIM_ClearITPendingBit(CW_BTIM1, BTIM_IT_OV);
    counttime++;

    count2++;
    if(count2>=500)//0.5S
    {
            count2=0;
            PB00_TOG();
    }
 }
 /* USER CODE END */
}
```

9.7.4　运行结果与验证

串行接口应用实验例程已在 CW32_IoT_EVA 评估板上完成测试，下载并运行后可以看到 LED1 每 0.5s 翻转一次。可使用 WCH-Link 下载器自带的串口或使用 CH340 串口线，将 TX 接到 PA9、RX 接到 PA8、GND 接地之后，打开串口助手，选中"HEX 模式"，可以看到串口每 2s 收到一次数据，选中"HEX 模式"，发送"00 01 02 03 04"可以控制评估板 LED2 的亮灭。

如图 9-19 所示，在硬件单步仿真时，串口助手"发送数据"后，MDK 开发环境中程序会停在断点处，再单步执行 PB01 指示灯翻转语句，就可以看到灯的变化。

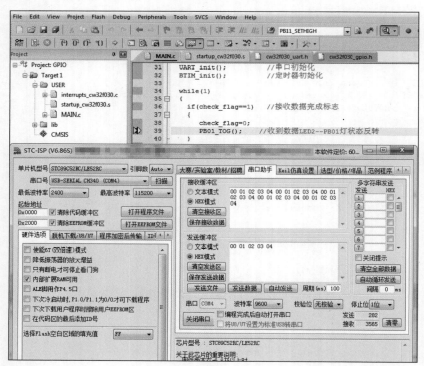

图 9-19

第 10 章

CW32L083 超低功耗开发实战

在当今的物联网时代，设备的功耗管理至关重要。为了满足长时间、持续工作的需求，超低功耗设计成为嵌入式系统开发中的重要研究课题。而武汉芯源半导体有限公司的 CW32L 系列处理器以其卓越的超低功耗特性，在物联网、便携式设备、水表、气表等应用中展现出巨大的潜力。

本章将深入探讨基于 CW32L083 的超低功耗开发实战。通过理论与实践相结合的方式，介绍如何利用低功耗电路设计、动态频率调节、低功耗唤醒机制、实时时钟与低功耗定时器等应用技术，实现高效的超低功耗设计和优化。通过详细的实际案例分析和演示，可让读者深入理解这些技术的实际应用、掌握超低功耗开发实战技能，并可为实际产品的应用开发提供有价值的参考。

10.1　CW32L083 芯片优势

CW32L083 是基于 eFLASH 的单芯片低功耗微控制器，集成了主频高达 64MHz 的 ARM Cortex-M0+ 内核、高速嵌入式存储器、最多 87 路 GPIO 接口，以及一系列全面的增强型外设和 I/O 接口。

CW32L083 低功耗优势如下。

（1）深度休眠模式下电流为 0.6μA。

CW32L083 系列产品在深度休眠模式下电流只有 0.6μA（所有时钟关闭，上电复位有效，I/O 状态保持，I/O 中断有效，所有寄存器、RAM 和 CPU 数据保存状态时的功耗），极大程度地降低工作功耗，能使电池供电类的产品应用更广泛，延长电池待机时间。在运行模式下（代码在 FLASH 中运行），功耗也仅为 115μA/MHz。

（2）4μs 超低功耗唤醒时间。

在实测中，CW32L083 系列超低功耗唤醒时间仅需 4μs，使模式切换更加灵活、高效，系统反应更为敏捷。同时，CW32L083 可以在−40～85℃的温度范围内工作，且具有超宽工作电压范围 1.65～5.5V，可满足用户各种使用环境需求。

10.1.1　产品特性

CW32L083 的主要产品特性如下。

- 内核：ARM Cortex-M0+。
  最高主频：64MHz。
- 工作温度：−40～85℃。
- 工作电压：1.65～5.5V。
- 超低功耗平台。
  0.6μA@3.3V 深度休眠模式：所有时钟关闭，上电复位有效，I/O 状态保持，I/O 中断有效，所有寄存器、RAM 和 CPU 数据保存状态时的功耗。
  1.7μA@3.3V 深度休眠模式+IWDT 工作。
  4μs 超低功耗唤醒时间。
- 存储容量。

最大 256KB 的 FLASH 存储器，数据保持 25 年（85℃）。

最大 24KB 的 RAM，支持奇偶校验。

128B 的 OTP 存储器。

- CRC 计算单元。
- 复位和电源管理。

低功耗模式（Sleep、DeepSleep）。

POR/BOR。

LVD。

- 时钟管理。

4MHz～32MHz 的晶体振荡器。

32kHz 的低速晶体振荡器。

内置 48MHz 的 RC 振荡器。

内置 32kHz 的 RC 振荡器。

内置 10kHz 的 RC 振荡器。

内置 150kHz 的 RC 振荡器。

内置 PLL。

时钟监测系统。

允许独立关断各外设时钟。

- 支持最多 87 路 I/O 接口。

所有 I/O 接口支持中断功能。

所有 I/O 接口支持中断输入滤波功能。

- 5 通道 DMA 控制器。
- ADC。

12 位精度，±1LSB。

最高 1M SPS 转换速度。

内置电压参考。

模拟看门狗功能。

内置温度传感器。

- 双路电压比较器。
- 实时时钟和日历。

支持由 Sleep/DeepSleep 模式唤醒。

- 定时器。

16 位高级控制定时器，支持 6 路比较捕获通道和 3 对互补 PWM 输出、死区时间和灵活的同步功能。

4 个 16 位通用定时器。

3 个 16 位基本定时器。

一个 16 位超低功耗定时器。

WWDT。

IWDT。

- 通信接口。

6 路低功耗 UART，支持小数波特率。

两路 SPI，12Mbit/s。

两路 I²C 接口，1Mbit/s。

IR 调制发送器。

- 4×56、6×54 或 8×52 LCD 段码液晶驱动器。

- TRNG。
- AES 模块。
- SWD 接口。
- 80 位唯一 ID。

CW32L083 系列的不同型号的封装型式如表 10-1 所示。

表 10-1　CW32L083 系列的不同型号的封装型式

系列	型号	封装
CW32L083xC	CW32L083VC	LQFP100
	CW32L083MC	LQFP80
	CW32L083RC	LQFP64
CW32L083xB	CW32L083RB	LQFP64

10.1.2　内部框图

CW32L083 的内部框图如图 10-1 所示。

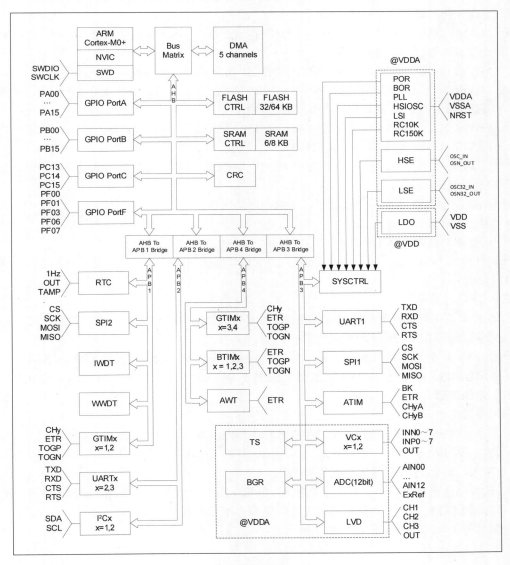

图 10-1

10.1.3　功能特性

一、集成 FLASH 存储器和 SRAM 的 ARM Cortex-M0+微处理器平台

ARM Cortex-M0+内核是 ARM 为小型嵌入式系统开发的新一代 32 位内核平台，用于实现方便使用的低成本解决方案。该平台可在仅需有限的引脚数和功率消耗的同时，给用户提供出色的计算性能和快速的中断响应。

ARM Cortex-M0+32 位精简指令集处理器提供出色的代码效率，可在小存储空间的条件下提供高性能。

CW32L083 系列产品均采用嵌入式 ARM 内核，并与几乎所有 ARM 工具和软件兼容。

二、存储器

CW32L083 系列产品的存储器包含以下功能。

- 可以系统时钟速度对 16～24KB 嵌入式 SRAM 进行零等待访问，并具有奇偶校验和异常管理功能，适用于高可靠性关键应用。
- FLASH 存储器分为以下两个部分。
  128～256KB 嵌入式 FLASH 用于存储用户程序和数据。
  2.5KB 的启动程序存储器。
- FLASH 存储器擦写以及读保护：通过寄存器进行 FLASH 存储器的擦写保护，通过 ISP 指令进行 4 级读保护等级设置。
  LEVEL0：无读保护，可通过 SWD 或者 ISP 方式进行读取操作。
  LEVEL1：读保护，不可通过 SWD 或 ISP 方式读取。可通过 ISP 或者 SWD 接口降低保护等级到 LEVEL0，降级后处于整片擦除状态。
  LEVEL2：读保护，不可通过 SWD 或 ISP 方式读取。可通过 ISP 接口降低保护等级到 LEVEL0，降级后处于整片擦除状态。
  LEVEL3：读保护，不可通过 SWD 或 ISP 方式读取。不支持任何方式的保护等级降级。

三、引导模式

在启动时，BOOT 引脚可用来选择以下两个启动选项。

- 运行内部 Bootloader（BOOT=1 时）。
- 运行用户程序（BOOT=0 时）。

当运行内部 Bootloader 时，用户可通过 UART1（引脚为 PA13/PA14）利用 ISP 通信协议进行 FLASH 编程。

四、CRC 计算单元

CRC 计算单元可按所选择的算法和参数配置来生成数据流的 CRC 码。在某些应用中，可利用 CRC 技术来验证数据的传输和存储的完整性。

产品支持 8 种常用的 CRC 算法，分别是 CRC16_IBM、CRC16_MAXIM、CRC16_USB、CRC16_MODBUS、CRC16_CCITT、CRC16_CCITT_FALSE、CRC16_X25、CRC16_XMODEM。

五、电源管理

（1）电源供电方案。

- V_{DD} 为 1.65～5.5V。为 I/O 接口和内部稳压器提供电源，通过 VDD 引脚接入。
- V_{DDA} 为 1.65～5.5V。为 ADC、复位电路、片内 RC 振荡器和 PLL 供电，通过 VDDA 引脚接入，需要 V_{DDA} 总是大于或等于 V_{DD}。
- 请特别注意 VCORE 引脚，它是连接内部稳压器电源输出，外接 1μF 滤波电容器到地，使内部 LDO 能为内核提供稳定、纯净的电源。不可再连接其他负载。

电源引脚供电的详细情况如图 10-2 所示。

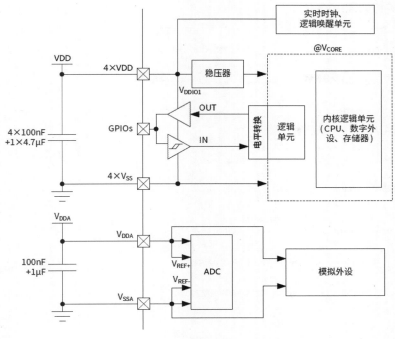

图 10-2

注意：①每个电源对（VDD/VSS 、VDDA/VSSA 等）必须使用滤波陶瓷电容器去耦，这些电容器必须尽可能靠近相应引脚放置，以确保芯片稳定运行；②所有的 VDD 引脚都必须供电，且电压相同。

（2）电源监控。

产品内部集成 POR 和 BOR 电源监控电路。POR 和 BOR 始终处于工作状态，当监测到电源电压低于特定电压门限（$V_{POR/BOR}$）时，芯片一直保持复位状态而无须外部复位电路。

POR/BOR 同时监控 V_{DD} 和 V_{DDA} 电源电压，为保证芯片解除复位后正常工作，需在电路设计上保证 VDD/VDDA 同时上下电。

（3）电源稳压器。

内置稳压器具有正常工作模式和低功耗工作模式两种工作模式，并且在复位后可以一直保持工作。

● 　正常工作模式对应全速操作的状态。

● 　低功耗工作模式对应部分供电工作状态，包括 Sleep 和 DeepSleep 工作模式。

　　Sleep 模式。在 Sleep 模式下，CPU 停止运行，所有外设保持工作，并且可以在发生中断或事件的时候唤醒 CPU。

　　DeepSleep 模式。DeepSleep 模式用于实现最低功耗，CPU 停止运行，高速时钟模块（HSE、HSIOSC）自动关闭，低速时钟（LSE、LSI、RC10K、RC150K）保持原状态不变。当发生外部复位、IWDT 复位、部分外设中断、RTC 事件时，芯片退出 DeepSleep 模式。

六、时钟和启动

MCU 复位后，默认选择 HSI（由内部 48MHz 的 HSIOSC 振荡器分频产生）作为 SysClk 的时钟源，系统时钟频率默认是 8MHz。用户可以使用程序启动外部晶体振荡器，并将系统时钟源切换到外部时钟源。时钟故障检测模块能持续检测外部时钟源状态，一旦检测到外部时钟源故障，系统就会自动切换到内部 HSIOSC 时钟源。如果对应故障检测中断处于使能状态，则会产生中断，便于用户记录故障事件。

有多个预分频器允许由应用程序配置 AHB 和 APB 域的频率，AHB 和 APB 域的最大频率为64MHz。

系统内部时钟树如图 10-3 所示。

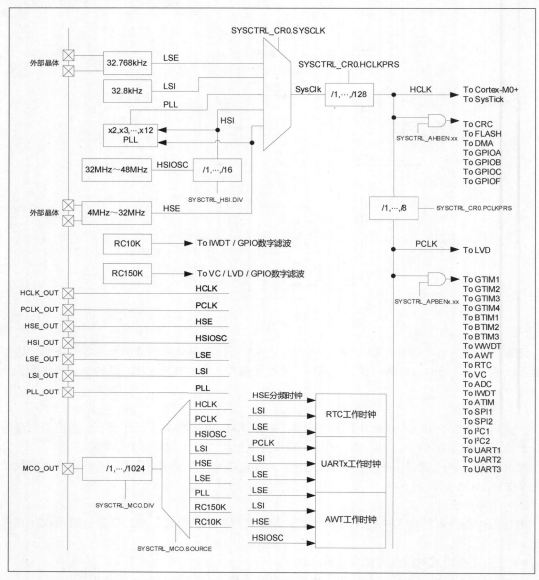

图 10-3

七、GPIO 端口

每个 GPIO 引脚可软件配置为推挽或开漏的数字输出，或带内部上拉或下拉的数字输入，以及外设复用功能。部分 GPIO 引脚具有模拟功能，与内部模拟外设连接。所有 I/O 可配置为外部中断输入引脚，同时具有数字滤波功能。

I/O 的配置可以锁定，以防止程序误操作，提高安全性。

八、DMA

芯片内置 DMA 控制器，有 5 条独立通道，外设和存储器之间、外设和外设之间、存储器和存储器之间的高速数据传输。

每个 DMA 通道都通过专用的硬件支持 DMA 请求，并支持独立的软件触发。软件可单独配置每个通道的传输方向和数据长度。

九、NVIC

CW32L083 系列微控制器嵌入了一个 NVIC，能够处理多达 32 个可屏蔽外部中断（不包括内核的 16 个中断源），支持可编程 4 级优先级。

- 中断入口向量表地址可重映射。
- 紧耦合的 NVIC 与内核的接口。
- 处理后发的高优先级中断。
- 支持尾链处理。
- 处理器状态自动保存。

此硬件模块提供灵活的中断管理功能，并具有最小的中断延迟。

十、ADC

CW32L083 内置的 12 位 ADC 具有多达 13 个外部通道和 3 个内部通道（温度传感器、电压基准、VDDA/3），支持单通道或序列通道转换模式。

在序列通道转换模式下，对选定的一组模拟输入自动转换。

可以外接高精度电压基准。

ADC 可为 DMA 提供数据。

模拟看门狗功能可以精确地监控一个选定通道的转换电压。当转换电压在所设定的阈值范围内时会产生中断。

（1）温度传感器。

温度传感器产生一个随温度线性变化的电压 V_{SENSE}。

温度传感器内部连接到 ADC_IN14 输入通道，用于将传感器输出电压转换为数值。

传感器提供良好的线性度，用户应先对其进行校准以获得良好的温度测量整体精度。由于温度传感器的偏移因工艺变化而随芯片而异，未校准的内部温度传感器适用于仅检测温度变化的应用。

为了提高温度传感器测量的准确性，制造商对每个芯片进行了单独的工厂校准。温度传感器出厂校准数据被存储在 FLASH 存储器中，如表 10-2 所示。

表 10-2 内部温度传感器校准值地址

ADC 参考电压	校准值存放地址	校准值精度
内部 1.5V	0x00100A0A～0x00100A0B	±3℃
内部 2.5V	0x00100A0C～0x00100A0D	±3℃

（2）内置电压参考。

ADC 参考电压除了可以选择 V_{DDA} 和外部参考电压之外，还可以选择内部参考电压。内置参考电压生成器（BGR）可为 ADC 提供稳定的电压输出，分别是 1.5V 和 2.5V。

十一、模拟电压比较器（VC）

内部集成两个模拟电压比较器（VC），用于比较两路模拟输入电压，并将比较结果从引脚输出。电压比较器的正端输入支持多达 8 路外部模拟输入，负端既支持 8 路外部模拟输入，又支持内部电压基准、内部电阻分压器、内部温度传感器等电压参考。比较结果输出具有滤波功能、迟滞窗口功能，以及极性选择。支持比较中断，可用于低功耗模式下唤醒 MCU。

模拟电压比较器（VC）的主要特性如下。

- 双路的模拟电压比较器 VC1、VC2。
- 内部 64 阶电阻分压器。
- 多达 8 路外部模拟信号输入。
- 4 路片内模拟输入信号。
  内置电阻分压器输出电压。
  内置温度传感器输出电压。
  内置 1.2V 基准电压。
  ADC 参考电压。
- 可选择输出极性。

- 支持迟滞窗口比较功能。
- 可编程的滤波器和滤波时间。
- 3 种中断触发方式，可组合使用。

高电平触发。

上升沿触发。

下降沿触发。

- 支持低功耗模式下运行，中断唤醒 MCU。

十二、LVD

LVD 用于监测 VDDA 电源电压或外部引脚输入电压，当被监测电压与 LVD 阈值的比较结果满足触发条件时，将产生 LVD 中断或复位信号，通常用于处理紧急任务。

LVD 产生的中断或复位标志，只能由软件清零。只有当中断或复位标志被清零后，再次满足触发条件时，LVD 才能再次产生中断或者复位信号。

LVD 的主要特性如下。

- 4 路监测电压源：VDDA 电源电压，PA00、PB00、PB11 引脚输入。
- 16 阶阈值电压，范围为 2.02～3.67V。
- 3 种触发条件，可组合使用。

电平触发：电压低于阈值。

下降沿触发：电压跌落到阈值以下的下降沿。

上升沿触发：电压回升到阈值以上的上升沿。

- 可触发产生中断或复位信号，二者不能同时产生。
- 8 阶滤波可配置。
- 支持迟滞功能。
- 支持低功耗模式下运行，中断唤醒 MCU。

十三、定时器和看门狗

CW32L083 微控制器内部集成一个高级定时器、4 个通用定时器、一个低功耗定时器和 3 个基本定时器，如表 10-3 所示。

表 10-3　不同类型的定时器

定时器类型	定时器	计数器位宽	计数方式	分频因子	DMA 请求	比较捕获通道	互补输出
高级定时器	ATIM	16 位	上/下/上下	2^N ($N=0,\cdots,7$)	YES	6	3
通用定时器	GTIM1	16 位	上/下/上下	$1,2,3,4,\cdots,65536$	YES	4	1
	GTIM2	16 位	上/下/上下	$1,2,3,4,\cdots,65536$	YES	4	1
	GTIM3	16 位	上/下/上下	$1,2,3,4,\cdots,65536$	YES	4	1
	GTIM4	16 位	上/下/上下	$1,2,3,4,\cdots,65536$	YES	4	1
低功耗定时器	LPTIM	16 位	上/下/上下	2^N ($N=0,\cdots,7$)	NO	2	0
基本定时器	BTIM1	16 位	上	$1,2,3,4,\cdots,65536$	YES	0	1
	BTIM2	16 位	上	$1,2,3,4,\cdots,65536$	YES	0	1
	BTIM3	16 位	上	$1,2,3,4,\cdots,65536$	YES	0	1

（1）高级定时器（ATIM）。

ATIM 由一个 16 位的自动重载计数器和 7 个比较单元组成，并由一个可编程的预分频器驱动。ATIM 支持 6 个独立的比较捕获通道，可实现 6 路独立 PWM 输出、3 对互补 PWM 输出或对 6 路输入进行捕获，可用于基本的定时/计数、测量输入信号的脉冲宽度和周期、产生输出波形（PWM、单脉冲、插入死区时间的互补 PWM 等）。

（2）通用定时器（GTIM1～GTIM4）。

4 个 GTIM，每个 GTIM 完全独立且功能完全相同，各包含一个 16 位自动重装载计数器并由一个可编程预分频器驱动。GTIM 支持定时器模式、计数器模式、触发启动模式和门控模式 4 种基本工作模式，每组带 4 路独立的比较捕获通道，可以测量输入信号的脉冲宽度（输入捕获）或者产生输出波形（输出比较和 PWM）。

（3）低功耗定时器（LPTIM）。

一个 16 位 LPTIM 可以以很低的功耗实现定时或对外部脉冲计数的功能。通过选择合适的时钟源和触发信号，可以实现系统低功耗休眠时将其唤醒的功能。LPTIM 内部具有一个比较寄存器，可实现比较输出和 PWM 输出，并可以控制输出波形的极性。此外，LPTIM 还可以与正交编码器连接，自动实现递增计数和递减计数。

（4）基本定时器（BTIM1～BTIM3）。

3 个 BTIM，每个 BTIM 完全独立且功能相同，各包含一个 16 位自动重装载计数器并由一个可编程预分频器驱动。BTIM 支持定时器模式、计数器模式、触发启动模式和门控模式 4 种基本工作模式，支持溢出事件触发中断请求和 DMA 请求。得益于对触发信号的精细处理设计，BTIM 可以由硬件自动执行触发信号的滤波操作，还能令触发事件产生中断和 DMA 请求。

（5）IWDT。

IWDT 使用专门的内部 RC 时钟源 RC10K，可避免运行时受到外部因素影响。一旦启动 IWDT，用户需要在规定时间间隔内对 IWDT 的计数器进行重载，否则产生溢出会触发复位或产生中断信号。IWDT 启动后，可停止计数。用户可选择在深度休眠模式下让 IWDT 保持运行或暂停计数。

专门设置的键值寄存器可以锁定 IWDT 的关键寄存器，防止寄存器被意外修改。

（6）WWDT。

CW32L083 微控制器内部集成 WWDT，用户需要在设定的时间窗口内进行刷新，否则看门狗溢出将触发系统复位。WWDT 通常被用来监测有严格时间要求的程序执行流程，防止由外部干扰或未知条件造成应用程序的执行异常。

（7）SysTick 定时器。

此定时器常用于 RTOS，也可用作标准递减计数器。它的特点如下。

- 24 位递减计数器。
- 自动重装载能力。
- 当计数器达到 0 时产生可屏蔽的系统中断。

十四、RTC

RTC 是一种专用的计数器/定时器，可提供日历信息，包括时、分、秒、日、月、年及星期。

RTC 具有两个独立闹钟，时间、日期可组合设定，可产生闹钟中断，并通过引脚输出；支持时间戳功能，可通过引脚触发，记录当前的日期和时间，同时产生时间戳中断；支持周期中断；支持自动唤醒功能，可产生中断并通过引脚输出；支持 1Hz 方波和 RTCOUT 输出功能；支持内部时钟校准补偿。

CW32L083 内置经独立校准的 32kHz 频率的 RC 时钟源为 RTC 提供驱动时钟，RTC 可在深度休眠模式下运行，适用于要求低功耗的应用场合。

十五、I²C 控制器

I²C 控制器能按照设定的传输速率（标准、快速、高速）将需要发送的数据按照 I²C 规范串行发送到 I²C 总线上，并对通信过程中的状态进行检测。另外，还支持多主机通信中的总线冲突和仲裁处理。

I²C 控制器的主要特性如下。

- 支持主机发送/接收、从机发送/接收 4 种工作模式。
- 支持时钟延展（时钟同步）和多主机通信冲突仲裁。
- 支持标准（100kbit/s）、快速（400kbit/s）、高速（1Mbit/s）3 种工作速率。
- 支持 7 位寻址功能。
- 支持 3 个从机地址。

- 支持广播地址。
- 支持输入信号噪声过滤功能。
- 支持中断状态查询功能。

十六、UART

UART 支持异步全双工、同步半双工和单线半双工模式，支持硬件数据流控和多机通信模式；可编程数据帧结构，可以通过小数波特率发生器提供宽范围的波特率选择。

UART 控制器工作在双时钟域下，允许在深度休眠模式下进行数据的接收，接收完成中断可以唤醒 MCU 回到运行模式。

十七、SPI

SPI 支持双向全双工、单线半双工和单工通信模式，可配置 MCU 作为主机或从机，支持多机通信模式，支持 DMA。

SPI 的主要特性如下。

- 支持主机模式、从机模式。
- 支持全双工、单线半双工、单工通信模式。
- 可选的 4 位到 16 位数据帧宽度。
- 支持收发数据 LSB 或 MSB 在前。
- 可编程时钟极性和时钟相位。
- 主机模式下通信速率高达 PCLK/2。
- 从机模式下通信速率高达 PCLK/4。
- 支持多机通信模式。
- 8 个带标志位的中断源。
- 支持 DMA。

十八、IR 调制发送器

CW32L083 内置 IR 调制发送器，通过两路通用定时器或一路通用定时器与 UART 配合使用，可方便地实现各种标准的 PWM 或 PPM 编码方式，也可实现 UART 数据的 IR 调制发送。

IR 调制发送器的主要特性如下。

- 支持红外线数据协会（the Infrared Data Association，IrDA）标准 1.0 的串行红外（Serial Infrared，SIR）协议。
- 最高数据传输速率 115.2kbit/s。
- 可适应高低电平 IR 发射管。

十九、TRNG

TRNG 采用内部模拟随机源，通过特定的配置模式，产生 64 位真随机数。

TRNG 的主要特性如下。

- 64 位真随机数。
- 3 种真随机数生成配置。
- 可被禁止以降低功耗。

二十、AES 模块

AES 模块可用于通过 AES 算法对数据进行加密和解密。AES 支持 128 位数据块处理，支持 128、192 或 256 位密钥长度。

AES 模块的主要特性如下。

- 使用 AES 算法对数据进行加密和解密。
- 128 位数据块处理。
- 128、192、256 位密钥长度。
- 支持电子密码本（Electronic Code Book，ECB）。

二十一、LCD 控制器

LCD 控制器用于单色无源 LCD 的数字控制与驱动，具有 8 个公用端子（COM）和 56 个区段端子（SEG），可以驱动 224（4×56）、324（6×54）或 416（8×52）个 LCD 图像元素。

LCD 控制器的主要特性如下。

- 高度灵活的帧率控制。
- 支持静态、1/2、1/3、1/4、1/6 和 1/8 占空比。
- 支持 1/2、1/3 偏置。
- 16 级对比度调节。
- 3 种偏置电压产生模式：内部电阻分压、外部电阻分压、外部电容分压。
- 可通过软件调节内部电阻分压器。
- 内置电荷泵电路。
- 支持帧中断。
- 支持 DMA 传输。
- 支持 LCD 闪烁功能，闪烁频率可配置。
- 未使用的 LCD 区段和公共引脚可配置为数字或模拟功能。

二十二、SWD 接口

提供一个 SWD 接口，用户可使用 CW-DPLINK 连接到 MCU，在 IDE 中进行调试和仿真。

10.2　CW32L083 评估板简介

本节以 CW32L083VxTx StartKit 评估板为例，该款 CW32L083 评估板可为用户提供一种经济且灵活的方式使用 CW32L083VxTx 芯片构建系统原型，可进行性能、功耗、功能等方面的快速验证，在使用时可搭配 CW-DAPLINK 调试器。该评估板带有 CW32L083 StartKit 软件包及 CW32L083-StdPeriph-Lib 固件库和例程。

CW32L083VxTx StartKit 评估板如图 10-4 所示。

图 10-4

10.2.1　评估板特性

CW32L083VxTx StartKit 评估板特性如下。

- CW32L083VxTx 微控制器（内核为 ARM Cortex-M0+，最高主频为 64MHz），LQFP100 封装，256KB 的 FLASH 存储器，24KB 的 RAM。
- 3 个 LED，分别是电源指示灯（LED3）和用户指示灯（LED1、LED2）。
- 3 个轻触开关，分别是复位轻触开关（S3）和用户轻触开关（S1、S2）。
- 4×16 段码 LCD：8 位数字型。
- USB 转串口芯片（CH340N）。
- FLASH 芯片（W25Q64JVSSIQ）。
- EEPROM 芯片（CW24C02AD）。
- 蜂鸣器电路。
- IR 收发电路。
- 板载接口。
  Mini USB 接口（串口通信，USB 供电）。
  调试器及编程器接口。
  所有 GPIO 接口通过排针引出。
- 多种方式供电：USB 供电，3.3V 供电（LD1117AS33TR），外接 1.65～5.5V 供电。
- CW32L083-StdPeriph-Lib 软件包提供全面且免费的固件库和例程。
- 支持多种集成开发环境，如 IAR Embedded Workbench、Keil MDK。

10.2.2　快速开始

CW32L083VxTx StartKit 评估板是一款用于快速评估 LQFP100 封装的 CW32L083 系列微控制器性能和功能的低成本开发套件。

按照以下步骤配置 CW32L083VxTx StartKit 评估板。

1. 确认评估板上跳线配置（见表 10-4）。
2. 连接 CW-DAPLINK 调试器，确认主机端驱动程序已经正确安装，并将调试接口线正确连接至评估板。
3. 给评估板供电，使用 USB 电缆（Type-A 转 Mini USB）连接至评估板 USB 连接器 CN1。
4. 红色 LED3 点亮（电源指示灯），绿色 LED1、LED2 交替闪烁。
5. 按下 S1 按钮，可观察到 LED1 闪烁、LED2 熄灭。
6. 按下 S2 按钮，可观察到 LED2 闪烁、LED1 熄灭。

读者可在武汉芯源半导体有限公司官网下载 CW32L083 StartKit 演示软件，以快速了解 CW32L083VxTx StartKit 评估板特征，并根据提供的例程开发自己的程序。

表 10-4　跳线配置

跳线	定义	位置	功能
J1[5-6]	VDDLDO	ON	使用 VDDLDO 降压后的电源给系统供电
J23	—	ON	短接不进行系统电流测量

10.2.3　硬件布局

CW32L083VxTx StartKit 评估板是围绕 LQFP100 封装的 CW32L083 微控制器设计的，其硬件布局如图 10-5 所示。

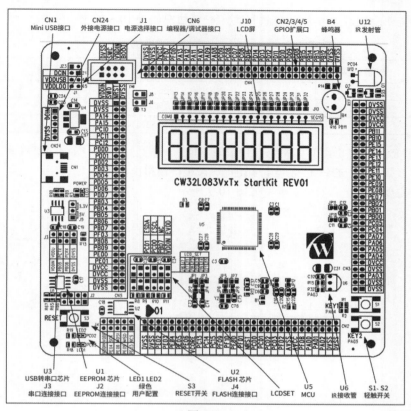

图 10-5

10.3　CW32L083 评估板原理图

CW32L083VxTx Startkit 评估板原理图（PDF 版本）可在武汉芯源半导体有限公司官方网站下载。

10.3.1　电源电路

电源电路如图 10-6 所示。

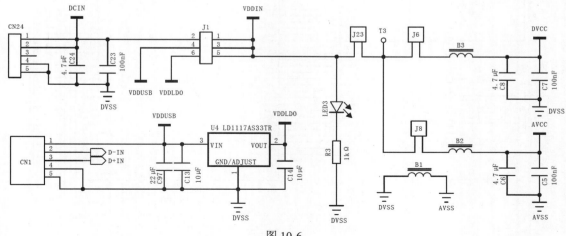

图 10-6

电源可通过 USB（即 CN1）提供，也可由外部电源接口——CN24 排针 DCIN 引脚提供（1.65～5.5V）。

微控制器工作电压可通过 J1 进行选择，J1 配置情况如表 10-5 所示。

表 10-5 J1 配置情况

跳线连接	控制器工作电压
J1[1-2]	DCIN 输入电压
J1[3-4]	5V（USB 输入电压）
J1[5-6]	3.3V（LD1117AS33TR）

LED3 为电源指示灯。LED3 亮表示评估板已通电，若 J23 连接，微控制器得电。
J6、J8 跳线短接时，DVCC 数字电源得电、AVCC 模拟电源得电。
电源滤波主要通过电容器来实现，如图 10-7 所示。

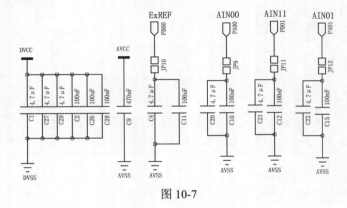

图 10-7

10.3.2 最小系统电路

最小系统电路如图 10-8 所示。

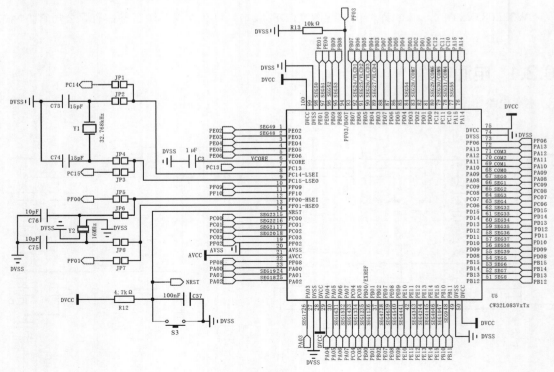

图 10-8

最小系统电路中，Y1 为外部低速时钟源，一般使用 32.738kHz 晶振。Y2 为外部高速时钟源，一般使用 16MHz 晶振。在低功耗产品设计时，可以使用内部低速时钟，以降低功耗。PC14、PC15 引脚既可作为外部低速时钟输入引脚，也可作为普通 GPIO 引脚使用，根据需要对 JP1、JP2、JP3、JP4 短接设置。对于外部高速时钟 GPIO 接口，PF00、PF01 同样可根据需要对 JP5、JP6、JP7、JP8 短接设置使用。当 JP6、JP8 短接时，外部 16MHz 高速时钟输入。其中，MCU 的数字电源和模拟电源分别为 DVCC 和 AVCC。

S3 为复位轻触开关，接入复位电路，当按下 S3 按钮时，NRST 引脚为低电平，芯片复位。

10.3.3　外扩 FLASH 芯片电路

FLASH 芯片电路如图 10-9 所示。

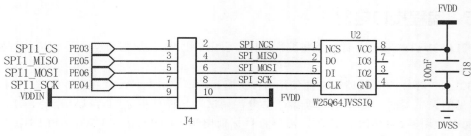

图 10-9

CW32L083VxTx StartKit 评估板已焊接 W25Q64JVSSIQ FLASH 芯片，用户可使用 J4 排针配置 W25Q64 的工作电压。

J4 连接说明如表 10-6 所示。

表 10-6　J4 连接说明

J4	连接说明
J4[1-2]	PE03 端口和 FLASH SPI 的 SPI_CS 连接
J4[3-4]	PE05 端口和 FLASH SPI 的 SPI_MISO 连接
J4[5-6]	PE06 端口和 FLASH SPI 的 SPI_MOSI 连接
J4[7-8]	PE04 端口和 FLASH SPI 的 SPI_SCK 连接
J4[9-10]	VDDIN 和 FLASH 的 FVDD 电源连接

10.3.4　外扩 EEPROM 芯片电路

EEPROM 芯片电路如图 10-10 所示。

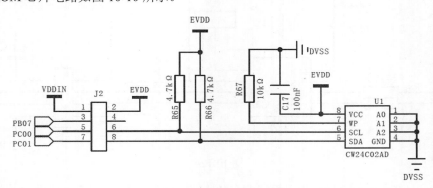

图 10-10

CW32L083VxTx StartKit 评估板已焊接 CW24C02AD EEPROM 芯片，用户可使用 J2 排针配置 CW24C02AD 工作电压。

J2 连接说明如表 10-7 所示。

表 10-7　J2 连接说明

J2	连接说明
J2[1-2]	VDDIN 和 EEPROM 的 EVDD 电源连接
J2[3-4]	可不连接
J2[5-6]	PC00 端口和 EEPROM I²C 接口的 SCL 连接
J2[7-8]	PC01 端口和 EEPROM I²C 接口的 SDA 连接

10.3.5　编程接口电路

CW32L083VxTx StartKit 评估板将编程器接口引出，用户可将编程器连接至 CN6 编程器接口进行编程。

CW32L083 芯片的下载调试主要使用 SWD 模式，即 PA13、PA14 接口，如图 10-11 所示。在使用常见的调试器时，如果微处理器已供电，调试器与评估板之间可以只连接 PA13、PA14、DVSS。而在使用 CW-DAPLINK 时，需要将目标板电源 VDDIN 接入 CW-DAPLINK 的 VTREF 接口。

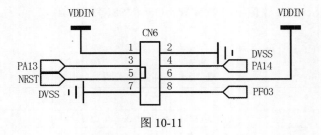

图 10-11

10.3.6　USB 转串口电路

USB 转串口电路如图 10-12 所示。

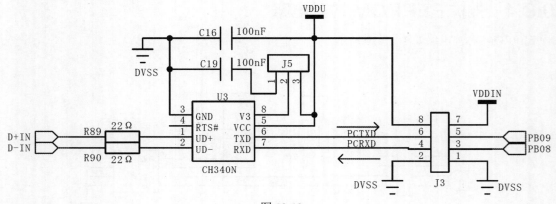

图 10-12

CW32L083VxTx StartKit 评估板已焊接 CH340N USB 转串口芯片，用户可使用 J3 排针的 VDDU 引脚配置 CH340N 工作电压（J3[7-8] 直接短接时取决于 J1 的 VDDIN 配置）。当 CH340N 工作电压为 3.3V 或 5V 时（J3 VDDU 连接不同的电源，J3[7-8]直接短接时取决于 J1 的 VDDIN 配置），J5 连接说明如表 10-8 所示。关于 CH340N 的 J3 连接说明如表 10-9 所示。

表 10-8　J5 连接说明

CH340N 工作电压	J5 连接
3.3V	J5[2-3]
5V	J5[1-2]

表 10-9　J3 连接说明

J3	连接说明
J3[1-2]	可不连接
J3[3-4]	PB08 端口和串口 PCRXD 连接
J3[5-6]	PB09 端口和串口 PCTXD 连接
J3[7-8]	VDDIN 和 CH340N 的 VDDU 电源连接

通过 PB08、PB09 对应的串口外设，可实现计算机、USB 串口与 CW32L083 芯片的双向通信。

10.3.7　按键指示灯电路

按键指示灯电路如图 10-13 所示。

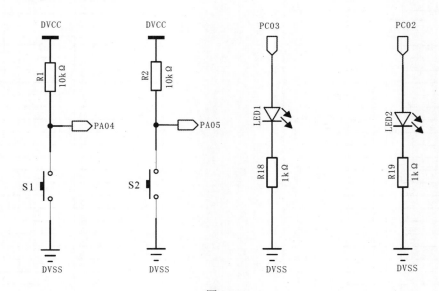

图 10-13

轻触开关，S1 接口接入 PA04、S2 接口接入 PA05。按下 S1 按键时，PA04 读入电平为低电平；松开 S1 按键时，GPIO 接口 PA04 为高电平。S2 按键的使用方法相同。

LED1、LED2 指示灯分别接入 PC03、PC02。当 GPIO 输出为高电平时，指示灯亮；为低电平时，指示灯灭。

10.3.8　扩展接口电路

CW32L083VxTx StartKit 评估板将 MCU 的 GPIO 引出至排针，电路如图 10-14 所示。

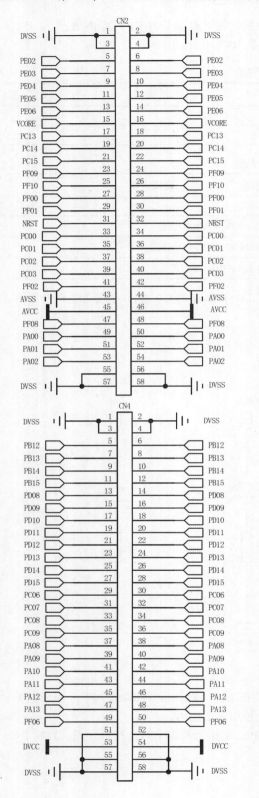
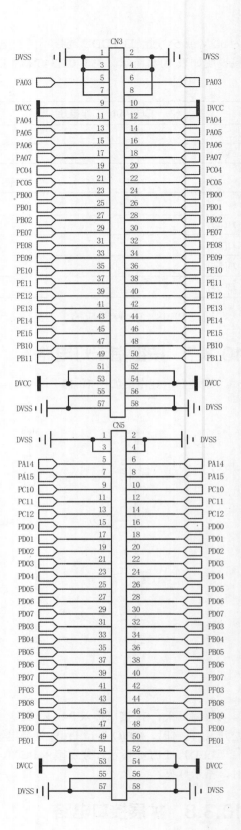

图 10-14

10.3.9　IR 收发电路

IR 收发电路如图 10-15 所示。

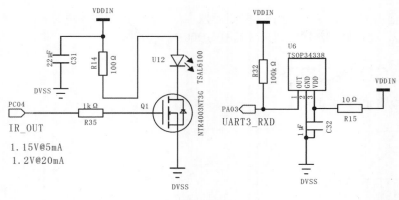

图 10-15

CW32L083VxTx StartKit 评估板带有 IR 发射管和 IR 接收管，可用来演示单板的 IR 调制发送功能。

CW32L083 内部集成 IR 调制发送器，支持 IrDA 标准 1.0 的 SIR 协议，最高数据传输速率 115.2kbit/s，可适应高低电平 IR 发射管。

IR 调制发送器内部连接如图 10-16 所示。通过两路通用定时器或一路通用定时器与 UART 配合使用，可方便地实现各种标准的 PWM 或 PPM 编码方式，也可实现 UART 数据的 IR 调制发送。

实现 IR 调制发送器时，使用一个通用定时器通道产生一个固定频率的方波信号，另一个通用定时器或 UART 用以产生调制数据，二者进行"与"或"或"运算后，从 IR_OUT 引脚输出。

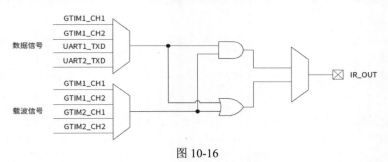

图 10-16

IR 调制控制寄存器用于选择载波信号和数据信号的来源，以及二者的"与"或"或"操作，"与"或"或"由用户的硬件 IR 发射管的驱动电平决定。载波信号频率用户可自行设置，常见的载波信号频率是 38kHz。

CW32L083 内部没有 IR 接收解调模块，在 IR 接收应用中，需要使用带有解调功能的一体化 IR 接收头，配合 GTIM 的捕捉功能（UART 方式可直接使用 RXD 引脚输入）可方便地实现 IR 接收功能。

10.3.10 蜂鸣器电路

蜂鸣器电路如图 10-17 所示。

CW32L083VxTx StartKit 评估板带有一个无源蜂鸣器，用户可进行简单的声调控制。

无源蜂鸣器是用于发声的设备，发声原理是利用电磁感应现象，为音圈接入交变电流后形成的电磁铁与永磁铁相吸或相斥而推动振膜发声，接入直流电只能持续推动振膜而无法产生声音，只能在接通或断开时产生声音。

在蜂鸣器电路中，控制无源蜂鸣器的 GPIO 接入

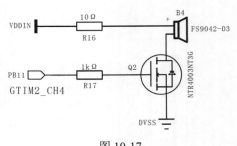

图 10-17

PB11 接口，可使用 GTIM2_CH4 输出方波进行发声，方波的频率即发声的频率。人耳的敏感范围为 20Hz～20kHz，建议蜂鸣器的控制频率范围为 200Hz～10kHz。

10.3.11　LCD 接口电路

LCD 接口电路如图 10-18 所示。

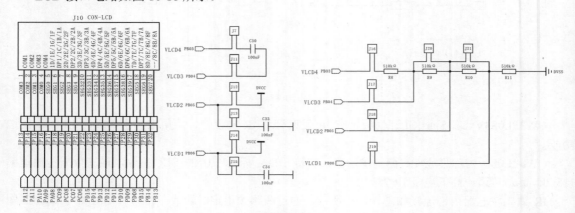

图 10-18

CW32L083VxTx StartKit 评估板带有一个 4×16 段码的 8 位数字型 LCD，带小数点，可用来显示各种数字和英文字符。该 LCD 型号为 BTL004 段码式 LCD，其段码定义如图 10-19 所示。

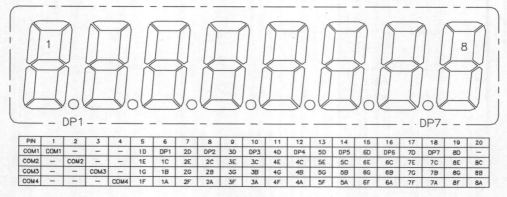

PIN	1	2	3	4	5	6	7	8	9	10	11	12	13	14	15	16	17	18	19	20
COM1	COM1	—	—	—	1D	DP1	2D	DP2	3D	DP3	4D	DP4	5D	DP5	6D	DP6	7D	DP7	8D	—
COM2	—	COM2	—	—	1E	1C	2E	2C	3E	3C	4E	4C	5E	5C	6E	6C	7E	7C	8E	8C
COM3	—	—	COM3	—	1G	1B	2G	2B	3G	3B	4G	4B	5G	5B	6G	6B	7G	7B	8G	8B
COM4	—	—	—	COM4	1F	1A	2F	2A	3F	3A	4F	4A	5F	5A	6F	6A	7F	7A	8F	8A

图 10-19

CW32L083 芯片内部集成了一个液晶控制器，用于单色无源 LCD 的数字控制与驱动，最多具有 8 个公用端子（COM）和 56 个区段端子（SEG），可以驱动 224（4×56）、324（6×54）或 416（8×52）个 LCD 图像元素。

LCD 功能框图如图 10-20 所示。

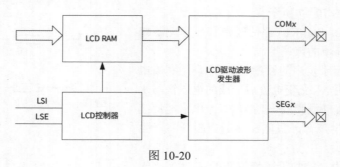

图 10-20

LCD 控制器的工作时钟来源可选 LSI 时钟或 LSE 时钟，具体通过控制寄存器 LCD_CR1 的 CLKCS 位域来选择。当 LSI 或 LSE 的时钟频率为典型值 32kHz 时，可通过 LCD_CR1 寄存器的 LCDFS 位域选择 LCD 的扫描频率为 128Hz、256Hz、512Hz 或 64Hz。

将所有公用端子（COM）各施加一次扫描电压的时间称为一帧，单位时间内能刷新的帧数称为 LCD 的帧率，LCD 帧率的计算公式如下。

LCD 帧率=LCD 扫描频率×DUTY

一般为了达到好的显示效果，当使用的 COM 端口越多时，LCD 的扫描频率应该选择得越高。

CW32L083 的 LCD 控制器提供多达 8 个 COM 端口，可根据实际使用的 LCD 配置 LCD_CR0 寄存器的 DUTY 位域，使 COM 端口与 LCD 相匹配。DUTY 位域配置与 COM 端口的关系如图 10-21 所示。

LCD_CR0.DUTY	DUTY位域	可使用的 COM 端口
000	静态	COM0
001	1/2	COM0、COM1
010	1/3	COM0~COM2
011	1/4	COM0~COM3
100	保留	—
101	1/6	COM0~COM5
110	保留	—
111	1/8	COM0~COM7

图 10-21

评估板中使用了 COM0~COM3，所以选用 DUTY 配置为 1/4。

LCD 是利用液晶分子的光学特性和物理结构进行显示的元件。液晶分子是用交流电压驱动的，长时间的直流电压加在液晶分子两端，会影响液晶分子的电气化学特性，引起显示模糊、寿命减少，造成不可恢复的破坏。因此需要 LCD 控制器在 SEG 端和 COM 端产生交流波形从而驱动 LCD 的显示。

LCD 的驱动有 3 种方式：内部驱动模式、外部电容驱动模式、外部电阻驱动模式。CW32L083 VxTx StartKit 评估板的不同驱动模式需要设置的跳线如图 10-22 所示。

外部电容驱动模式 LCD 接口设置						
电容模式	J7	J11	J12	J13	J14	J15
静态	开路	开路	短路	开路	短路	开路
1/2 BIAS	短路	短路	短路	开路	开路	短路
1/3 BIAS	短路	短路	开路	短路	开路	短路

外部电阻驱动模式 LCD 接口设置						
电阻模式	J16	J17	J18	J20	J19	J21
静态	开路	开路	短路	短路	开路	开路
1/2 BIAS	短路	短路	短路	开路	开路	短路
1/3 BIAS	短路	短路	开路	开路	短路	短路

图 10-22

使用内部驱动模式时，BIAS 电压由芯片内部电路产生，引脚 VLCD1~VLCD4 可以作为 LCD 的 SEG 输出或 GPIO 端口使用。这种模式的驱动能力较弱，可以通过 LCD_CR0 寄存器的 INRS 位域选择不同的功耗模式，如图 10-23 所示。

LCD_CR0.INRS	功耗
111	最大
001	中
010	小
100	最小

图 10-23

10.4　CW32L083 低功耗应用实验

在嵌入式系统的设计中，如何实现低功耗设计是许多设计人员必须面对的问题，嵌入式系统广泛应用于便携式和移动性较强的产品中，而这些产品不是一直都有充足的电源供应的，往往靠电池供电，所以设计人员需要从每一个细节来考虑如何降低功率消耗，从而尽可能地延长电池使用时间。

本节通过一系列不同外设的低功耗实验来详细讲解 CW32L083 的低功耗特性与编程应用实战。

为了方便读者进行实验并重现实验数据，本节的实验硬件平台基于 CW32L083 官方评估板，用普通数字万用表的电流挡来测量不同实验场景下的电流。所以本节实验的数据，更多的是带给读者直观的感受与参考，不追求精度和严谨的测量。相关权威数据可参阅 CW32L083 的官方数据手册及编程手册。

10.4.1　低功耗设计概念

大部分芯片都有低功耗模式。从 MCU 端来讲，低功耗的 MCU 性能一般由以下几个参数指标来衡量。

- MCU 处于深度休眠模式时所消耗的工作电流，单位为微安（μA）。
- MCU 从深度休眠模式唤醒后，进入高速运行状态所需要的时间，单位为微秒（μs）。
- 高速运行时所消耗的电流，单位为微安每兆赫兹（μA/MHz）。
- MCU 内部不使用的功能是否可以彻底关掉（就是让它不消耗额外的能量）？

低功耗 MCU 一般平时处于休眠模式，只保持可被唤醒的状态，每次唤醒之后快速解决问题，然后马上又进入休眠状态。

以 CR2032 电池为例，标准的容量为 200mAh，如果用电的电流只有 1μA，理论上是可以待机多年的。计算公式如下。

$$200mAh/1μA=200mAh/0.001mA=200000h≈8333 天≈22.8 年$$

所以一般休眠电流不超 1μA 就很不错了。

在深度休眠模式下，CW32L083 工作电流只有 0.6μA，极大程度地减少了消耗，能使电池供电类的产品应用更广泛，延长电池待机时间。在运行模式下（代码在闪存中运行），功耗也仅为 115μA/MHz。

在实测中，CW32L083 超低功耗唤醒时间仅需 4μs，可使模式切换更加灵活、高效，系统反应更为敏捷。同时 CW32L083 可以在−40～85℃的温度范围内工作，且具有超宽工作电压范围 1.65～5.5V，可满足用户各种使用环境需求。

CW32L083 系列产品非常适用于各种小、中型电子产品，比如医疗和手持设备、PC 外围设备、游戏设备、运动装备、报警系统、智能门锁、有线和无线传感器模块、表计等产品。

10.4.2　低功耗工作原理

CW32 系列芯片支持 3 种工作模式：运行模式、休眠模式以及深度休眠模式。

MCU 上电以后，系统自动进入运行模式，可以通过软件配置进入休眠或者深度休眠两种低功耗模式。进入低功耗运行模式后，可以通过外设中断触发唤醒机制，使得系统返回到运行模式。3

种工作模式的转换机制如图 10-24 所示。

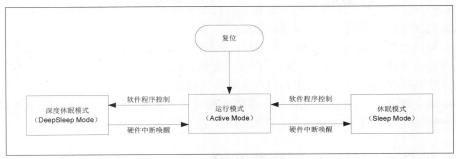

图 10-24

- 运行模式（Active Mode）：运行模式下 CPU 正常运行，所有模块用户均可正常使用。
- 休眠模式（Sleep Mode）：休眠模式下，CPU 停止运行，所有外设不受影响，所有 I/O 引脚保持状态不变。
- 深度休眠模式（DeepSleep Mode）：深度休眠模式下，CPU 停止运行，高速时钟（HSE、HSIOSC）自动关闭，低速时钟（LSE、LSI、RC10K、RC150K）保持原状态不变。深度休眠模式的功耗远小于休眠模式。

一、进入休眠

CW32L083 可以使用等待中断专用指令，即 WFI 指令，配合 SCR 的 SLEEPONEXIT 和 SLEEPDEEP 位域，可实现立即进入或退出（中断服务程序）时进入休眠模式或深度休眠模式。

- 立即进入：执行 WFI 指令，MCU 将立即进入休眠模式（SLEEPDEEP 为 0 时）或深度休眠模式（SLEEPDEEP 为 1 时）。
- 退出时进入：将 SLEEPONEXIT 置 1，当退出最低优先级的中断服务程序后，MCU 会进入休眠模式（SLEEPDEEP 为 0 时）或深度休眠模式（SLEEPDEEP 为 1 时），而不需要执行 WFI 指令。

注意：在深度休眠模式下，系统将自动关闭高速时钟，如果需要在深度休眠模式下使部分外设仍保持运行，则需要在进入深度休眠模式前，启动相应的低速时钟并将该外设时钟设置为此低速时钟。

二、休眠唤醒

在休眠模式或深度休眠模式下，均可通过中断来唤醒 CPU，返回到运行模式。如果用户在中断服务程序中执行 WFI 指令进入休眠模式（包括深度休眠模式），则需要比此中断更高优先级的中断才能唤醒 CPU，因此，强烈建议在准备进入休眠模式前，应先处理完所有中断服务程序，并且清除所有中断请求和中断标志。

使用中断退出休眠模式，用户必须在进入休眠模式（包括深度休眠模式）前使能此中断的允许位。

中断唤醒退出休眠模式后，CPU 将立即进入此中断的中断服务程序。如果用户未设置此中断服务程序，且为立即进入休眠模式时，CPU 将继续执行进入休眠模式的 WFI 指令的下一条语句；而为退出进入休眠模式时，CPU 继续执行最后进入的中断服务程序的下一条语句。一般情况下，基于系统可靠性考虑，强烈建议用户设置此中断的服务程序，并在中断服务程序中清除中断请求和中断标志。

中断唤醒退出深度休眠模式时，CPU 运行状态与退出休眠模式相同。深度休眠模式下，系统将自动关闭高速时钟，在退出深度休眠模式时，CW32L083 为用户额外增加了一种系统时钟选择，用户既可以选择继续使用进入深度休眠模式时使用的时钟，也可选择 HSI 作为系统时钟。配置系统控制寄存器 SYSCTRL_CR2 的 WAKEUPCLK 位域为 1，则在中断唤醒退出深度休眠模式后自动使用 HSI 作为系统时钟，由于 HSI 时钟的恢复时间比 HSE 快，从而可以加速唤醒系统。

三、配置进入低功耗模式时所需注意的事项

- 建议芯片上电复位之后先延时一定时间，再根据情况进入低功耗模式，避免出现上电就进入低功耗模式，而无法烧录程序的情况。
- 系统可以配置从 DeepSleep 模式唤醒后，系统时钟来源是 HSI 还是进入休眠前的时钟。
- 系统进入低功耗模式，端口状态不会发生改变，此时需要用户根据实际应用来配置端口状态来达到理想的功耗值，未用端口建议配置为模拟模式。
- 其他的 RTC 等低功耗运行模块因在深度休眠模式下高速时钟停止运行，所以如果需要在深度休眠模式下运行 RTC 等模块，需配置模块时钟源为 LSI 或 LSE。

10.4.3　低功耗之外部中断唤醒实验

使用 CW32L083 的评估板完成简易低功耗例程实验。

功能定义：在正常运行模式下，LED1 每间隔 1s 翻转一次状态。当按下 S2 按键时，LED1 指示灯灭，进入低功耗模式。再次按下 S2 按键后，重新回到正常的运行模式，LED1 每间隔 1s 翻转一次状态。通过以上方式可以测量正常运行模式与低功耗模式的功耗。

查看按键指示灯电路，如图 10-25 所示。S2 按键对应的 GPIO 接口为 PA05 接口，当按下时，PA05 读入为低电平。LED1 指示灯对应的 GPIO 接口为 PC03 接口，当 PC03 接口输出高电平时，LED1 指示灯亮。

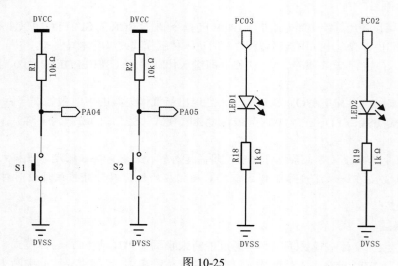

图 10-25

编程时，配置 PA05 为引脚输入，并开启下降沿中断，通过中断服务函数改变全局变量 gKeyStatus 的值，使 MCU 在 main() 中判断 gKeyStatus 值再进入低功耗休眠模式。

主要程序代码如下。

```
volatile uint8_t gKeyStatus;
volatile uint32_t gFlagWakeUpIrq = 0;

int main(void)
{
    RCC_HSI_Enable(RCC_HSIOSC_DIV6); //配置系统时钟为 HSI 8MHz
    InitTick(8000000ul); //初始化 SysTick
    LED_Init();          //初始化 LED
    BSP_PB_Init();       //初始化按键

    while (1)
    {
        gKeyStatus = 0;//在没有进入低功耗模式前，PC03 每间隔 1s 翻转一次状态
```

```
        do
        {
        PC03_TOG();                //翻转 LED1
        SysTickDelay(1000);        //延迟 1s
        } while (gKeyStatus == 0);  //等待按键中断改变 gKeyStatus 为 1

        PC03_SETLOW();             //PC03 置低
        DeepSleepModeTest();       //进入深度休眠模式
    }
}

void BSP_PB_Init(void)
{
    GPIO_InitTypeDef GPIO_InitStructure = {0};

    //打开 GPIOA 时钟
    REGBITS_SET(CW_SYSCTRL->AHBEN, SYSCTRL_AHBEN_GPIOA_Msk);

    GPIO_InitStructure.Pins = GPIO_PIN_5;
    GPIO_InitStructure.Mode = GPIO_MODE_INPUT_PULLUP;
    GPIO_InitStructure.IT = GPIO_IT_FALLING;
    GPIO_Init(CW_GPIOA, &GPIO_InitStructure);
    GPIO_ConfigFilter(CW_GPIOA, GPIO_PIN_5, GPIO_FLTCLK_RC10K);

    //设置 GPIOA 的中断等级为 3
    NVIC_SetPriority(GPIOA_IRQn, 0x03);
    GPIOA_INTFLAG_CLR(GPIOx_ICR_PIN5_Msk);
    NVIC_EnableIRQ(GPIOA_IRQn);
}

void LED_Init(void)
{
    GPIO_InitTypeDef GPIO_InitStructure = {0};

    //打开 GPIO 时钟
    REGBITS_SET(CW_SYSCTRL->AHBEN, SYSCTRL_AHBEN_GPIOC_Msk);
    GPIO_InitStructure.Pins = GPIO_PIN_2 | GPIO_PIN_3;
    GPIO_InitStructure.Mode = GPIO_MODE_OUTPUT_PP;
    GPIO_Init(CW_GPIOC, &GPIO_InitStructure);
    PC03_SETLOW();
    PC02_SETLOW();
}

void DeepSleepModeTest(void)
{
    GPIO_InitTypeDef GPIO_InitStructure = { 0 };
    PWR_InitTypeDef PWR_InitStructure = { 0 };

    //打开 GPIO 时钟，统一设置为模拟输入，以降低功耗
    REGBITS_SET(CW_SYSCTRL->AHBEN,SYSCTRL_AHBEN_GPIOA_Msk|\
    SYSCTRL_AHBEN_GPIOB_Msk | \
    SYSCTRL_AHBEN_GPIOC_Msk | SYSCTRL_AHBEN_GPIOF_Msk);

    GPIO_InitStructure.Mode = GPIO_MODE_ANALOG;
    GPIO_InitStructure.IT = GPIO_IT_NONE;
    GPIO_InitStructure.Pins = GPIO_PIN_All;

    GPIO_Init(CW_GPIOA, &GPIO_InitStructure);
    GPIO_Init(CW_GPIOB, &GPIO_InitStructure);
    GPIO_Init(CW_GPIOC, &GPIO_InitStructure);
    GPIO_Init(CW_GPIOF, &GPIO_InitStructure);

    //关闭 GPIO 时钟
    REGBITS_CLR(CW_SYSCTRL->AHBEN,SYSCTRL_AHBEN_GPIOA_Msk| \
    SYSCTRL_AHBEN_GPIOB_Msk | \
```

```
                    SYSCTRL_AHBEN_GPIOC_Msk | SYSCTRL_AHBEN_GPIOF_Msk);
    BSP_PB_Init();              //重新初始化按键，即打开按键中断唤醒
    // 唤醒后自动使用内部高速时钟（HSI）
    RCC_WAKEUPCLK_Config(RCC_SYSCTRL_WAKEUPCLKEN);

    PWR_InitStructure.PWR_Sevonpend = PWR_Sevonpend_Disable;
    PWR_InitStructure.PWR_SleepDeep = PWR_SleepDeep_Enable;
    PWR_InitStructure.PWR_SleepOnExit = PWR_SleepOnExit_Disable;
    PWR_Config(&PWR_InitStructure);

    PWR_GotoLpmMode(); //进入休眠
    RCC_HSI_Enable( RCC_HSIOSC_DIV6); //配置系统时钟为 HSI  8MHz
    InitTick(8000000ul); //初始化 SysTick
    LED_Init();              //初始化 LED
}

void GPIOA_IRQHandler(void)
{
    if(REGBITS_GET(CW_GPIOA->ISR, GPIOx_ISR_PIN5_Msk) > 0)
    {
        gKeyStatus = 1; //改变状态值
        GPIOA_INTFLAG_CLR(GPIOx_ICR_PIN5_Msk);//清除 CW_GPIO 中断标志
    }
}
```

其中，休眠配置寄存器定义如图 10-26 所示。

上述代码运行时功耗测试：使用 USB 供电，在 J23 两端串入万用表。注意表笔的插入接口不要错了，万用表旋在电流合适的挡位。

运行模式下，LED1 指示灯灭时的电流为 2.955mA，如图 10-27 所示。

Cortex®-M0+ 内核系统控制寄存器 (SCB->SCR)

Address: 0xE000 ED10　　Reset value: 0x0000 0000

位域	名称	权限	功能描述
31:5	RFU	—	保留位，请保持默认值
4	SEVONPEND	RW	设置为 1 时，中断的每次新的挂起都会产生一个事件，如果使用了 WFE 休眠，它可用于唤醒处理器
3	RFU	—	保留位，请保持默认值
2	SLEEPDEEP	RW	设置为 1 时，执行 WFI 或 SLEEPONEXIT 为 1 且退出所有中断服务程序时进入深度休眠模式； 设置为 0 时，执行 WFI 或 SLEEPONEXIT 为 1 且退出所有中断服务程序时进入休眠模式
1	SLEEPONEXIT	RW	设置为 1 时，当退出所有中断服务程序时，处理器自动进入休眠模式（或深度休眠模式）； 设置为 0 时，退出时进入休眠功能被禁止
0	RFU	—	保留位，请保持默认值

图 10-26

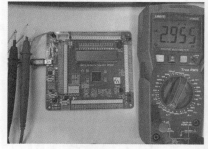

图 10-27

运行模式下，LED1 指示灯亮时的电流为 3.849mA，如图 10-28 所示。

超低功耗模式下，电流为 0.64μA，如图 10-29 所示。

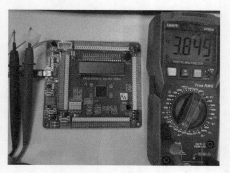

图 10-28

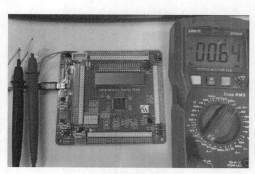

图 10-29

10.4.4 低功耗之串口唤醒实验

使用 CW32L083 评估板完成串口接收中断唤醒 MCU 实验。

功能定义：程序运行一段时间后进入深度休眠模式，PC 发送数据唤醒 MCU，唤醒后 UART 轮询接收数据并将之存储到 TxRxBuffer 缓冲区，UART 接收到 "\n'" 后不再接收数据，然后将 TxRxBuffer 缓冲区中的数据回传至 PC。传输结束后，LED1 闪烁 5s，并再次进入深度休眠模式。

CH340 串口电路如图 10-30 所示。

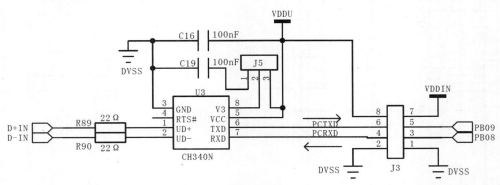

图 10-30

评估板自带 USB 转串口芯片 CH340。在使用 USB 供电后，需在 PC 端安装 CH340 的串口驱动软件，然后在设备管理器里查看 CH340 设备是否正常，如图 10-31 所示。找到 CH340 设备后，继续做实验。

图 10-31

使用 PA08、PA09 对应的 UART1 串口资源，如图 10-32 所示。

66	52	40	PC09	I/O	TTa	UART4_RTS, UART6_RXD, I2C1_SDA, GTIM2_CH1, ATIM_ETR	SEG1
67	53	41	PA08	I/O	TTa	LPTIM_ETR, UART1_TXD, BTIM2_TOGP, MCO_OUT, LVD_OUT, GTIM3_ETR, ATIM_CH1A	VC2_CH4, SEG0
68	54	42	PA09	I/O	TTa	UART3_TXD, UART1_RXD, I2C1_SCL, BTIM1_TOGN, SPI1_CS, GTIM3_CH1, ATIM_CH2A	VC2_CH5, COM0
69	55	43	PA10	I/O	TTa	UART3_RXD, UART1_CTS, I2C1_SDA, BTIM1_TOGP, SPI1_SCK, GTIM3_CH2, ATIM_CH3A	VC2_CH6, COM1

图 10-32

将 J3 的 7、8 脚短接，1、2 脚短接。将 J3 的 4 脚与 PA08 相接，将 J3 的 6 脚与 PA09 相接。

电源电路如图 10-33 所示。电源使用 USB 供电后，将 J1 的 5、6 脚短接，并在 J23 位置串入电流测量设备来测试评估板运行时消耗的电流。

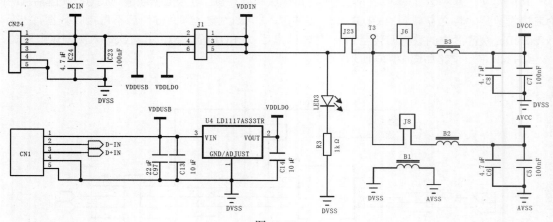

图 10-33

实物接线如图 10-34 所示。

主要程序代码如下。

```c
int32_t main(void)
{
    //配置 RCC
    RCC_Configuration();
    //配置 GPIO
    GPIO_Configuration();

    //配置 UART
    UART_Configuration();

    //配置低功耗模式
    PWR_Configuration();

    //配置 NVIC
    NVIC_Configuration();

    //初始化 SysTick
    InitTick(HCLKFREQ);

    //唤醒时保持原系统时钟来源
    RCC_WAKEUPCLK_Config(RCC_SYSCTRL_WAKEUPCLKDIS);
    UART_SendString(DEBUG_UARTx, "\r\nCW32L083 UART DeepSleep mode LSE/LSI\r\n");

    while(1)
    {
        //进入深度休眠模式
        UART_SendString(DEBUG_UARTx, "\r\nEnter DeepSleep mode\r\n");
        UART_SendString(DEBUG_UARTx, "\r\nPC send data to wake up MCU\r\n");

        //使能 DEBUG_UARTx 的 RC 中断
        UART_ITConfig(DEBUG_UARTx, UART_IT_RC, ENABLE);
            PC02_SETLOW();
            PC03_SETLOW();

        PWR_GotoLpmMode();

        PC02_SETHIGH();
        //禁止 DEBUG_UARTx 的 RC 中断
        UART_ITConfig(DEBUG_UARTx, UART_IT_RC, DISABLE);

        //唤醒后轮询收发
```

图 10-34

```
        TxRxBufferSize= UART_RecvBuf_Polling(DEBUG_UARTx, TxRxBuffer);
        UART_SendBuf_Polling(DEBUG_UARTx, TxRxBuffer, TxRxBufferSize);

        //闪灯
        for(int i = 0; i<10; i++)
        {
            PC03_TOG();
            SysTickDelay(500);
        }
    }
}

void RCC_Configuration(void)
{
    //复位后延时
    InitTick(8000000);
    SysTickDelay(1000);

    //SYSCLK = HSI = 8MHz = HCLK = PCLK
    RCC_HSI_Enable(RCC_HSIOSC_DIV6);
    RCC_LSI_Enable();

    //使能外设时钟
    RCC_AHBPeriphClk_Enable(DEBUG_UART_GPIO_CLK | RCC_AHB_PERIPH_GPIOC, ENABLE);
    DEBUG_UART_APBClkENx(DEBUG_UART_CLK, ENABLE);
}

void GPIO_Configuration(void)
{
    GPIO_InitTypeDef GPIO_InitStructure = {0};


    //UART TX RX 复用
    DEBUG_UART_AFTX;
    DEBUG_UART_AFRX;

    GPIO_InitStructure.Pins = DEBUG_UART_TX_GPIO_PIN;
    GPIO_InitStructure.Mode = GPIO_MODE_OUTPUT_PP;
    GPIO_Init(DEBUG_UART_TX_GPIO_PORT, &GPIO_InitStructure);

    GPIO_InitStructure.Pins = DEBUG_UART_RX_GPIO_PIN;
    GPIO_InitStructure.Mode = GPIO_MODE_INPUT_PULLUP;
    GPIO_Init(DEBUG_UART_RX_GPIO_PORT, &GPIO_InitStructure);

    //PC3 LED1
    GPIO_InitStructure.Pins = GPIO_PIN_3|GPIO_PIN_2;
    GPIO_InitStructure.Mode = GPIO_MODE_OUTPUT_PP;
    GPIO_Init(CW_GPIOC, &GPIO_InitStructure);

    PC02_SETHIGH();
}

void UART_Configuration(void)
{
    UART_InitTypeDef UART_InitStructure = {0};

    UART_InitStructure.UART_BaudRate = DEBUG_UART_BaudRate;
    UART_InitStructure.UART_Over = UART_Over_sp;            //专用采样
    UART_InitStructure.UART_Source = UART_Source_LSI;  //传输时钟 UCLK
    UART_InitStructure.UART_UclkFreq = DEBUG_UART_UclkFreq;
    UART_InitStructure.UART_StartBit = UART_StartBit_FE;
    UART_InitStructure.UART_StopBits = UART_StopBits_1;
    UART_InitStructure.UART_Parity = UART_Parity_No ;
    UART_InitStructure.UART_HardwareFlowControl = UART_HardwareFlowControl_None;
    UART_InitStructure.UART_Mode = UART_Mode_Rx | UART_Mode_Tx;
    UART_Init(DEBUG_UARTx, &UART_InitStructure);
}

void PWR_Configuration(void)
{
```

```
    PWR_InitTypeDef PWR_InitStructure = {0};

    PWR_InitStructure.PWR_Sevonpend = PWR_Sevonpend_Disable;
    PWR_InitStructure.PWR_SleepDeep = PWR_SleepDeep_Enable; //DeepSleep
    PWR_InitStructure.PWR_SleepOnExit = PWR_SleepOnExit_Disable;
    PWR_Config(&PWR_InitStructure);
}

void NVIC_Configuration(void)
{
    //优先级，无优先级分组
    NVIC_SetPriority(DEBUG_UART_IRQ, 0);
    //UARTx 中断使能
    NVIC_EnableIRQ(DEBUG_UART_IRQ);
}

/**
 * @brief 发送 8 位数组
 *
 * @param UARTx :UARTx 外设
 *        参数可以是
 *            CW_UART1、CW_UART2、CW_UART3、CW_UART4、CW_UART5、CW_UART6
 * @param TxBuf :待发送的数组
 * @param TxCnt :待发送的数组元素个数
 */
void UART_SendBuf_Polling(UART_TypeDef* UARTx, uint8_t *TxBuf, uint8_t TxCnt)
{
    while(TxCnt)
    {
        UART_SendData_8bit(UARTx, *TxBuf);
        while(UART_GetFlagStatus(UARTx, UART_FLAG_TXE) == RESET);
        TxBuf++;
        TxCnt--;
    }
    while(UART_GetFlagStatus(UARTx, UART_FLAG_TXBUSY) == SET);
}


/**
 * @brief 接收 8 位数组
 *
 * @param UARTx :UARTx 外设
 *        参数可以是
 *            CW_UART1、CW_UART2、CW_UART3、CW_UART4、CW_UART5、CW_UART6
 * @param RxBuf :接收 Buf
 * @return uint8_t :接收的字符个数
 */
uint8_t UART_RecvBuf_Polling(UART_TypeDef* UARTx, uint8_t *RxBuf)
{
    uint8_t RxCnt = 0;
    RxBuf[RxCnt] = UART_ReceiveData_8bit(UARTx);
    RxCnt++;
    do
    {
        //等待 RC
        while(UART_GetFlagStatus(UARTx, UART_FLAG_RC) == RESET);
        //清零 RC
        UART_ClearFlag(UARTx, UART_FLAG_RC);
        //ERROR: PE or FE
        if(UART_GetFlagStatus(UARTx, UART_FLAG_PE|UART_FLAG_FE))
        {
            UART_ClearFlag(UARTx, UART_FLAG_PE|UART_FLAG_FE);
        }
        else
        {
            RxBuf[RxCnt] = UART_ReceiveData_8bit(UARTx);
            RxCnt++;
        }
    }
    while(RxBuf[RxCnt-1] != '\n');
```

```
    return RxCnt;
}

void UART1_UART4_IRQHandler(void)
{
    /* USER CODE BEGIN */
    if(UART_GetITStatus(CW_UART1, UART_IT_RC) != RESET)
    {
        UART_ClearITPendingBit(CW_UART1, UART_IT_RC);
    }
    /* USER CODE END */
}
```

代码运行结果显示，通过 PC 发送字符"1"后唤醒 MCU，唤醒后 UART 轮询接收数据（比如接收字符"123456"）并将之存储到 TxRxBuffer 缓冲区，UART 接收到"'\n'"后不再接收数据，然后将 TxRxBuffer 缓冲区中的数据回传至 PC，PC 收到"1123456"。传输结束后，LED1 闪烁 5s，并再次进入深度休眠模式。

进入超低功耗模式时的电流消耗为 1.7μA，如图 10-35 所示。

运行模式下，LED2 指示灯亮，电流为 3.849mA，如图 10-36 所示。

图 10-35

图 10-36

串口通信示例如图 10-37 所示。

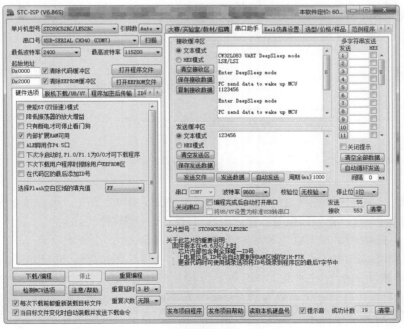

图 10-37

10.4.5 低功耗之不同主频功耗实验

低功耗单片机在不同的时钟频率下的电流消耗不同。

时钟是单片机运行的基础，是同步单片机各个模块工作时序的最小时间单位。时钟的速度取决于外部晶振或内部 RC 振荡电路。单片机拥有丰富的外设，但实际使用时只会用到有限的外设，且有的外设需要高速时钟提升性能，有的外设需要低速时钟降低功耗或提高抗干扰能力，因此单片机采用多种时钟源。

图 10-38 所示为 CW32L083 的系统内部时钟树，可以看到 HSI 时钟是由内部高速 RC 振荡器 HSIOSC 经过分频后产生的，分频系数是通过内置高频时钟控制寄存器 SYSCTRL_HSI 的 DIV 位域进行设置的，有效分频系数为 1、2、4、6、8、10、12、14、16。

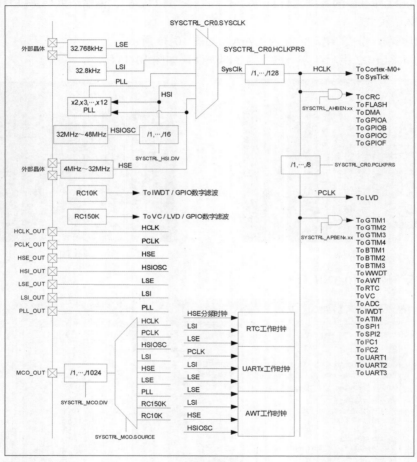

图 10-38

CW32L083 一共有 5 个系统时钟源：LSI、LSE、HSI、HSE、PLL。可以按照时钟频率分为高速时钟源和低速时钟源，也可根据来源分为内部时钟源和外部时钟源。

PLL 时钟由 HSE 时钟或 HSI 时钟经 PLL 倍频（2～12 倍）产生。

SysClk 分频可以产生高级高性能总线时钟 HCLK，作为 M0+内核、SysTick、DMA、FLASH、CRC、GPIO 等模块的配置时钟及工作时钟，分频系数通过系统控制寄存器 SYSCTRL_CR0 的 HCLKPRS 位域设置，有效分频系数为 2^n（$n=0,\cdots,7$）。而外设时钟 PCLK 由 HCLK 经过分频产生，通过系统控制器 SYSCTRL_CR0 的 PCLKPRS 位域设置，有效的分频系数为 2^n（$n=0,\cdots,3$），可作为 GTIM、BTIM、ATIM 等定时器以及 SPI、I²C、UART 等外设的配置时钟和工作时钟。

CW32L083 还有两个低速时钟源，RC10K 时钟可作为独立看门狗的计数时钟以及 GPIO 端口中断输入信号的滤波时钟，RC150K 时钟可作为 LVD 和 VC 数字滤波模块的滤波时钟以及 GPIO 端口中断输入信号的滤波时钟。

CW32L083 默认系统时钟为 HSIOSC 的 6 分频，即 8MHz 时钟。

CW32L083 有丰富的时钟配置函数，内部 FLASH 存储器支持最快 24MHz 频率的操作时钟，当配置 HCLK 频率大于 24MHz 时，需要通过 FLASH 控制寄存器 FLASH_CR2 的 WAIT 位域来配置插入等待 HCLK 周期个数。大于 24MHz、小于等于 48MHz 时，需要插入两个等待周期；大于 48MHz 时，需要插入 3 个等待周期。

本实验通过按键 KEY1 中断调节运行主频（4MHz/8MHz/12MHz/24MHz/32MHz/48MHz/64MHz），LCD 显示对应时钟信息。

主要程序代码如下。

```c
int32_t main(void)
{
    RCC_Configuration();
    GPIO_Configuration();
    LCD_Configuration();
    NVIC_Configuration();

    while(1)
    {
    }
}

void RCC_Configuration(void)
{
    RCC_HSI_Enable(RCC_HSIOSC_DIV6); //8MHz 工作频率
}

void GPIO_Configuration(void)
{
    GPIO_InitTypeDef GPIO_InitStruct = {0};

    __RCC_GPIOA_CLK_ENABLE();

    //KEY1 -- PA04
    GPIO_InitStruct.IT = GPIO_IT_FALLING; //使用下降沿中断
    GPIO_InitStruct.Mode = GPIO_MODE_INPUT;
    GPIO_InitStruct.Pins = GPIO_PIN_4;
    GPIO_Init(CW_GPIOA, &GPIO_InitStruct);

    GPIO_ConfigFilter(CW_GPIOA, bv4, GPIO_FLTCLK_LSI);
}

//按键中断回调函数
void GPIOA_IRQHandlerCallback(void)
{
    if(CW_GPIOA->ISR_f.PIN4)
    {
        GPIOA_INTFLAG_CLR(bv4);
        Key1Count++;
        switch(Key1Count)
        {
            case 1:
                CW_LCD->RAM0 = 0x0603;//4MHz
                        RCC_HSI_Enable(RCC_HSIOSC_DIV12);
                        RCC_SysClk_Switch(RCC_SYSCLKSRC_HSI);
                    //切换系统时钟到 HSI 的 12 分频，即 4MHz
                        RCC_PLL_Disable(); //关闭 PLL
                break;
            case 2:
```

```
                    CW_LCD->RAM0 = 0x070f;//8MHz
                                   RCC_HSI_Enable(RCC_HSIOSC_DIV6);
              break;
          case 3:
              CW_LCD->RAM0 = 0x030e0600;//12MHz
                                   RCC_HSI_Enable(RCC_HSIOSC_DIV4);
              break;
          case 4:
              CW_LCD->RAM0 = 0x0603030e;//24MHz
                                   RCC_HSI_Enable(RCC_HSIOSC_DIV2);
              break;
          case 5:
              CW_LCD->RAM0 = 0x030e070a;//32MHz
                RCC_HSI_Enable(RCC_HSIOSC_DIV6);
          RCC_PLL_Enable(RCC_PLLSOURCE_HSI, 8000000, RCC_PLL_MUL_4);
                    //开启 PLL, PLL 源为 HSI 的 6 分频, 即 8MHz
                  FLASH_SetLatency(FLASH_Latency_2);
                    //频率大于 24MHz 时需要配置 FlashWait=2
                  CW_SYSCTRL->AHBEN_f.FLASH = 0;
                    //关闭 FLASH 时钟
                  RCC_SysClk_Switch(RCC_SYSCLKSRC_PLL);
                    //切换系统时钟到 PLL
              break;
          case 6:
              CW_LCD->RAM0 = 0x0f0f0603;//48MHz

                                RCC_HSI_Enable(RCC_HSIOSC_DIV1);
                                RCC_SysClk_Switch(RCC_SYSCLKSRC_HSI);
                                //切换系统时钟到 HSI 的 1 分频, 即 48MHz
                                RCC_PLL_Disable(); //关闭 PLL
                                FLASH_SetLatency(FLASH_Latency_2);
                                //频率大于 24MHz 时需要配置 FlashWait=2
                                CW_SYSCTRL->AHBEN_f.FLASH = 0;
                                //关闭 FLASH 时钟

              break;
          case 7:
              CW_LCD->RAM0 = 0x0603050f;//64MHz
                RCC_HSI_Enable(RCC_HSIOSC_DIV6);
                RCC_PLL_Enable(RCC_PLLSOURCE_HSI, 8000000, RCC_PLL_MUL_8);
                            //开启 PLL, PLL 源为 HSI 的 6 分频, 即 8MHz
                  FLASH_SetLatency(FLASH_Latency_3);
                          //频率大于 48MHz 时需要配置 FlashWait=3
                          CW_SYSCTRL->AHBEN_f.FLASH = 0; //关闭 FLASH 时钟
                RCC_SysClk_Switch(RCC_SYSCLKSRC_PLL);
                          //切换系统时钟到 PLL
              break;
          case 8:
              CW_LCD->RAM0 = 0;
              CW_LCD->RAM1 = 0;
              CW_LCD->RAM8 = 0;
              CW_LCD->RAM9 = 0;
              Key1Count = 0;
              break;
          }
      }
  }


  void NVIC_Configuration(void)
  {
      __disable_irq();
      NVIC_SetPriority(GPIOA_IRQn, 0);
      NVIC_EnableIRQ(GPIOA_IRQn);
      __enable_irq();
```

```
}

void LCD_Configuration(void)
{
    LCD_InitTypeDef LCD_InitStruct = {0};

    LCD_InitStruct.LCD_Bias = LCD_Bias_1_3;
    LCD_InitStruct.LCD_ClockSource = LCD_CLOCK_SOURCE_LSI;
    LCD_InitStruct.LCD_Duty = LCD_Duty_1_4;
    LCD_InitStruct.LCD_ScanFreq = LCD_SCAN_FREQ_256HZ;
    LCD_InitStruct.LCD_VoltageSource = LCD_VoltageSource_Internal;

    __RCC_LCD_CLK_ENABLE();
    RCC_LSI_Enable(); //启动 LSI 为 LCD 提供时钟
    LCD_Init(&LCD_InitStruct); //基本配置

    //BTL004 LCD 对应的引脚连接
    //PA12 COM3
    //PA11 COM2
    //PA10 COM1
    //PA09 COM0
    //PA08 SEG0
    //PC09 SEG1
    //PC08 SEG2
    //PC07 SEG3
    //PC06 SEG4
    //PD15 SEG32
    //PD14 SEG33
    //PD13 SEG34
    //PD12 SEG35
    //PD11 SEG36
    //PD10 SEG37
    //PD09 SEG38
    //PD08 SEG39
    //PB15 SEG5
    //PB14 SEG6
    //PB13 SEG7

    //COM0～COM3
    LCD_COMConfig(LCD_COM0 | LCD_COM1 | LCD_COM2 | LCD_COM3, ENABLE);
    //SEG
    LCD_SEG0to23Config(LCD_SEG0 | LCD_SEG1 | LCD_SEG2 | LCD_SEG3 | LCD_SEG4 | LCD_SEG5 | LCD_SEG6
| LCD_SEG7, ENABLE);
    LCD_SEG32to55Config(LCD_SEG32 | LCD_SEG33 | LCD_SEG34 | LCD_SEG35 | LCD_SEG36 | LCD_SEG37
| LCD_SEG38 | LCD_SEG39, ENABLE);

    CW_LCD->RAM[0] = 0;
    CW_LCD->RAM[1] = 0;
    CW_LCD->RAM2 = 0;
    CW_LCD->RAM3 = 0;
    CW_LCD->RAM4 = 0;
    CW_LCD->RAM5 = 0;
    CW_LCD->RAM6 = 0;
    CW_LCD->RAM7 = 0;
    CW_LCD->RAM8 = 0;
    CW_LCD->RAM9 = 0;
    CW_LCD->RAM10 = 0;
    CW_LCD->RAM11 = 0;
    CW_LCD->RAM12 = 0;
    CW_LCD->RAM13 = 0;

    LCD_ContrastConfig(LCD_Contrast_Level_2); //显示对比度，仅内部电阻驱动模式有效
    LCD_DriveVoltageConfig(LCD_INRS_LEVEL_0); //功耗最小
```

```
CW_LCD->RAM0 = 0x0f0f;
LCD_Cmd(ENABLE);
}
```

运行结果功耗测量：将电流表串接在单板 J23 跳线上。单板上电，默认主频为 8MHz，然后通过 KEY1 按键控制主频在 4MHz、8MHz、12MHz、24MHz、32MHz、48MHz、64MHz 之间切换，记录不同主频下的电流值，数据如表 10-10 所示。

表 10-10　不同主频功耗测量

主频	4MHz	8MHz	12MHz	24MHz	32MHz	48MHz	64MHz
电流	1.144mA	1.759mA	2.377mA	4.165mA	4.477mA	5.451mA	6.451mA

以上数据表明单片机在不同的时钟频率下的电流消耗不同。

10.4.6　低功耗之不同外设功耗测试实验

低功耗单片机使用不同的外设时，功耗不同。一般在设计低功耗产品时，应将不相关的外设关闭。

本次实验通过 KEY1 按键中断切换打开不同的外设，通过 KEY2 按键进入休眠，在休眠状态下使用万用表或电流测量设备测量得到 MCU 功耗，即当前所打开外设的功耗。

CW32L083 具有多种外设功能，这里仅测量几种进行实验。

（1）不开外设。

（2）LCD 全显。

CW32L083 评估板带有一个 4×16 段码的 8 位数字型 LCD。将 LCD 全部打开显示，查看功耗。

（3）UART 外设。

CW32L083 内部集成 6 个 UART，支持异步全双工、同步半双工和单线半双工模式，支持硬件数据流控和多机通信；可编程数据帧结构，可以通过小数波特率发生器提供宽范围的波特率选择。

UART 控制器工作在双时钟域下，允许在深度休眠模式下进行数据的接收，接收完成中断可以唤醒 MCU 回到运行模式。

（4）RTC 外设。

RTC 是一种专用的计数器/定时器，可提供日历信息，包括时、分、秒、日、月、年及星期。

RTC 具有两个独立闹钟，时间、日期可组合设定，可产生闹钟中断，并通过引脚输出；支持时间戳功能，可通过引脚触发，记录当前的日期和时间，同时产生时间戳中断；支持周期中断；支持自动唤醒功能，可产生中断并通过引脚输出；支持 1Hz 方波和 RTCOUT 输出功能；支持内部时钟校准补偿。

CW32L083 内置经独立校准的 32kHz 频率的 RC 时钟源，为 RTC 提供驱动时钟。RTC 可在深度休眠模式下运行，适用于要求低功耗的应用场合。

（5）模拟电压比较器（VC）外设。

CW32L083 内部集成了两个 VC，用于比较两路模拟输入电压，并将比较结果从引脚输出。电压比较器的正端输入支持多达 8 路外部模拟输入，负端既支持 8 路外部模拟输入，又支持内部电压基准、内部电阻分压器、内部温度传感器等电压参考。比较结果输出具有滤波功能、迟滞窗口功能，支持极性选择。支持比较中断，可用于低功耗模式下唤醒 MCU。

（6）低电压检测（LVD）外设。

LVD 用于监测 VDDA 电源电压或外部引脚输入电压，当被监测电压与 LVD 阈值的比较结果满足触发条件时，将产生 LVD 中断或复位信号，通常用于处理紧急任务。

LVD 产生的中断和复位标志，只能由软件清零；只有当中断或复位标志被清零后，再次满足触发条件时，LVD 才能再次产生中断或者复位信号。

（7）时钟校准定时器（AUTOTRIM）外设。

AUTOTRIM 有两种工作模式：自动唤醒定时器模式和时钟校准定时器模式。自动唤醒定时器模式下，具有通用定时功能，可选 5 种计数时钟源。当计数时钟源为 LSE 或 LSI 时，可在深度休眠模式下保持运行，计数器下溢出中断可唤醒 MCU 回到运行模式。时钟校准定时器模式下，支持 HSIOSC/LSI 自动实时校准和自动单次校准，使 HSIOSC/LSI 输出频率的精度不受环境变化影响。

（8）低功耗定时器（LPTIM）外设。

CW32L083 内部集成了一个 16 位 LPTIM，可以以很低的功耗实现定时或对外部脉冲计数的功能。通过选择合适的时钟源和触发信号，可以实现系统低功耗休眠时将其唤醒的功能。LPTIM 内部具有一个比较寄存器，可实现比较输出和 PWM 输出，并可以控制输出的极性。此外，LPTIM 还可以与正交编码器连接，自动实现递增计数和递减计数。

（9）独立看门狗定时器（IWDT）外设。

CW32L083 内部集成了 IWDT，使用专门的内部 RC 时钟源 RC10K，可避免运行时受到外部因素影响。一旦启动 IWDT，用户需要在规定时间间隔内对 IWDT 的计数器进行重载，否则计数器溢出会触发复位或产生中断信号。IWDT 启动后，可停止计数。可选择在深度休眠模式下让 IWDT 保持运行或暂停计数。专门设置的键值寄存器可以锁定 IWDT 的关键寄存器，防止寄存器被意外修改。

主要程序代码如下。

```c
int32_t main(void)
{
    RCC_Configuration();
    GPIO_Configuration();
    LCD_Configuration();

    while(1)
    {
        if(Key2Flag == 1)
        {
            Key2Flag = 0;
            EnterLowPower();
        }
        if(Key1Flag == 1)
        {
            Key1Flag = 0;
            ExitLowPower();
        }
    }
}


void RCC_Configuration(void)
{
    RCC_HSI_Enable(RCC_HSIOSC_DIV6); //8MHz
}


void GPIO_Configuration(void)
{
    GPIO_InitTypeDef GPIO_InitStructure = {0};

    //打开 GPIO 时钟，将 PB、PC、PF 接口设置为模拟输入，以降低功耗
    REGBITS_SET(CW_SYSCTRL->AHBEN,         SYSCTRL_AHBEN_GPIOA_Msk|SYSCTRL_AHBEN_GPIOB_Msk    |
    SYSCTRL_AHBEN_GPIOC_Msk | SYSCTRL_AHBEN_GPIOF_Msk);
    GPIO_InitStructure.Mode = GPIO_MODE_ANALOG;
    GPIO_InitStructure.IT = GPIO_IT_NONE;
    GPIO_InitStructure.Pins = GPIO_PIN_All;
    GPIO_Init(CW_GPIOA, &GPIO_InitStructure);
    GPIO_Init(CW_GPIOB, &GPIO_InitStructure);
    GPIO_Init(CW_GPIOC, &GPIO_InitStructure);
    GPIO_Init(CW_GPIOF, &GPIO_InitStructure);
    //关闭 GPIO 时钟
    REGBITS_CLR(CW_SYSCTRL->AHBEN,         SYSCTRL_AHBEN_GPIOA_Msk|SYSCTRL_AHBEN_GPIOB_Msk    |
    SYSCTRL_AHBEN_GPIOC_Msk | SYSCTRL_AHBEN_GPIOF_Msk);
```

```
    RCC_AHBPeriphClk_Enable(RCC_AHB_PERIPH_GPIOA, ENABLE);

    //KEY1 -- PA04
    //KEY2 -- PA05
    GPIO_InitStructure.IT = GPIO_IT_FALLING;
    GPIO_InitStructure.Mode = GPIO_MODE_INPUT_PULLUP;
    GPIO_InitStructure.Pins = GPIO_PIN_4 | GPIO_PIN_5;
    GPIO_Init(CW_GPIOA, &GPIO_InitStructure);

    NVIC_SetPriority(GPIOA_IRQn, 0);
    //清除中断标志并使能 NVIC
    GPIOA_INTFLAG_CLR(GPIOx_ICR_PIN4_Msk | GPIOx_ICR_PIN5_Msk);
    NVIC_EnableIRQ(GPIOA_IRQn);
}


void GPIOA_IRQHandlerCallback(void)
{
    if(CW_GPIOA->ISR_f.PIN4)
    {//按 KEY1 按键切换外设
        GPIOA_INTFLAG_CLR(bv4);
        Key1Flag = 1;
        Key1Count++;//KEY1 按键被按次数
        if(Key1Count == 9)
        {
            Key1Count = 0;
        }
        NVIC_DisableIRQ(GPIOA_IRQn);
    }
    if(CW_GPIOA->ISR_f.PIN5)
    {//按 KEY2 按键设置标志位以进入低功耗模式
        GPIOA_INTFLAG_CLR(bv5);
        Key2Flag = 1;
    }
}


/**
 * LCD: 4COM/16SEG, 1/3BIAS
 * LSI 时钟
 * 内部电阻分压模式，较大功耗（INRS = 001）
 * 全点亮
 */
void LCD_Configuration(void)
{
    LCD_InitTypeDef LCD_InitStruct = {0};

    LCD_InitStruct.LCD_Bias = LCD_Bias_1_3;
    LCD_InitStruct.LCD_ClockSource = LCD_CLOCK_SOURCE_LSI;
    LCD_InitStruct.LCD_Duty = LCD_Duty_1_4;
    LCD_InitStruct.LCD_ScanFreq = LCD_SCAN_FREQ_256HZ;
    LCD_InitStruct.LCD_VoltageSource = LCD_VoltageSource_Internal;

    __RCC_LCD_CLK_ENABLE();
    RCC_LSI_Enable(); //启动 LSI 为 LCD 提供时钟
    LCD_Init(&LCD_InitStruct); //基本配置

    //BTL004 LCD 对应的引脚连接
    //PA12 COM3
    //PA11 COM2
    //PA10 COM1
    //PA09 COM0
    //PA08 SEG0
    //PC09 SEG1
    //PC08 SEG2
    //PC07 SEG3
    //PC06 SEG4
    //PD15 SEG32
    //PD14 SEG33
    //PD13 SEG34
```

```
    //PD12 SEG35
    //PD11 SEG36
    //PD10 SEG37
    //PD09 SEG38
    //PD08 SEG39
    //PB15 SEG5
    //PB14 SEG6
    //PB13 SEG7

    //COM0~COM3
    LCD_COMConfig(LCD_COM0 | LCD_COM1 | LCD_COM2 | LCD_COM3, ENABLE);
    //SEG
    LCD_SEG0to23Config(LCD_SEG0 | LCD_SEG1 | LCD_SEG2 | LCD_SEG3 | LCD_SEG4 | LCD_SEG5 | LCD_SEG6
    | LCD_SEG7, ENABLE);
    LCD_SEG32to55Config(LCD_SEG32 | LCD_SEG33 | LCD_SEG34 | LCD_SEG35 | LCD_SEG36 | LCD_SEG37
    | LCD_SEG38 | LCD_SEG39, ENABLE);

    LCD_ContrastConfig(LCD_Contrast_Level_0); //对比度最大
    LCD_DriveVoltageConfig(LCD_INRS_LEVEL_2); //较大功耗

    CW_LCD->RAM[0] = 0;
    CW_LCD->RAM[1] = 0;
    CW_LCD->RAM2 = 0;
    CW_LCD->RAM3 = 0;
    CW_LCD->RAM4 = 0;
    CW_LCD->RAM5 = 0;
    CW_LCD->RAM6 = 0;
    CW_LCD->RAM7 = 0;
    CW_LCD->RAM8 = 0;
    CW_LCD->RAM9 = 0;
    CW_LCD->RAM10 = 0;
    CW_LCD->RAM11 = 0;
    CW_LCD->RAM12 = 0;
    CW_LCD->RAM13 = 0;

    CW_LCD->RAM0 = 0x70D;
    LCD_Cmd(ENABLE); //开启 LCD
}

void UART_Configuration(void)
{
    UART_InitTypeDef UART_InitStructure = {0};
    RCC_APBPeriphClk_Enable1(RCC_APB1_PERIPH_UART2, ENABLE);
    RCC_LSE_Enable(RCC_LSE_MODE_OSC, RCC_LSE_AMP_NORMAL, RCC_LSE_DRIVER_NORMAL);
    CW_SYSCTRL->CR1 = SYSCTRL_BYPASS | (CW_SYSCTRL->CR1 & (~(SYSCTRL_CR1_CLKCCS_Msk |
    SYSCTRL_CR1_LSECCS_Msk)));

    UART_InitStructure.UART_BaudRate = 9600;
    UART_InitStructure.UART_Over = UART_Over_sp; //专用采样
    UART_InitStructure.UART_Source = UART_Source_LSE; //传输时钟 UCLK = LSE
    UART_InitStructure.UART_UclkFreq = 32768;
    UART_InitStructure.UART_StartBit = UART_StartBit_FE;
    UART_InitStructure.UART_StopBits = UART_StopBits_1;
    UART_InitStructure.UART_Parity = UART_Parity_No ;
    UART_InitStructure.UART_HardwareFlowControl = UART_HardwareFlowControl_None;
    UART_InitStructure.UART_Mode = UART_Mode_Rx | UART_Mode_Tx;
    UART_Init(CW_UART2, &UART_InitStructure);
}

void RTC_Configuration(void)
{
    RTC_InitTypeDef RTC_InitStructure = {0};
    RCC_APBPeriphClk_Enable1(RCC_APB1_PERIPH_RTC, ENABLE);
    RCC_LSE_Enable(RCC_LSE_MODE_OSC, RCC_LSE_AMP_NORMAL, RCC_LSE_DRIVER_NORMAL);
    CW_SYSCTRL->CR1 = SYSCTRL_BYPASS | (CW_SYSCTRL->CR1 & (~(SYSCTRL_CR1_CLKCCS_Msk |
    SYSCTRL_CR1_LSECCS_Msk)));

    //设置日期, Day、Month、Year 必须为 BCD 格式, 星期为 0~6, 代表星期日、星期一至星期六
    //2022/02/02(TUE)
    RTC_InitStructure.DateStruct.Day = 0x02;
```

```
    RTC_InitStructure.DateStruct.Month = RTC_Month_February;
    RTC_InitStructure.DateStruct.Week = RTC_Weekday_Tuesday;
    RTC_InitStructure.DateStruct.Year = 0x22;

    //设置时间，Hour、Minute、Second 必须为 BCD 格式，用户需保证 Hour、Ampm、H24 之间的关联正确性
    //02:02:02(H24=1)
    RTC_InitStructure.TimeStruct.Hour = 0x02;
    RTC_InitStructure.TimeStruct.Minute = 0x02;
    RTC_InitStructure.TimeStruct.Second = 0x02;
    RTC_InitStructure.TimeStruct.AMPM = 0;
    RTC_InitStructure.TimeStruct.H24 = 0;

    RTC_InitStructure.RTC_ClockSource = RTC_RTCCLK_FROM_LSE; //用户选定 RTC 使用的时钟源
    RTC_Init(&RTC_InitStructure);
}

/**
 * @brief
 * Resp 极低速，关闭滤波功能
 * 正端 VC1_CH0（PA00）接 VDD，负端 VC1_CH1（PA01）接 GND
 *
 */
void VC_Configuration(void)
{
    VC_InitTypeDef VC_InitStruct = {0};

    RCC_APBPeriphClk_Enable2(RCC_APB2_PERIPH_VC, ENABLE);

     //VC 通道初始化
    VC_InitStruct.VC_InputP = VC_InputP_Ch0;
    VC_InitStruct.VC_InputN = VC_InputN_Ch1;
    VC_InitStruct.VC_Hys = VC_Hys_10mV;
    VC_InitStruct.VC_Resp = VC_Resp_ExtraLow;
    VC_InitStruct.VC_FilterEn = VC_Filter_Disable;
    VC_InitStruct.VC_FilterClk = VC_FltClk_RC150K;
    VC_InitStruct.VC_FilterTime = VC_FltTime_4095Clk;
    VC_InitStruct.VC_Window = VC_Window_Disable;
    VC_InitStruct.VC_Polarity = VC_Polarity_Low;
    VC1_ChannelInit(&VC_InitStruct);

    VC1_EnableChannel();//使能 VC1

}

/**
 * @brief
 * 关闭滤波功能
 * 触发源为 VDDA，阈值为 2.02V
 *
 */
void LVD_Configuration(void)
{
    LVD_InitTypeDef LVD_InitStruct = {0};

    LVD_InitStruct.LVD_Action = LVD_Action_Irq; //配置中断功能
    LVD_InitStruct.LVD_Source = LVD_Source_VDDA; //配置 LVD 输入为 VDDA
    LVD_InitStruct.LVD_Threshold = LVD_Threshold_2p2V; //配置 LVD 基准电压
    LVD_InitStruct.LVD_FilterEn = LVD_Filter_Disable;
    LVD_InitStruct.LVD_FilterClk = LVD_FilterClk_RC150K;
    LVD_InitStruct.LVD_FilterTime = LVD_FilterTime_4095Clk;
    LVD_Init(&LVD_InitStruct);

    LVD_Enable(); //使能 LVD
}

/**
 * @brief
 * LSE 时钟
 *
 */
```

```c
void AUTOTRIM_Configuration(void)
{
    AUTOTRIM_TimeCntInitTypeDef AUTOTRIM_TimeCntInitStruct = {0};

    RCC_APBPeriphClk_Enable2(RCC_APB2_PERIPH_AUTOTRIM, ENABLE);

    RCC_LSE_Enable(RCC_LSE_MODE_OSC, RCC_LSE_AMP_NORMAL, RCC_LSE_DRIVER_NORMAL);
    CW_SYSCTRL->CR1 = SYSCTRL_BYPASS | (CW_SYSCTRL->CR1 & (~(SYSCTRL_CR1_CLKCCS_Msk |
    SYSCTRL_CR1_LSECCS_Msk)));

    AUTOTRIM_TimeCntStructInit(&AUTOTRIM_TimeCntInitStruct);
    AUTOTRIM_TimeCntInitStruct.AUTOTRIM_ClkSource = AUTOTRIM_CLKSOURCE_LSE;
    AUTOTRIM_TimeCntInitStruct.AUTOTRIM_Prescaler = AUTOTRIM_PRS_DIV32768;
    AUTOTRIM_TimeCntInitStruct.AUTOTRIM_Period = 9;
    AUTOTRIM_TimeCntInit(&AUTOTRIM_TimeCntInitStruct);

    AUTOTRIM_Cmd(ENABLE);
}

/**
 * @brief
 * LSE 时钟
 *
 */
void LPTIM_Configuration(void)
{
    LPTIM_InitTypeDef LPTIM_InitStruct = {0};

    RCC_APBPeriphClk_Enable1(RCC_APB1_PERIPH_LPTIM, ENABLE);

    LPTIM_InitStruct.LPTIM_ClockSource = LPTIM_CLOCK_SOURCE_MCLK;
    LPTIM_InitStruct.LPTIM_CounterMode = LPTIM_COUNTER_MODE_TIME;
    LPTIM_InitStruct.LPTIM_Period = 32767;
    LPTIM_InitStruct.LPTIM_Prescaler = LPTIM_PRS_DIV8;

    LPTIM_Init(&LPTIM_InitStruct);

    RCC_LSE_Enable(RCC_LSE_MODE_OSC, RCC_LSE_AMP_NORMAL, RCC_LSE_DRIVER_NORMAL);
    CW_SYSCTRL->CR1 = SYSCTRL_BYPASS | (CW_SYSCTRL->CR1 & (~(SYSCTRL_CR1_CLKCCS_Msk |
    SYSCTRL_CR1_LSECCS_Msk)));

    LPTIM_InternalClockConfig(LPTIM_ICLK_LSE);//LSE
    LPTIM_Cmd(ENABLE);
    LPTIM_SelectOnePulseMode(LPTIM_OPERATION_REPETITIVE);
}

/**
 * @brief
 * 溢出触发中断（测试时关闭，溢出无动作）
 *
 */
void IWDT_Configuration(void)
{
    IWDT_InitTypeDef IWDT_InitStruct = {0};

    RCC_APBPeriphClk_Enable1(RCC_APB1_PERIPH_IWDT, ENABLE);

    IWDT_InitStruct.IWDT_ITState = DISABLE;
    IWDT_InitStruct.IWDT_OverFlowAction = IWDT_OVERFLOW_ACTION_INT; //溢出后产生中断不复位
    IWDT_InitStruct.IWDT_Pause = IWDT_SLEEP_CONTINUE;
    IWDT_InitStruct.IWDT_Prescaler = IWDT_Prescaler_DIV64;
    IWDT_InitStruct.IWDT_ReloadValue = 512; //IWDT 的时钟为 RC10K
    IWDT_InitStruct.IWDT_WindowValue = 0xFFF;
    IWDT_Init(&IWDT_InitStruct);

    IWDT_Cmd();
}

void ExitLowPower(void)
{
```

```
//LCD 显示
__RCC_LCD_CLK_ENABLE();
RCC_LSI_Enable();
LCD_Cmd(ENABLE);
CW_LCD->RAM0 = 0;
CW_LCD->RAM1 = 0;
CW_LCD->RAM8 = 0;
CW_LCD->RAM9 = 0;
switch(Key1Count)
{
    case 0://DeepSleep
        CW_LCD->RAM0 = 0x70D;//0
        CW_SYSCTRL->APBRST1_f.IWDT = 0;
        CW_SYSCTRL->APBRST1_f.IWDT = 1;
        RCC_APBPeriphClk_Enable1(RCC_APB1_PERIPH_IWDT, DISABLE);
        break;
    case 1://DeepSleep + LCD
        CW_LCD->RAM0 = 0x600;//1
        break;
    case 2://DeepSleep + UART
        CW_LCD->RAM0 = 0x30E;//2
        UART_Configuration();
        break;
    case 3://DeepSleep + RTC
        CW_LCD->RAM0 = 0x70A;//3
        CW_SYSCTRL->APBRST2_f.UART1 = 0;
        CW_SYSCTRL->APBRST2_f.UART1 = 1;
        RCC_APBPeriphClk_Enable1(RCC_APB1_PERIPH_UART2, DISABLE);
        RCC_LSE_Disable();
        RTC_Configuration();
        break;
    case 4://DeepSleep + VC
        CW_LCD->RAM0 = 0x603;//4
        CW_SYSCTRL->APBRST1_f.RTC = 0;
        CW_SYSCTRL->APBRST1_f.RTC = 1;
        RCC_APBPeriphClk_Enable1(RCC_APB1_PERIPH_RTC, DISABLE);
        RCC_LSE_Disable();
        VC_Configuration();
        break;
    case 5://DeepSleep + LVD
        CW_LCD->RAM0 = 0x50B;//5
        CW_SYSCTRL->APBRST2_f.VC = 0;
        CW_SYSCTRL->APBRST2_f.VC = 1;
        RCC_APBPeriphClk_Enable2(RCC_APB2_PERIPH_VC, DISABLE);
        LVD_Configuration();
        break;
    case 6://DeepSleep + AUTOTRIM
        CW_LCD->RAM0 = 0x50F;//6
        LVD_Disable();//停止 LVD
        AUTOTRIM_Configuration();
        break;
    case 7://DeepSleep + LPTIM
        CW_LCD->RAM0 = 0x700;//7
        CW_SYSCTRL->APBRST2_f.AUTOTRIM = 0;
        CW_SYSCTRL->APBRST2_f.AUTOTRIM = 1;
        RCC_APBPeriphClk_Enable2(RCC_APB2_PERIPH_AUTOTRIM, DISABLE);
        RCC_LSE_Disable();
        LPTIM_Configuration();
        break;
    case 8://DeepSleep + IWDT
        CW_LCD->RAM0 = 0x70F;//8
        CW_SYSCTRL->APBRST1_f.LPTIM = 0;
        CW_SYSCTRL->APBRST1_f.LPTIM = 1;
        RCC_APBPeriphClk_Enable1(RCC_APB1_PERIPH_LPTIM, DISABLE);
        RCC_LSE_Disable();
        IWDT_Configuration();
        break;
    default:
        break;
}
```

```
SysTickDelayMs(500);
//清除中断标志并使能 NVIC
GPIOA_INTFLAG_CLR(GPIOx_ICR_PIN4_Msk | GPIOx_ICR_PIN5_Msk);
NVIC_EnableIRQ(GPIOA_IRQn);
}

void EnterLowPower(void)
{
    //配置为 DeepSleep 模式
    SCB->SCR |= SCB_SCR_SLEEPDEEP_Msk;

    //唤醒后保持原时钟
    RCC_WAKEUPCLK_Config(RCC_SYSCTRL_WAKEUPCLKDIS);

    //打开 FLASH 时钟
    REGBITS_SET(CW_SYSCTRL->AHBEN, SYSCTRL_AHBEN_FLASH_Msk);
    REGBITS_SET(CW_FLASH->CR1, FLASH_CR1_STANDBY_Msk); //打开 FLASH 低功耗使能控制
    //关闭 FLASH 时钟
    REGBITS_CLR(CW_SYSCTRL->AHBEN, SYSCTRL_AHBEN_FLASH_Msk);

    //关闭 LCD 显示
    LCD_Cmd(DISABLE);
    __RCC_LCD_CLK_DISABLE();
    RCC_LSI_Disable(); //关闭 LSI

    if(Key1Count == 1)//测试 LCD 时全亮
    {
        //DeepSleep + LCD
        //全部点亮 88888888
        __RCC_LCD_CLK_ENABLE();
        RCC_LSI_Enable();
        LCD_Cmd(ENABLE);
        CW_LCD->RAM0 = 0xFFFFFFFF;
        CW_LCD->RAM1 = 0xFFFFFFFF;
        CW_LCD->RAM8 = 0xFFFFFFFF;
        CW_LCD->RAM9 = 0xFFFFFFFF;
    }

    __WFI();//进入深度休眠模式
}
```

测量结果：将电流表串接在单板 J23 跳线上。单板上电，按 KEY1 按键切换不同的外设，按 KEY2 按键测量外设功耗，记录数据如表 10-11 所示。

表 10-11 不同外设功耗测量

外设	全关	LCD	UART	RTC	VC	LVD	AUTOTRIM	LPTIM	IWDT
LCD 显示	0	1	2	3	4	5	6	7	8
电流/μA	0.62	9.32	1.46	1.36	0.82	0.81	1.39	1.4	0.7

以上数据表明单片机在使用不同的外设时电流消耗不同。

第 *11* 章

CW32 多功能测试笔产品开发

本章将从项目开发实战的角度，详细介绍如何开发一款基于 CW32 处理器的多功能测试笔产品。最终呈现的作品将通过精妙的硬件电路设计与强大软件程序控制的完美结合，巧妙地实现设计需求，充分诠释"嵌入式产品设计的科技美学"。

通过本章的学习，读者将深入了解产品开发的全过程，包括需求分析、硬件设计、软件编程、测试与优化等环节，读者还将学会如何编写一套基于 FreeRTOS 的测试笔应用软件来实现测试笔的多种测量和数据处理功能，同时保证产品的可靠性和易用性。

11.1 项目简介

本节主要介绍项目起因、初步构想、设计思路、实物及原理图。

11.1.1 项目起因

在日常的硬件调试工作中，常使用万用表。虽然万用表号称"万用"，但大部分时候，使用到的功能仅限于电压测量和通断测量。

作为调试的"得力干将"，万用表也存在一些缺点和局限性，比如体积较大，不便于携带；无法直接反映逻辑电平情况，需要用户进行判断；不同型号万用表的通断挡位阈值电阻不同；等等。而最麻烦的莫过于万用表的 COM 表笔通常需要接地，而 PCB 上可能没有直插孔位用于固定笔尖，因此不得不用手辅助"黑表笔"，影响操作灵活性。

因此在 2022 年，作者何元弘设计了"简易逻辑电平测试笔"，可对常用的 3.3V 和 5V 的晶体管-晶体管逻辑（Transistor-Transistor Logic，TTL）电平进行快速测量，在当时就决定做一款"升级版"。2023 年夏，他对这支测试笔的构想逐渐完善，在"CW32 生态社区"的支持下决定将这一设计变为实物。

11.1.2 初步构想

这支测试笔的功能构想如下。

- 电压测量+阈值判断，阈值电平可以根据需求自行设定，以满足不同逻辑电平场景的需求，并且保留"简易逻辑电平测试笔"好用的红绿灯提示功能。
- 通断测量，且阈值电阻可以根据需求调整（这是较高端的万用表才有的功能，本测试笔也要加上此功能）。
- 二极管测量，可点亮二极管。
- PWM 输出，方便在一些场景下提供已知量对系统进行测试，也可以对无源蜂鸣器等进行测试。
- PWM 输入，可以对频率进行测量，甚至可以对串口等处的数据进行简单的解码显示。
- 直流输出，可模拟出需要的直流电平进行测试，这非常实用。
- 可以连接扩展板进行配合测量（需扩展设计）。

11.1.3 设计思路

通过对功能需求的进一步分析，画出多功能测试笔的系统设计框图，如图 11-1 所示。

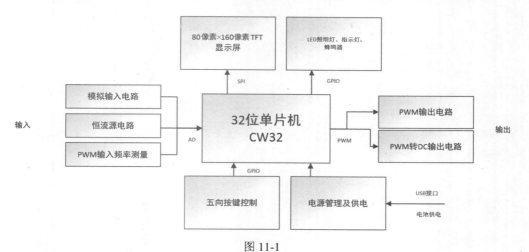

图 11-1

测试笔硬件设计整体分为 5 个部分：模拟前端、电源与电池管理、单片机及外设、显示屏、用户控制。遵循模块化的设计思路，可以在画电路图时更加有条理，也可以在进行 PCB 设计时按照模块进行布局，以便进行走线等操作。

11.1.4 实物及原理图

最终的多功能测试笔实物如图 11-2 所示。

图 11-2

多功能测试笔的 PCB 如图 11-3 所示。

图 11-3

多功能测试笔的原理图如图 11-4 所示。

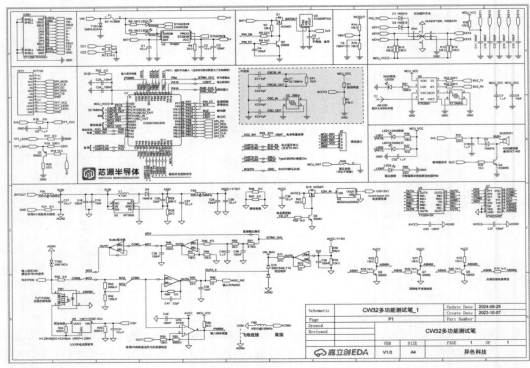

图 11-4（细节见配套资源）

11.2　电路设计说明

本节按照工程设计的理念，对整个测试笔的电路设计思路以及设计实现进行详细的分析与说明。

11.2.1　电源与电池管理

一、充放电管理

在充电电路中，选择了常用的 TP4057 作为主控；电源输入采用了常见的 Type-C 接口，虽然在本项目中用 6P 接口就足够，但考虑到项目扩展，还是选择了 16P 接口，并借用了 Type-C 接口中的 SBU1、SBU2 引脚进行扩展板连接。之所以没有用 D+、D−作为扩展线路，是因为考虑到设备的输出信号可能会使充电器误判，从而产生错误电压造成危险。

在图 11-5 所示的电路中，可以看见 Type-C 接口中的 CC1、CC2 均接了 5.1kΩ 的对地下拉电阻器，这是为了在使用 CC 线时使充电器准确识别设备，如果使用 AC 线，则可以不焊接 R2、R3 电阻器。

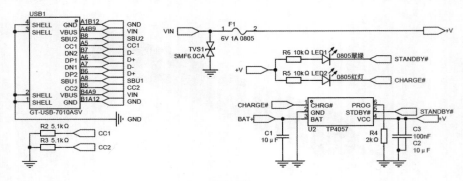

图 11-5

TP4057 充放电芯片的主要参数可以参考图 11-6（源于厂家数据手册），在设计中 PROG 可编程恒流充电电流设置端的设置电阻为 2kΩ，充电策略较为激进。

符号	参数	测试条件	最小值	典型值	最大值	单位
V_{CC}	输入电源电压	—	4.0	—	6.5	V
I_{CC}	输入电源电流	充电模式（R_{PROG} =10kΩ）	—	240	500	μA
		待机模式（充电终止）	—	45	90	μA
		停机模式（R_{PROG} 未连接，$V_{CC}<V_{BAT}$，$V_{CC}<V_{UVLO}$）	—	25	50	μA
V_{FLOAT}	输出浮充电压	0℃≤T≤85℃，I_{BAT}=40mA	4.198	4.24	4.282	V
I_{BAT}	BAT 端充电电流	恒流模式，R_{PROG} =10kΩ	93	100	107	mA
		恒流模式，R_{PROG} =2kΩ	465	500	535	mA
		待机模式，V_{BAT} =4.2V	0	−2.5	−6	μA
		停机模式	—	1	2	μA
		电池反接模式，V_{BAT} = −4V		0.7	—	mA
		睡眠模式，V_{CC} = 0V	—	0	1	μA
I_{TRIKL}	涓流充电电流	V_{BAT} < V_{TRIKL}，R_{PROG} =2kΩ	40	50	60	mA
V_{TRIKL}	涓流充电门限电压	V_{BAT} 上升	2.7	2.9	3.1	V

图 11-6

二、系统上电与断电控制逻辑

系统上电逻辑较为复杂，但可以根据时序进行理解。

在图 11-7 所示的电路中，左侧是电源控制部分，中间是电量采集部分，右侧是五向摇杆开关（其中键是开机按键）。

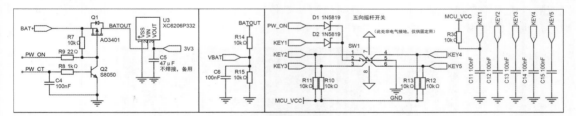

图 11-7

注意：作者在早期的设计版本中犯了一个错误，将电量检测电路设计在了开机控制电路之前，因此会在待机情况下造成电池电量的浪费。一开始认为这个漏电量很小，不会产生较大影响，因为锂电池满电 4.2V 时也只有 210μA，但发现该电路连接到了后级的单片机电路，因此会通过单片机漏电，从而造成后级系统一直带有 0.7V 的低压。

下面对开机时序进行分析，开机时序如图 11-8 所示。

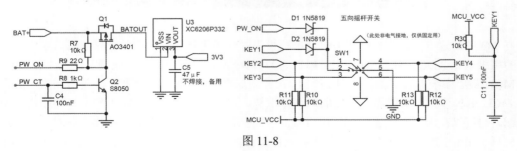

图 11-8

1．五向摇杆开关的中键被按下，并保持按下状态。
2．被 BAT+电池电压拉高的 PW_ON 网络通过 D1 对地放电。

3. MOS 管 AO3401（PMOS）栅极电平被拉低，$U_g<U_s$。

4. MOS 管 Q1 导通，电池输出电压到 LDO 芯片 XC6206P332。

5. XC6206P332 输出 3.3V 电压，单片机得电，KEY1 网络电平被拉高。

6. 由于按键保持按下，KEY1 网络电平被拉低，单片机获得按键按下信号。

7. 单片机计算延时，到达阈值时间后，控制 PW_CT（PF7）输出高电平（如果延时时间未到就松手，系统断电，就不会进入后面的时序）。

8. 晶体管 S8050 导通，保持 AO3401 栅极电平被拉低。

9. PW_CT 持续输出高电平，晶体管保持导通，系统保持得电，开机时序完成。

理解了上电时序和逻辑，就会发现关机的断电逻辑很简单：符合关机条件（无论是按键操作还是软件控制），程序控制 PW_CT 引脚（PF7）转为输出低电平，Q1 不再导通，AO3401 栅极电平被 R7 拉高，MOS 管也不再导通，系统完成断电。

11.2.2　单片机及外设等

一、CW32 单片机核心系统

标准的单片机核心系统配置，其中因为本项目不需要用到高精度时钟和低速晶振进行长时间计时，因此则省略这部分电路。但是，原理图中已经画了该电路，设置为不需要转入 PCB、不导入 BOM，主要是为了别的项目在使用时可以直接复制使用。

本项目不适用 Bootloader 烧录，因此 BOOT 引脚直接拉低，本项目的 PCB 面积较为紧张，就直接接地了。SWD 接口为 PA13、PA14，本项目中通过 1.0mm 间距的排针引出，如图 11-9 所示。不过在实际使用中不需要焊接排针，只需要使用探针顶住接口就可以进行下载。排针引出接口包括 SWD、RST、MCU-VCC 等，方便进行调试。其中，PCB 上的复位按键不能通过贴片工艺焊接，因为贴片焊盘和排针直插焊盘复用，回流焊会漏锡造成虚焊甚至短路。复位按键的设计是为了在烧录完成后，确定不会再烧录的情况下焊接，既可以挡住排针的孔，也可以当作复位按键使用，即使不焊接，也可以使用镊子等物品短接 RST 和 GND 孔洞进行复位操作。

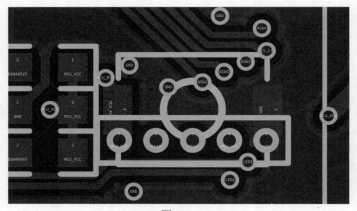

图 11-9

在 I/O 的配置方面，首先根据需求及单片机引脚功能进行分配，比如优先分配需要使用到专用功能的引脚（如 ADC、SPI、TIMER、串口等），再根据布局布线进行优化调整。

MCU 最小系统原理图如图 11-10 所示，在绘制原理图时，通常习惯把 I/O 使用到的功能直接标注在 MCU 引脚边上，放置需要连接的网络标识符。这样可以在分配时防止产生冲突并快速调整引脚分配，也可以在编程时快速找到所用引脚。当然也有人习惯把网络标识符放置在对应图块边，则单片机只引出 I/O 对应的网络，这种方法更适合在引脚数较多的单片机上使用，比如需要使用 RGB、EXMC 的时候，引脚位置往往是不连续的，在对应图块边标注可以更好地进行引脚管理。两种标注方法各有利弊。

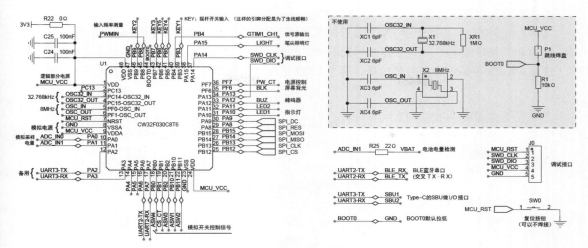

图 11-10

二、用户操作设备

本项目的用户操作设备部分使用了一个五向摇杆开关，可以等效为 5 个普通按键开关，编程时将之作为普通按键。其与传统按键一样采用了 0.1μF 消抖电容器，如图 11-11 所示。

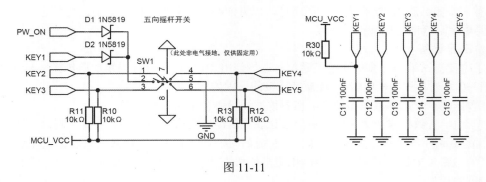

图 11-11

三、显示屏

本项目采用了一块 0.96inch 的 TFT 显示屏，显示屏分辨率为 80 像素×160 像素。使用 ST7735 显示驱动芯片，通过 FPC 与 PCB 进行连接，通过 SPI 进行通信，如图 11-12 所示。

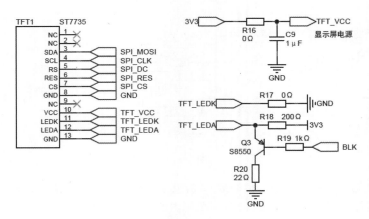

图 11-12

R18 为背光限流电阻器，可以通过单片机控制 BLK 网络对显示屏背光进行控制，也可以进行 PWM 调光。

四、其他人机交互设备

其他人机交互设备电路如图 11-13 所示,多功能测试笔有一红一绿两个 LED 用于电平指示,其中绿色 LED 用来指示低电平、红色 LED 用来指示高电平,两个 LED 与 MCU 的连接均为灌电流模式。

注意:LED 和显示屏可同时使用,其中 LED 作为快速指示灯,可方便用户确定当前的状态。

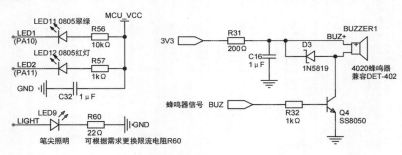

图 11-13

一个无源蜂鸣器用于额外的指示(比如通断指示),以便用户使用。需要注意的是此处使用的是无源蜂鸣器,不能使用有源蜂鸣器。在蜂鸣器供电中串接了一个 200Ω 的电阻器来限制电流,如果在实际使用中觉得蜂鸣器提示音太小或者太大,可以更换此电阻器。但不能将阻值设计得太小,否则会拉低系统电压,从而引发异常。

还有一个侧贴的 LED 作为笔尖照明灯,以方便在机壳内部等较为昏暗的场景进行测试,可以根据需要更换限流电阻器来设定亮度。

五、BLE 设备

为了方便测试笔与计算机或手机通信,选择使用 BLE 设备进行无线数据传输。不使用更加常用的 CH340 系列芯片等串口转 USB 直接连接的原因如下。

- 数据线有一定的重量和硬度,拖着数据线操作会不如无线灵活。
- 一边插着数据线一边使用,可能会让表笔的浮地变成接地,进而可能在测试时造成短路。
- 最重要的一点:安全因素。如果因为操作失误造成测试笔输入一个较高的电压,并且防护电路失效造成单片机烧毁,相应高压极有可能沿着数据线传入手机或计算机,造成严重的损失。

BLE 设备电路如图 11-14 所示。在芯片选型时,选择 BLE、SPP 双模芯片 KT6368A,这个芯片支持蓝牙 5.1。当然更重要的是,这个芯片使用晶振时不需要起振电容器,其他的外围电路也极其简单,有助于在拥挤的 PCB 上减小占用面积。

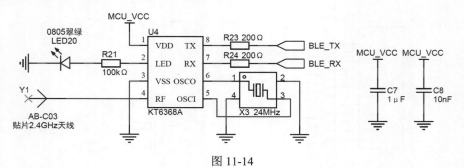

图 11-14

本设计为这个芯片配备了指示灯和外接天线,其实这些都不是必需的。如果想要降低物料成本,可不外接天线,这样依旧可以保证在 2m 左右范围内的稳定信号连接。

11.2.3 模拟前端

模拟前端是在数字电路之前的模拟电路。模拟前端用于处理信号源给出的模拟信号,对其进行数字化。其主要功能包括信号放大、频率变换、调制、解调、邻频处理、电平调整与控制、混合等。

既然已经知道了模拟前端是什么，那可以考虑做一个 10GHz 的示波器。

一、模拟前端基本设计

虽然本项目不是要做一个 10GHz 的示波器，但模拟前端的设计思路都是类似的，即考虑会采集什么样的信号、设备需要采集什么样的信号、如何处理信号。

本项目的设计目标：可以采集 0～15V 的信号，能够输出 0～5V 的信号。

但是本项目有一个特殊的情况：想要实现在一支表笔上完成输入输出的全部功能，就需要对输入、输出或其他情况进行切换。这时候读者肯定能马上想到：继电器。是的，继电器确实在这样的场景下十分好用，但是又带来了另外一个问题：体积。而本项目是要制作一支便携式测试笔，自然不想把设备做得太大，那么继电器就不太适用了，因此需要使用另外的切换器，那就是模拟开关。

模拟开关在早期的 74 电路中就已经存在，其内阻较大，而如今的设备越来越精密，一些低阻的模拟开关也出现了，其内阻低至 mΩ 级别。在本项目中，因为输入电压较大，而低阻模拟开关的通过电压较低，因此选用了较为"古老"的 HT4053ARZ 芯片，如图 11-15 所示。这是一款 SPDT、3 通道模拟开关，工作电压可以达到 18V，完美地满足了本项目的需求。这时可能有细心的读者发现，其内阻（200～240Ω）较大，这会不会对系统精度有影响呢？答案是肯定有影响。但是本项目制作的是一个简单的便携式测试工具，模拟开关内阻带来的影响可以忽略，而模拟开关本身带来的直流偏置也可以通过线性校准进行修正。本项目不需要实现多点校准等高级功能，重在简单易用。

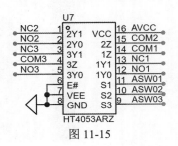

图 11-15

二、模拟电路电源

选用的 HT4053ARZ 的最大工作电压为 18V，为了留出一定的余量，将系统电压设计为 17.5V。由于为电池直接供电，电压为 3.5～4.2V，因此需要一个升压电路为模拟前端供电，如图 11-16 所示。

在芯片选型时，选择了常用的 MT3608 芯片，2A 的输出电流足够使用，并且 1.2MHz 的较高开关频率也有助于后级进行滤波。升压电感器为一个 4.7μH 的电感器，SMD252010P 的迷你封装有助于减小占用 PCB 面积，也有着 1.6A 的额定电流和 2A 的饱和电流，足够系统使用。在分压电阻器配置方面也有一定讲究，不合适的参数配置将影响电源输出电压的稳定性和负载调整率等。

需要注意的是本项目使用双电源供电，即只有正电源而没有负电源，因此测试笔也只能输入或输出正电压信号。如果需要输入负电压信号，后级电路也需要进行一定的修改。本项目出于对体积的考虑，最终决定采用单电源方案。

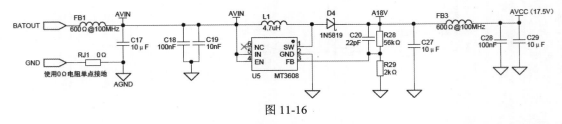

图 11-16

由于开关电源在工作时会带来干扰，模拟电路在工作时也会引入各种类型的干扰，因此在数字电源和模拟电源之间采用了磁珠进行隔离，同时也可以借助磁珠实现单点接地的效果。

在图 11-17 中，框中的电路即模拟前端电源电路，提供 AVC 测试点以便快速测量电压是否正常。图中左侧为模拟前端电路，中间上方为电源电路，中间下方电路用于连接按键消抖电容器，右侧为数字电路。该电路对地平面进行了开槽隔离，并对电流回流路径进行了优化。

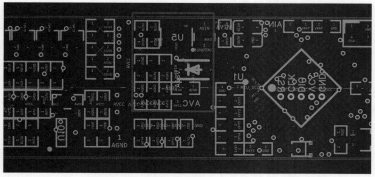

图 11-17

地平面和回流路径设计如图 11-18 所示。

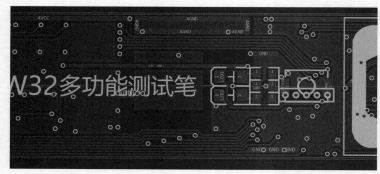

图 11-18

三、信号输入电路

信号输入电路如图 11-19 所示。

首先有一个瞬态电压抑制器对后级电路进行保护。随后，信号通过模拟开关 3 可以选择是工作在信号输入还是输出状态（默认输出状态），通过模拟开关 2 可以选择输入信号是否进行衰减。模拟前端的设计参考了示波器的设计，输入内阻为 1MΩ，可以和示波器一样选择 X1 和 X10 的挡位，默认选择 X10 挡位，这样的设计最大程度地保证了后级电路的安全，就跟在有独立开关机按键的万用表上，在收纳万用表时把挡位调整为"交流电压、最大量程"一样的道理。

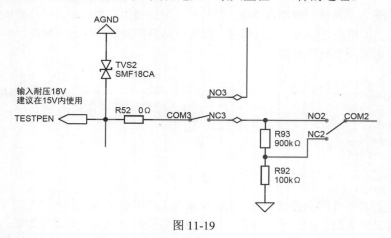

图 11-19

在 PCB 布局时，需要将 TVS 管放置在最靠近输入的位置，以更好地保护后级电路，如图 11-20 所示。

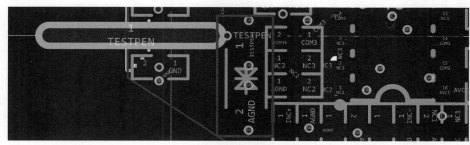

图 11-20

　　电压跟随器与低通滤波电路如图 11-21 所示，模拟输入的电压在衰减后，信号经过一个电压跟随器进行阻抗匹配，再经过一个低通滤波器对高频噪声进行滤波，最后还经过一个钳位二极管（OUTA_0 网络）进行保护，才会输入单片机的片内 ADC。

　　需要注意的是，运算放大器输出不建议直接连接电容器，否则容易发生振荡等情况，因此需要加上一个小电阻器。这会变成一个 RC 低通滤波器，根据阻容选型，可计算出其截止频率为723.7985kHz，因此不会对笔的正常测量造成影响。

　　图 11-22 所示为钳位保护电路，通过电源分压得到钳位电压，再通过一个跟随器使其具有吸电压的能力。需要注意的是，由于二极管有一个导通电压（该保护二极管的典型值为 0.35V），因此电压跟随器的电压应当适当低于保护的阈值电压。本设计采用的电压为 3V，加上二极管的 0.35V，可以将保护阈值设置为单片机 ADC 的最大输入电压 3.3V（事实上 CW32 单片机在 3.3V 工作电压下，ADC 输入 4V 也不会损坏）。

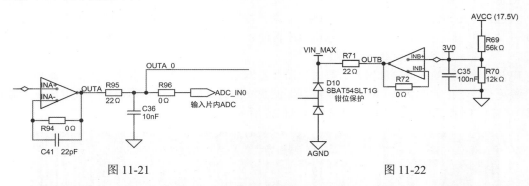

图 11-21　　　　　　　　　　　　　　　　图 11-22

　　输入频率测量电路如图 11-23 所示，模拟输入的电压在衰减后还会被输入比较器，比较器的阈值电压由 PWM 转直流得到（具体电路见图 11-24），同时为了防止发生放置振荡，选择一个大电阻器来构建迟滞比较器是必不可少的。通过这个电路，可以对输入信号进行简单的频率测量和数字分析。

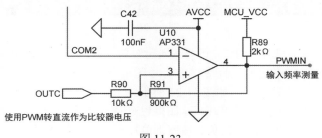

图 11-23

　　以上就是信号输入处理链路的全部单元，剩下的就是把处理后的信号输入单片机的 ADC 进行测量和处理。

四、信号输出电路

信号输出电路如图 11-24 所示。信号输出电路可以用于输出直流信号或直接输出 PWM 信号。当然也可以输出别的协议的信号（比如模拟串口输出 A5、A0 之类的测试信号），编程即可。

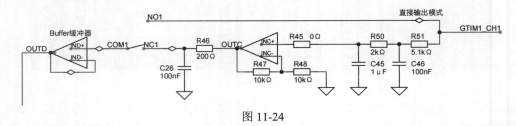

图 11-24

其中，输出直流电平则是通过 PWM 调整占空比（设定的信号频率是 20kHz，如果是别的频率则需要自己修改直流校准值），然后经过两级的低通滤波转换出的"直流"信号，如图 11-25 所示。

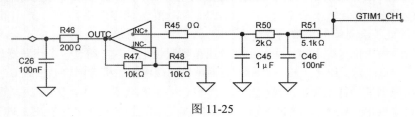

图 11-25

但是由于 PWM 转直流的输出电压比 PWM 的高电平低，因此只能输出 0～(3.3−x)V 的电压，并不能达到在设计目标中提出的 0～5V 目标，因此增加一个运放实现两倍的电压输出，最终可以输出 0～6V 的电压，达到目标。最终的输出电压再经过一个低通滤波，就可以得到较为理想的直流信号了。

PWM 转直流的低通滤波器在布局时也需要谨慎考虑，除了要考虑信号流通路径通畅和 PWM 信号避开易被干扰的敏感信号以外，还需要保证滤波器良好接地。在本项目中，就近放置了过孔将 GND 引脚与 PCB 正面的地平面相连，如图 11-26 所示。

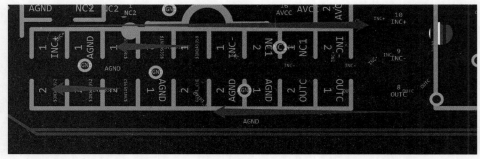

图 11-26

另外，PWM 转直流信号（OUTC）还会输入比较器，使用方式和直接输出没有区别。

可以控制模拟开关 1 来切换是直接输出信号还是直流信号，最终信号还会通过一个缓冲器（Buffer）进行隔离并提升驱动能力，如图 11-27 所示。

以上就是信号输出处理链路的全部单元，如果想对输出电路进行优化，可以引入直流输出的负反馈回到单片机的一路 ADC 通道，从而实现更加精准的直流信号输出。

五、电流源电路

在本项目中，为了实现短路测量，使用 LDO 搭建了一个简易的电流源。由于只需要对"小电阻"（设计预期

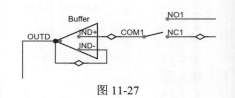

图 11-27

是 200Ω 以内）进行测量，因此采用了定值电流源，用 LDO 搭建了一个简易的电流源。

图 11-28 是进行重新布局后的电路，其中最左侧的线路连接着多功能测试笔的笔尖部分，可以从右至左对电流源进行分析和理解。

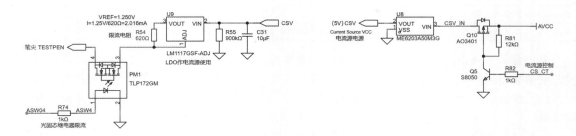

图 11-28

最右侧的部分是一个简单的用低压（MCU 的 3.3V TTL 电平）控制高压 MOS（模拟电源 17.5V）的电路，经过 MOS 后，通过一个 LDO 把 17.5V 转为 5V 的电流源电源作为后级的电流源。

这里有 3 个设计注意事项。

- 第一个是将 LDO 设计在了 MOS 开关的后级，这样可以避免在不使用电流源时 LDO 持续工作造成能耗的浪费，本项目中需要 17.5V 转 5V 这样的较大压差，LDO 的效率会比较低，因此可以通过这样的设计降低能耗。
- 第二个便是这个 LDO，虽然再后一级的 LM1117 输入耐压有 20V，但由于需要进行"通断检测"，在此时会有较大的瞬时电流变化，如果直接将电源接入电流源便会导致模拟前端的工作电压波动，这对测试精度是不利的，因此加上一级 LDO 来进行缓冲。
- 第三个电流源的输出电压过高时，测量二极管的导通电压会不准确，为了保证测试精度，需要适当降低电流源浮空输出电压。

下面分析电流源部分，该电流源是利用 LDO 的负反馈搭建的一个简易电流源，或许有读者看到这里会不理解：LDO 不是一个降压芯片吗，怎么还能干恒流的活呢？这就需要看一下芯片的数据手册（需要注意的是，不是所有 LDO 都可以作为电流源，需要根据 LDO 的工作原理来进行具体分析）。

LDO 参考设计原理图如图 11-29 所示，这是数据手册中"APPLICATION CIRCUIT"这一节的截图，这一节是厂家提供给工程师的设计参考，其中就有这张"300mA 电流源"的设计参考图。

只需要在芯片的 OUT 和 ADJ 引脚之间加上一个限流电阻器，就可以将之作为简易电流源进行使用，而电流源最大输出电流在不高于 LDO 最大输出电流时，便可以通过 $V_{REF}/R1$ 进行计算，在本设计中，需要一个 2mA 的电流源，通过查看 LDO 的数据手册，可以查到 V_{REF} 为 1.25V，因此可以计算出需要的限流电阻器的阻值为 625Ω。

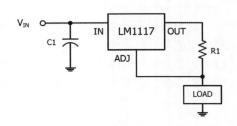

图 11-29

由于 625Ω 电阻不属于标准阻值，阻值最靠近 625Ω 的电阻器为 E192 系列中的 626Ω 电阻器，E192 系列电阻器不仅价格较高且供货不稳定，考虑到本项目制作的是一个简易测试工具，不涉及高精度测试，因此选用了更为常用的 E24 系列电阻器中的 620Ω 电阻器，虽然此时的理论电流会变成 2.016mA，但是相应误差完全可以接受。如果对精度有更高的要求，可以将限流电阻器换为两个电阻器串联，但由于没有负反馈的引入，V_{REF} 会存在一定波动，因此即使使用了更精确的限流电阻器，精度提升也较为有限。综上所述，在电路的设计过程中，应当在指标参数和项目成本中找到平衡。

LDO 的 ADJ 引脚电压（也就是 V_{REF} 电压），可以通过数据手册查到，如表 11-1 所示。可以看到实际工作中这个电压会发生浮动，但该电压浮动带来的误差也在可接受范围内。

表 11-1　ADJ 输出电压（T_j=25℃，C_{OUT}=10μF）

符号	参数	条件	最小值	典型值	最大值
V_{REF}	参考电压	V_{IN}=5V，I_o=10mA	1.238V	1.250V	1.262V
V_{REF}	参考电压	I_o=10～300mA，$V_{IN}-V_{REF}$=1.5～13.75V（T_j=0～125℃）	1.219V	—	1.281V

在电流源至输出之间，还有一个光电固态继电器（图 11-30 中 PM1），其使用方法与传统单刀单掷继电器相似，其驱动方法和普通 LED 一样，可以直接在 I/O 接口加上限流电阻器进行驱动。相比传统的继电器，光电固态继电器具有响应时间快、体积小等诸多优点，非常适合对体积要求较高的项目。

在图 11-30 中，还有一个高阻值电阻器 R55，原因是其边上有一个 10μF 的大电容器，如果光电固态继电器关闭，则电流源输出悬空，内部的电量无法释放，因此加上一个电阻器进行放电；另外，该电阻器阻值较大可以避免增加电路功耗（该处选择 900kΩ 并没有特别的讲究，只是因为本电路中在别处也使用了 900kΩ 电阻器，为了避免引入新的物料增加生产复杂度以及生产成本，因此优先选择已有物料型号）。

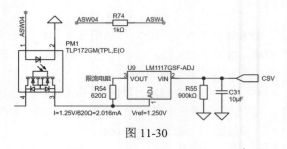

图 11-30

六、模拟开关控制电路

本项目使用了 HT4053ARZ 模拟开关，工作在 17.5V 的电压，查看数据手册可发现该芯片在不同工作电压时逻辑高电平是不同的，如表 11-2 所示。比如在 15V 工作电压的情况下，11V 才能被识别为逻辑高电平，而本设计中由于工作电压更高，逻辑高电平也会更高，因此并不能直接使用单片机对模拟开关进行控制。

表 11-2　HT4053ARZ 模拟开关数据

符号	参数	测试条件	V_{CC}	安全值/V		
				≥-55℃	≤25℃	≤125℃
V_{iH}	识别高电平的最低输入电压	选择引脚串接 1kΩ 电阻到电源 V_{EE} 接地，控制引脚关断漏电流小于 2μA，R_L：1kΩ 到 GND	5	3.5	3.5	3.5
			10	7	7	7
			15	11	11	11

这里设计了一套逻辑电平转换电路，如图 11-31 所示。其原理十分简单，需要注意的是在单片机输出低电平时，模拟开关芯片的状态切换引脚是默认的高电平，为了便于设计和后续编程，在模拟开关芯片的常开/常闭引脚上，使用的是与芯片默认状态相反的网络。因为在本设计中，设备上电后模拟开关的常开/常闭引脚就已经发生了转换。

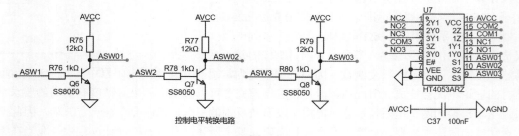

图 11-31

由于设计和生产工艺的不同，如果需要更换不同型号的模拟开关，请先查看芯片对应的数据手册以确定其逻辑电平阈值和 I/O 接口耐压情况。

七、浮地与接地

图 11-32 所示左侧的半槽孔为尾插焊接位置，另外两个焊盘则为飞线点。尾插对应的是 COM 网络，和万用表的 COM 接口一样为浮地。由于本设计使用的是双层板，PCB 走线空间十分紧张，为了达到较好的性能，同时避免在数字电路部分引入干扰，最终选择了外部飞线的方案。在进行组装时，需要对箭头标注的两个焊盘进行飞线，具体操作会在 11.3 节进行详细说明。

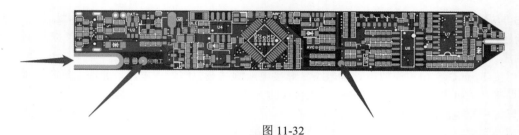

图 11-32

测试笔和万用表一样使用的是浮地，而不是真实的 GND。尽量不要在接入充电线的情况下进行使用，因为此时测试笔的浮地和充电器的 GND 相连，有可能变为真实的 GND，很容易在操作中因不小心等情况造成短路进而发生危险。

可以在隐藏导线后直观地看到测试笔的地平面分隔，如图 11-33 所示。

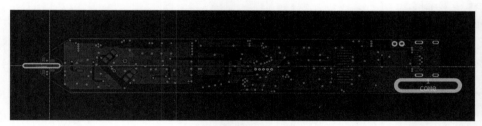

图 11-33

八、模拟前端总结

虽然本项目的模拟前端有较多功能，乍一看电路图也较为复杂，但只要将电路图根据功能拆解开来逐个分析，还是很容易就能理解的。

模拟前端电路如图 11-34 所示，简单总结一下：模拟前端可以分为信号输入、信号输出和电流源输出这 3 个部分，而工作模式通过切换模拟开关来实现切换。

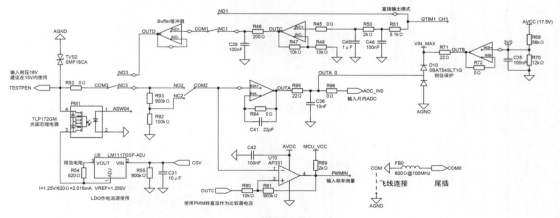

图 11-34

11.3 硬件焊接与组装

硬件的组装有很多顺序，养成良好的焊接与调试的习惯将有助于节约时间并快速定位问题，同时可以生成完整、翔实的测试报告，方便软件工程师进行自主测试和后期的软、硬件联调工作。

11.3.1 PCB 焊接

PCB 的焊接也是有顺序之分的，并不是一股脑儿全部焊接好就行，这样一旦出现问题会比较难以定位问题，并且如果电源部分出现问题就很有可能损坏大片的电路。下面介绍本项目推荐的焊接和测试顺序。

- 焊接 Type-C 接口、充放电管理电路，焊接电池测试充放电管理电路，完成后拆除电池。
- 焊接开关机电路、五向摇杆开关，长按中键开机测试电源是否正常输出。
- 焊接模拟电源，测试电源是否正常，在有条件的情况下测试输出纹波（一定记住先焊接电源并完成测试后才能焊接后级的电路，防止电源出现问题）。
- 焊接模拟开关、模拟开关控制信号电平转换电路，手动转换信号测试电平。
- 焊接全部模拟前端电路，给模拟信号测试 AIN 测试点电压。
- 焊接单片机、红绿色指示灯，随后便可烧录程序观察开机是否正常。
- 焊接其他外设、笔尖、尾插。
- 焊接显示屏。

按以上顺序进行逐级焊接和测试，即使遇到元器件失效等问题，也可以快速定位。

总结一下焊接的顺序：电源（AVC 测试点）、模拟前端（AIN 测试点）、单片机与外设，最后焊接容易被热风枪吹坏的元器件（如蜂鸣器、显示屏等）。

11.3.2 硬件组装说明

本项目涉及一些特殊结构的组装、焊接，详细说明如下。

一、测试探针

将弹簧针插入套管，掰掉套管尾部较细的部分（很脆，用手掰断就行），清理 PCB 上的半孔，将探针卡在 PCB 中，使用烙铁进行焊接，使得半孔充满焊锡，如图 11-35 所示。

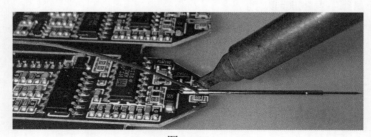

图 11-35

在焊接好探针之后，可以为探针套上热缩套管，以避免发生短路等情况，如图 11-36 所示。

图 11-36

这里之所以使用细探针+套管，而不是选择更粗的探针，一方面是因为粗探针太粗了，另一方面是因为细探针+套管的形式有助于加强结构。

使用套管的另一个好处是如果弹簧针损坏，可以直接通过插拔更换，非常方便。

二、尾插

先清理半孔，随后放置好尾插，如图 11-37 所示。在外侧上锡固定尾插，随后把 PCB 翻到背面，使用镊子夹住尾插与 PCB（反面焊接时正面的焊锡也会融化，若不夹住尾插，会掉落），在焊盘中填入较多焊锡使得尾插焊接牢固（记得保持夹持姿势直至焊锡冷却凝固），如图 11-38 所示。

安全提示：由于尾插体积较大，因此热容也会较大，在焊接完成后一定要耐心等上几分钟直至尾插完全冷却才可以触摸，否则极易被烫伤。

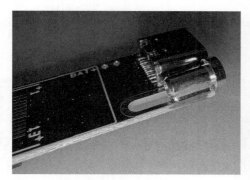
图 11-37

图 11-38

三、COM 飞线

注意：使用前一定要焊接好 COM 到 AGND 的飞线，如图 11-39 所示。

图 11-39

推荐使用 30AWG 硅胶线，连接 COM 点和 AGND 点焊盘。

四、尾插连接线

推荐使用 30AWG 硅胶线，焊接在 2mm 尾插上。

可以将硅胶线剥开后弯折 180°插入尾插孔内，再使用烙铁焊接，确保延长线与尾插连接稳定，如图 11-40 所示。

五、烧录探针

如果有多余的弹簧针，可以配合"下载器转接板"进行下载烧录。

烧录探针转接板尾部设计有一个卡槽，可以卡住 5PIN 的 2.54 排针，固定好后通过堆锡进行焊接即可。

需要将弹簧针插入套筒，随后将套筒尾部对准转接板最后一排圆形焊盘进行焊接，探针方向顺着指示线

图 11-40

放置（注意此时只焊接尾部焊点），随后将烧录器探针顶住测试笔对应孔位微调探针位置以保证接

触良好，再焊接剩余的点位进行固定。

为了防止探针转接板意外短路，可以使用热缩管对转接板进行保护，如图 11-41 所示。

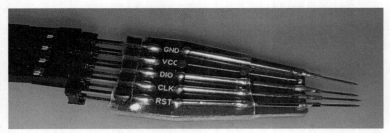

图 11-41

11.3.3　烧录方法说明

如果不愿意使用探针烧录，可以焊接细线进行烧录操作，焊接 SWD_CLK、SWD_DIO、GND 这 3 根线。如果有多余的弹簧针，可以配合"下载器转接板"进行下载烧录。

无论哪种烧录模式，在烧录前必须按住五向摇杆开关的中键保持系统上电，如图 11-42 所示。

随后在下载器中确认可以识别出芯片 ID，并勾选"Stop after Reset"复选框，随后就可以开始下载程序了，如图 11-43 所示。

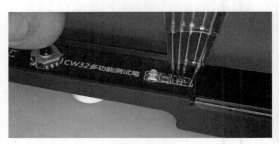

图 11-42

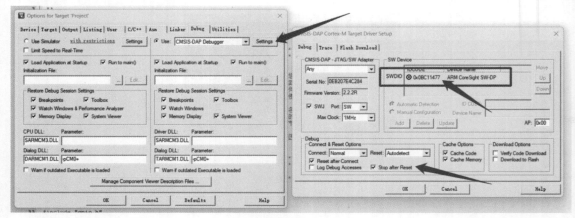

图 11-43

下载完成后，松开开关，再次按下中键，此时就能开机了。在开机时，绿色指示灯会在点亮后关闭，在没有焊接显示屏时，可以使用这样的方法检查烧录是否成功。

11.4　软、硬件联调及测试

在完成硬件调试、测试工作后，就可以配合软件进行联调了。软、硬件联调往往是一个项目中最耗时、耗力的部分，需要在此过程中根据测试得到的数据对软、硬件进行优化并再次测试。

11.4.1　电压输入测量模式

通过数控电源模拟被测电压并通过笔尖输入。本项目采用硬木课堂配套的万用表设备及虚拟仪器软件测量 AIN 节点，与测试笔测得的数据进行对比。

　　AIN 节点位置如图 11-44 所示。AIN 节点信号为模拟前端处理后输入单片机 ADC 的信号，后文中的 AIN 节点均代表此位置，将不再进行单独说明。

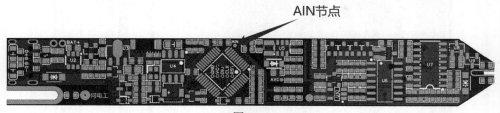

图 11-44

实测数据如图 11-45 和图 11-46 所示。

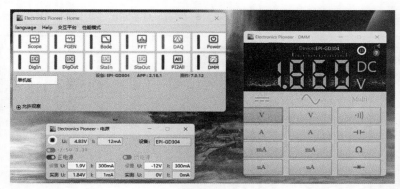

图 11-45

　　实际输出电压：1.84V。

　　AIN 节点电压：1.86V。

　　测试笔显示电压（消除系统恒定误差后）：1.832V。说明：经实测，输入 AIN 的值会有一个大约 0.02V 的正偏移，软件会把这个误差值减去再进行显示。

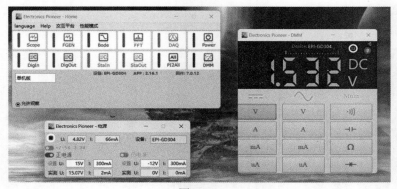

图 11-46

　　实际输出电压：15.07V。

　　AIN 节点电压：1.532V（由于电压大于 2.5V，自动进行 X10 衰减）。

　　测试笔显示电压（消除系统恒定误差后）：15.11V。

　　为了更好地展现测试笔模拟性能，使用信号源通过笔尖输入正弦波，使用示波器双踪显示输入信号及 AIN 节点信号。下面的测试中会将信号源 S1 信号输入测试笔笔尖，并和示波器通道 1 进行对连，测试笔 AIN 节点信号连接示波器通道 2。

　　图 11-47 为峰值电压小于 2.5V 的情况，即工作在 X1 挡位。CH1 与 CH2 波形完全重叠，没有

出现任何失真现象。

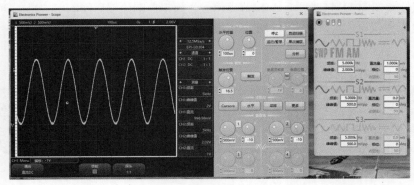

图 11-47

图 11-48 为峰值电压大于 2.5V 的情况，即工作在 X10 挡位。

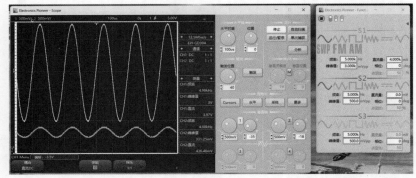

图 11-48

11.4.2 PWM 输出模式

对于 PWM 输出模式的测试，仅需要将测试笔笔尖与示波器相连，对比测试笔设置的输出参数与示波器实际测得的参数。

PWM 输出波形如图 11-49、图 11-50 和图 11-51 所示。

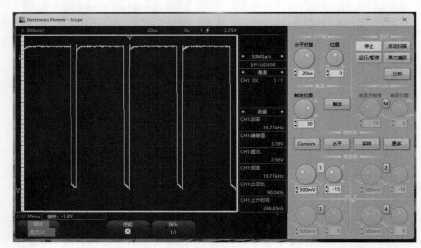

图 11-49

测试笔设定参数：频率 20kHz，占空比 90%。

示波器测得参数：频率 19.71kHz，占空比 90.04%。

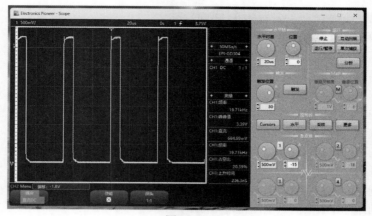

图 11-50

测试笔设定参数：频率 20kHz，占空比 20%。
示波器测得参数：频率 19.71kHz，占空比 20.39%。
接下来对多功能测试笔的最大输出频率进行测量。

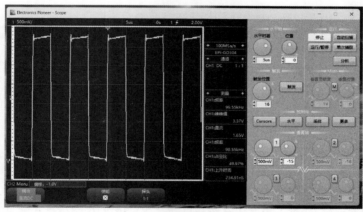

图 11-51

测试笔设定参数：频率 100kHz，占空比 50%。
示波器测得参数：频率 99.55kHz，占空比 49.97%。

11.4.3 DC 输出模式

该测试使用万用表对输出电压进行测量。
测试笔设定值 1.0V，万用表实测值 0.97V。
测试笔设定值 1.5V，万用表实测值 1.49V。
测试笔设定值 2.0V，万用表实测值 2.02V。
测试笔设定值 2.5V，万用表实测值 2.54V。
测试笔设定值 3.0V，万用表实测值 3.07V。
测试笔设定值 4.0V，万用表实测值 4.05V。
测试笔设定值 5.0V，万用表实测值 5.11V。
测试笔设定值 5.5V，万用表实测值 5.63V。

11.4.4 通断检测模式

该模式直接使用测试笔测量电阻器阻值。

需要注意的是，该模式下的量程为 0～200Ω。

电阻器标称阻值 0Ω，测试笔测得值 0Ω。

电阻器标称阻值 10Ω，测试笔测得值 10Ω。

电阻器标称阻值 20Ω，测试笔测得值 19Ω。

电阻器标称阻值 30Ω，测试笔测得值 30Ω。

电阻器标称阻值 40Ω，测试笔测得值 40Ω。

电阻器标称阻值 50Ω，测试笔测得值 50Ω。

电阻器标称阻值 80Ω，测试笔测得值 81Ω。

电阻器标称阻值 110Ω，测试笔测得值 110Ω。

电阻器标称阻值 130Ω，测试笔测得值 130Ω。

电阻器标称阻值 160Ω，测试笔测得值 160Ω。

电阻器标称阻值 170Ω，测试笔测得值 170Ω。

电阻器标称阻值 180Ω，测试笔测得值 177Ω。

11.4.5　二极管挡位

该模式直接使用测试笔测试二极管导通电压，与普通万用表测试值进行对比。

样品锗管：普通万用表测试值 0.278V，测试笔测得值 273mV。

样品硅管：普通万用表测试值 0.599V，测试笔测得值 601mV。

红色 LED：普通万用表测试值 1.740V，测试笔测得值 1760mV。

黄色 LED：普通万用表测试值 1.897V，测试笔测得值 1913mV。

蓝色 LED：普通万用表测试值 2.568V，测试笔测得值 2820mV。

11.4.6　校准模式

需要将笔尖与 COM 端进行可靠短接，推荐使用插接件或面包板进行连接（不要用手捏着，这样接触电阻可能不稳定），随后进入校准模式（一定是先短接再进入校准模式，一进入校准模式马上就会开始自动校准程序），进入模式后系统会自动在 X1 和 X10 挡位进行测量，记录下零点误差并存储至 FLASH 存储器。

通常情况下，由于数据会被存储至 FLASH 存储器，可以保证在校准后很长一段时间内的测试值准确。但如果电路内部某个元器件发生参数漂移，还是会造成误差，因此在发现测试数据偏差较大时，可以再次进行校准。

注意：下载程序后第一次使用前一定要记得校准，使用前一定要焊接好 COM 到 AGND 的飞线。

11.5　软件编写说明

本软件基于 MDK 开发环境，采用了 FreeRTOS 创建任务。

FreeRTOS 是一个强大、灵活且可靠的实时操作系统，适用于各种微控制器和处理器平台。其开放源代码的特性、广泛的社区支持和丰富的功能，使其成为许多实时应用开发者的首选。

本项目成功地把 FreeRTOS 移植应用到了 CW32 芯片平台上，架构起整个测试笔的应用程序。

11.5.1　文件构成

软件工程文件构成如图 11-52 所示。

Startup——启动文件，User——底层驱动程序和 App，Driver——标准外设库文件，FreeRtos——FreeRTOS 文件，GUI——LCD 驱动程序和 UI。

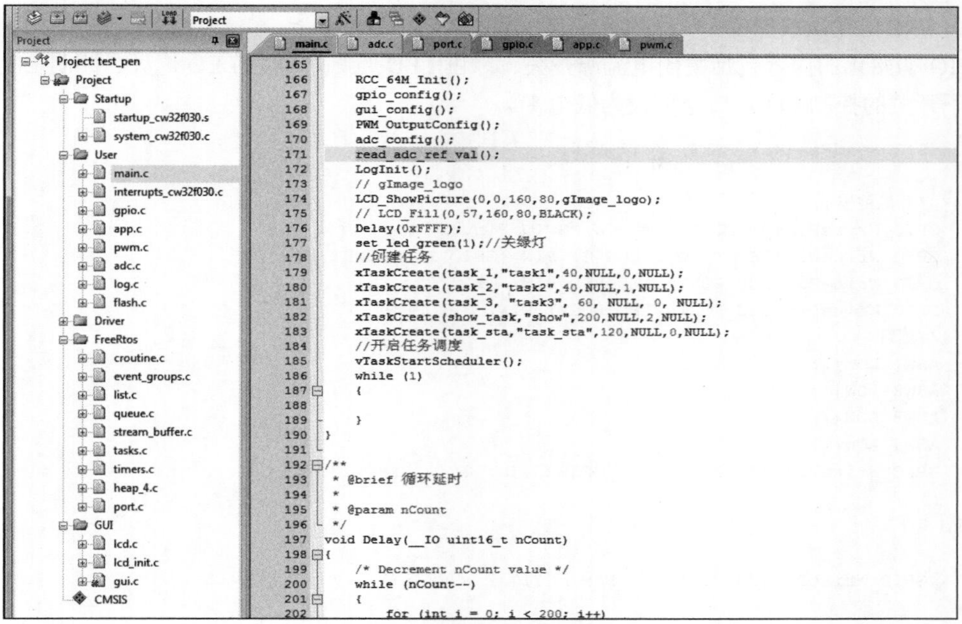

图 11-52

11.5.2 GPIO 初始化

初始化是使用所有外设前的基本操作。GPIO 端口初始化完成后，才可以对端口进行读写。程序对开机电源、LED、按键、模拟开关、电流源开关的 GPIO 做了宏定义，可随硬件 I/O 的改动来更改软件 I/O 的定义。

GPIO 端口初始化相关代码如下。

一、开机电源 GPIO 宏定义

```
#define PW_PORT CW_GPIOF
#define PW_PIN GPIO_PIN_7
```

二、LED 的 GPIO 宏定义

```
#define LED_PORT CW_GPIOA
#define LED_GREEN_PIN GPIO_PIN_10
#define LED_RED_PIN GPIO_PIN_11
#define LED_LIGHT_PIN GPIO_PIN_15
```

三、按键的 GPIO 宏定义

```
#define KEY_PORT CW_GPIOB
#define KEY1_PIN GPIO_PIN_3
#define KEY2_PIN GPIO_PIN_9
#define KEY3_PIN GPIO_PIN_7
#define KEY4_PIN GPIO_PIN_5
#define KEY5_PIN GPIO_PIN_6
```

四、模拟开关的 GPIO 宏定义

```
#define ASW_PORT CW_GPIOB
#define ASW1_PIN GPIO_PIN_10
#define ASW2_PIN GPIO_PIN_11
#define ASW3_PIN GPIO_PIN_2
#define ASW4_PIN GPIO_PIN_0
```

五、电流源开关的 GPIO 宏定义

```
#define CS_CT_PORT CW_GPIOB
#define CS_CT_PIN GPIO_PIN_1
```

六、初始化默认状态

GPIO 初始化的内容包括关闭电流源开关、绿色 LED 点亮、红色 LED 熄灭、照明 LED 熄灭、模拟电子开关的控制 I/O 接口全部设为低电平。

```
if (GPIO_ReadPin(KEY_PORT, KEY1_PIN) == GPIO_Pin_RESET)
{
    //开机键按下
    GPIO_WritePin(PW_PORT, PW_PIN, GPIO_Pin_SET); // 开机
    GPIO_WritePin(CS_CT_PORT, CS_CT_PIN, GPIO_Pin_RESET);
    GPIO_WritePin(LED_PORT, LED_RED_PIN, GPIO_Pin_SET);
    GPIO_WritePin(LED_PORT, LED_LIGHT_PIN, GPIO_Pin_RESET);
    //熄灯
    ASW1_LOW();
    ASW2_LOW();
    ASW3_LOW();
    ASW4_LOW();
    GPIO_WritePin(LED_PORT, LED_GREEN_PIN, GPIO_Pin_RESET);
}
else
{
    GPIO_WritePin(PW_PORT, PW_PIN, GPIO_Pin_RESET); // 关机
}
```

11.5.3　ADC 初始化

ADC 使用两个通道分别测量电池电压和测试笔笔尖电压。

ADC 配置为连续采样，采用 AD 转换完成后触发 DMA 传输。

一、ADC 配置

ADC 通道 0 采集的是笔尖电压，ADC 通道 1 采集的是电池电压。ADC 配置初始化的代码如下。

```
ADC_InitTypeDef ADC_InitStructure = {0};
ADC_SerialChTypeDef ADC_SerialChStructure = {0};
__RCC_ADC_CLK_ENABLE();
ADC_InitStructure.ADC_AccEn = ADC_AccDisable;// ADC 累加功能不开启
ADC_InitStructure.ADC_Align = ADC_AlignRight;
// 采样结果右对齐，即结果存于 bit11~bit0
ADC_InitStructure.ADC_ClkDiv = ADC_Clk_Div32;
// ADC 的采样时钟为 PCLK 的 32 分频，即 ADCCLK=2MHz
ADC_InitStructure.ADC_DMAEn = ADC_DmaEnable;// ADC 转换完成触发 DMA
ADC_InitStructure.ADC_InBufEn = ADC_BufDisable;
// 高速采样，不使能 ADC 内部电压跟随器
ADC_InitStructure.ADC_OpMode = ADC_SingleChOneMode;
// 单次单通道采样模式
ADC_InitStructure.ADC_SampleTime = ADC_SampTime10Clk;
// 设置为 10 个采样周期，需根据实际况调整
ADC_InitStructure.ADC_TsEn = ADC_TsDisable;// 禁止内部温度传感器
ADC_InitStructure.ADC_VrefSel = ADC_Vref_BGR2p5;
// 采样参考电压选择内置 2.5V
ADC_SerialChStructure.ADC_Sqr0Chmux = ADC_SqrCh0;
ADC_SerialChStructure.ADC_Sqr1Chmux = ADC_SqrCh1;
ADC_SerialChStructure.ADC_SqrEns = ADC_SqrEns01;
ADC_SerialChStructure.ADC_InitStruct = ADC_InitStructure;
/* 序列通道连续采样模式 */
ADC_SerialChContinuousModeCfg(&ADC_SerialChStructure);
adc_dma_config();
ADC_Enable();// 启用 ADC
ADC_SoftwareStartConvCmd(ENABLE);
```

二、DMA 配置

ADC 采集完成后，通过 DMA 传输实现数据读取功能。其中定义了两个数组：ADC_ResultBuff 数组，用于存储笔尖电压数据；BAT_ADC_ResultBuff 数组，用于存储电池电压数据。

DMA 配置的初始化代码如下。

```
DMA_InitTypeDef DMA_InitStruct = {0};
__RCC_DMA_CLK_ENABLE();
DMA_InitStruct.DMA_DstAddress =(uint32_t)&ADC_ResultBuff;//目标地址
DMA_InitStruct.DMA_DstInc = DMA_DstAddress_Increase; //目标地址递增
DMA_InitStruct.DMA_Mode = DMA_MODE_BULK;    //BULK 传输模式
DMA_InitStruct.DMA_SrcAddress = (uint32_t)&CW_ADC->RESULT0;
// 源地址： ADC 的结果寄存器
DMA_InitStruct.DMA_SrcInc = DMA_SrcAddress_Fix; // 源地址固定
DMA_InitStruct.DMA_TransferCnt = 0x6;             // DMA 传输次数
DMA_InitStruct.DMA_TransferWidth = DMA_TRANSFER_WIDTH_16BIT;   // 数据位宽为16 位
DMA_InitStruct.HardTrigSource = DMA_HardTrig_ADC_TRANSCOMPLETE;
// ADC 转换完成触发
DMA_InitStruct.TrigMode = DMA_HardTrig;          // 硬触发模式
DMA_Init(CW_DMACHANNEL1, &DMA_InitStruct);
DMA_Cmd(CW_DMACHANNEL1, ENABLE);

// 目标地址
DMA_InitStruct.DMA_DstAddress = (uint32_t)BAT_ADC_ResultBuff;
DMA_InitStruct.DMA_DstInc = DMA_DstAddress_Increase;// 目标地址递增
DMA_InitStruct.DMA_Mode = DMA_MODE_BULK;         //BULK 传输模式
DMA_InitStruct.DMA_SrcAddress = (uint32_t)&CW_ADC->RESULT1;//源地址
DMA_InitStruct.DMA_SrcInc = DMA_SrcAddress_Fix;        //源地址固定
DMA_InitStruct.DMA_TransferCnt = 0x6;               //DMA 传输次数
DMA_InitStruct.DMA_TransferWidth = DMA_TRANSFER_WIDTH_16BIT;
// 数据位宽为16 位
DMA_InitStruct.HardTrigSource = DMA_HardTrig_ADC_TRANSCOMPLETE;
//ADC 转换完成硬触发
DMA_InitStruct.TrigMode = DMA_HardTrig;          //硬触发模式
DMA_Init(CW_DMACHANNEL2, &DMA_InitStruct);
DMA_Cmd(CW_DMACHANNEL2, ENABLE);
```

三、DMA 连续采集

由于 CW32F030 没有自动重载 DMA 模式，所以需要手动检测以确定 DMA 传输完成，然后重新配置 DMA。重新配置 DMA 的代码如下。

```
void wait_dma_complete(void)
{
    // 等待 DMA 传输完成
    if (DMA_GetITStatus(DMA_IT_TC1) == SET)
    {
        DMA_ClearITPendingBit(DMA_IT_TC1|DMA_IT_TC2);
        adc_dma_config();
    }
}
```

笔尖电压计算分为如下 4 步。

1. 将笔尖采集的 ADC 值去掉最大值、最小值，计算出平均值。

2. 根据 ADC 分辨率和 ADC 基准电压计算出电压值。

3. 进行滑动平均算法处理。

4. 将滑动平均电压乘以挡位系数得到最终电压。

笔尖电压计算的代码如下。

```
uint16_t pen_volt(void)
{
    uint32_t sum = 0;
    uint16_t val;
    uint32_t len = sizeof(ADC_ResultBuff) / 2;
    uint16_t max = 0;
    uint16_t min = 0xffff;
    int i;
```

```
    for ( i = 0; i < len; i++)
    {
        sum += ADC_ResultBuff[i];
        if(ADC_ResultBuff[i] > max)
        {
            max = ADC_ResultBuff[i];
        }
        if(ADC_ResultBuff[i] < min)
        {
            min = ADC_ResultBuff[i];
        }
    }
    sum -= max + min;
    sum = sum / (len - 2);

    val = sum * 2500 / 4095;
    return val;
}
uint16_t get_pen_val(void)
{
    uint16_t val;
    val = dynamic_mean(pen_cahe, pen_volt(), &len_cahe[1]);
    if (pen_gears == 1)
    {
        val = val > adc_ref[0] ? (val - adc_ref[0]) : 0;
    }
    else
    {
        val = val > adc_ref[1] ? (val - adc_ref[1]) : 0;
    }
    return val * pen_gears;
}
```

四、电池电量计算

BAT_ADC_ResultBuff 数组存储的是电池电压的 ADC 采集值。

电池电量计算过程分为如下 3 步。

1. 计算 BAT_ADC_ResultBuff 数组的平均值，去掉最大值、最小值以防止数据突变。

2. 将计算得到的平均值进行滑动平均算法处理。

3. 根据 ADC 分辨率和 ADC 基准电压计算出电压值。

电池电量计算代码如下。

```
uint16_t get_bat_val(void)
{
    uint32_t sum = 0;
    uint16_t bat_val;
    uint32_t len = sizeof(BAT_ADC_ResultBuff) / 2;
    uint16_t max = 0;
    uint16_t min = 0xffff;
    int i;
    for ( i = 0; i < len; i++)
    {
        sum += BAT_ADC_ResultBuff[i];
        if(BAT_ADC_ResultBuff[i] > max)
        {
            max = BAT_ADC_ResultBuff[i];
        }
        if(BAT_ADC_ResultBuff[i] < min)
        {
            min = BAT_ADC_ResultBuff[i];
        }
    }
    sum -= max + min;
```

```
sum = sum / (len - 2);
sum = dynamic_mean(bat_cahe,sum,len_cahe);

bat_val = sum * 2500 * 2 /4095;
return bat_val;
}
```

11.5.4　PWM 初始化

软件使用了两路 PWM 输出外设功能，其中一路用于蜂鸣器控制，另一路用于 DC 输出。

GTIM3_CH4 用于控制无源蜂鸣器。蜂鸣器的额定频率为 4kHz，GTIM3_CH4 配置为 4kHz，占空比为 50%。

GTIM1_CH1 用于控制 DC 电压输出。GTIM1_CH1 默认配置为 20kHz，占空比为 90%。

PWM 初始化代码如下。

```
GTIM_InitTypeDef GTIM_InitStruct;
pwm_gpio_init();
__RCC_GTIM1_CLK_ENABLE();

GTIM_InitStruct.Mode = GTIM_MODE_TIME;
GTIM_InitStruct.OneShotMode = GTIM_COUNT_CONTINUE;
GTIM_InitStruct.Prescaler = GTIM_PRESCALER_DIV16;
// DCLK = PCLK / 16 = 64MHz/16 = 4MHz
GTIM_InitStruct.ReloadValue = Period - 1;
GTIM_InitStruct.ToggleOutState = DISABLE;

GTIM_TimeBaseInit(CW_GTIM1, &GTIM_InitStruct);
GTIM_OCInit(CW_GTIM1, GTIM_CHANNEL1, GTIM_OC_OUTPUT_PWM_HIGH);
GTIM_SetCompare1(CW_GTIM1, PosWidth);
GTIM_ITConfig(CW_GTIM1, GTIM_IT_OV, ENABLE);

GTIM_Cmd(CW_GTIM1, ENABLE);
__RCC_GTIM3_CLK_ENABLE();

GTIM_InitStruct.Mode = GTIM_MODE_TIME;
GTIM_InitStruct.OneShotMode = GTIM_COUNT_CONTINUE;
GTIM_InitStruct.Prescaler = GTIM_PRESCALER_DIV16;
// DCLK = PCLK / 16 = 64MHz/16 = 4MHz
GTIM_InitStruct.ReloadValue = fm_Period - 1;
GTIM_InitStruct.ToggleOutState = DISABLE;

GTIM_TimeBaseInit(CW_GTIM3, &GTIM_InitStruct);
GTIM_OCInit(CW_GTIM3, GTIM_CHANNEL4, GTIM_OC_OUTPUT_PWM_HIGH);
GTIM_SetCompare4(CW_GTIM3, fm_PosWidth);
GTIM_ITConfig(CW_GTIM3, GTIM_IT_OV, ENABLE);

GTIM_Cmd(CW_GTIM3, ENABLE);
NVIC_EnableIRQ(GTIM1_IRQn);
NVIC_EnableIRQ(GTIM3_IRQn);
```

DC 电压输出的占空比调节：占空比修改在 PWM 中断里面完成，改变 PosWidth 值即可。占空比修改代码如下。

```
void GTIM1_IRQHandler(void)
{
    static uint16_t TimeCnt = 0;
    GTIM_ClearITPendingBit(CW_GTIM1, GTIM_IT_OV);
    if (TimeCnt++ >= 100)
    {
        TimeCnt = 0;
        GTIM_SetCompare1(CW_GTIM1, PosWidth);
    }
```

```
    /* USER CODE END */
}
```

DC 电压输出的频率调节：在 PWM 输出模式下需要调节输出频率，GTIM_SetReloadValue()函数用于设置 PWM 的频率。相关代码如下。

```
void set_pwm_hz(uint32_t hz_val)
{
Period = 4000000 / hz_val;
GTIM_SetReloadValue(CW_GTIM1, Period);
}
```

11.5.5　LCD 驱动

LCD 采用 SPI 通信。

SPI 及相关 GPIO 初始化代码如下。

```
void LCD_GPIO_Init(void)
{
RCC_AHBPeriphClk_Enable(RCC_AHB_PERIPH_GPIOA | RCC_AHB_PERIPH_GPIOB | RCC_AHB_PERIPH_GPIOF,
 ENABLE);
GPIO_InitTypeDef GPIO_InitStruct; // 命名结构体

GPIO_InitStruct.IT = GPIO_IT_NONE;              // 不配置中断
GPIO_InitStruct.Mode = GPIO_MODE_OUTPUT_PP; // 推挽输出
GPIO_InitStruct.Pins = GPIO_PIN_12 | GPIO_PIN_13 | GPIO_PIN_15;
GPIO_InitStruct.Speed = GPIO_SPEED_HIGH; // 引脚速度设置为高速
GPIO_Init(CW_GPIOB, &GPIO_InitStruct);

GPIO_InitStruct.IT = GPIO_IT_NONE;              // 不配置中断
GPIO_InitStruct.Mode = GPIO_MODE_OUTPUT_PP; // 推挽输出
GPIO_InitStruct.Pins = GPIO_PIN_8 | GPIO_PIN_9;
GPIO_InitStruct.Speed = GPIO_SPEED_HIGH; // 引脚速度设置为高速
GPIO_Init(CW_GPIOA, &GPIO_InitStruct);

//---------blk----------
GPIO_InitStruct.IT = GPIO_IT_NONE;              // 不配置中断
GPIO_InitStruct.Mode = GPIO_MODE_OUTPUT_PP; // 推挽输出
GPIO_InitStruct.Pins = GPIO_PIN_6;
GPIO_InitStruct.Speed = GPIO_SPEED_HIGH; // 引脚速度设置为高速
GPIO_Init(CW_GPIOF, &GPIO_InitStruct);

//SPI 初始化
RCC_APBPeriphClk_Enable2(RCC_APB2_PERIPH_SPI1, ENABLE);
PB12_AFx_SPI1CS();
PB13_AFx_SPI1SCK();
PB15_AFx_SPI1MOSI();

SPI_InitTypeDef SPI_InitStructure = {0};
SPI_InitStructure.SPI_Direction = SPI_Direction_1Line_TxOnly;
// 单发送模式
SPI_InitStructure.SPI_Mode = SPI_Mode_Master;       // 主机模式
SPI_InitStructure.SPI_DataSize = SPI_DataSize_8b; // 数据长度为 8 位
SPI_InitStructure.SPI_CPOL = SPI_CPOL_High;       // 时钟空闲电平为高
SPI_InitStructure.SPI_CPHA = SPI_CPHA_2Edge;       // 第 2 个边沿采样
SPI_InitStructure.SPI_NSS = SPI_NSS_Soft;
SPI_InitStructure.SPI_BaudRatePrescaler = SPI_BaudRatePrescaler_4;
// 波特率为 PCLK 的 4 分频
SPI_InitStructure.SPI_FirstBit = SPI_FirstBit_MSB;
// 最高有效位 MSB 收发在前
SPI_InitStructure.SPI_Speed = SPI_Speed_High;       // 高速 SPI
SPI_Init(CW_SPI1, &SPI_InitStructure);
```

```
SPI_Cmd(CW_SPI1, ENABLE);
}
```

11.5.6　测试笔模式真值

测试笔模式真值如表 11-3 所示。

表 11-3　测试笔模式真值

控制脚	模式				
	电平测量 x10	电平测量 x1	PWM 输出	DC 输出	通断/二极管
ASW1	L	L	H	L	L
ASW2	L	H	L	L	L（x1 挡为 H）
ASW3	L	L	H	H	L
ASW4	L	L	L	L	H

11.5.7　RTOS

RTOS 使用的是 FreeRTOS。

本项目一共开启了 4 个任务，创建任务的代码如下。

```
xTaskCreate(task_1,"task1",40,NULL,0,NULL);
xTaskCreate(task_2,"task2",120,NULL,1,NULL);
xTaskCreate(task_3, "task3", 40, NULL, 0, NULL);
xTaskCreate(show_task,"show",120,NULL,2,NULL);
```

一、关机任务

任务一是检测长按关机键。代码如下。

```
void task_1(void *msg)
{
    while (1)
    {
            /* code */
        scan_shutdown();
        vTaskDelay(10);
    }
}
```

二、控制任务

任务二的功能有按键扫描、UI 控制函数、检测 DMA 是否完成。代码如下。

```
void task_2(void *msg)
{
    while (1)
    {
  /* code */
    wait_dma_complete();
    key_msk = key_scan();
    run_control(key_msk);
    vTaskDelay(10);
    }
}
```

三、显示任务

显示任务执行的是 UI 窗口函数。代码如下。

```
void show_task(void *msg)
{
    while (1)
    {
        run_window(0);
        vTaskDelay(10);
```

```
    }
}
```

四、自动挡位任务

自动调节测试挡位任务，挡位为 x1 或 x10。代码如下。

```
void task_3(void *msg)
{
    while (1)
    {
        /* code */
        auto_multiple();
        vTaskDelay(1);
    }
}
```

五、自动挡位的检测和切换

在 x1 挡位下，最大测量电压为 2400mV，超过就切换为 x10 挡位。

在 x10 挡位下，电压缩小至 240mV，检测到电压在 240mV 以下时，就切换为 x1 挡位。

自动挡位切换代码如下。

```
void auto_multiple(void)
{
    uint16_t volt = pen_volt();
    static uint16_t cnt;
    if (auto_disable == 0)
    {
        if (pen_gears == 10)
        {
            // x10 挡位是否切换为 x1 挡位
            if (volt < 240)
            {
                cnt++;
                if (cnt > 5)
                {
                    set_multiple_xn(1);
                    cnt = 0;
                }
            }
            else
            {
                cnt = 0;
            }
        }
        else
        {
            if (volt >= 2400)
            {
                cnt++;
                if (cnt > 5)
                {
                    // x10
                    set_multiple_xn(10);
                    cnt = 0;
                }
            }
            else
            {
                cnt = 0;
            }
        }
    }
}
```

11.5.8 UI

UI 主要由界面和控制两部分组成。

一、界面

界面结构如图 11-53 所示。

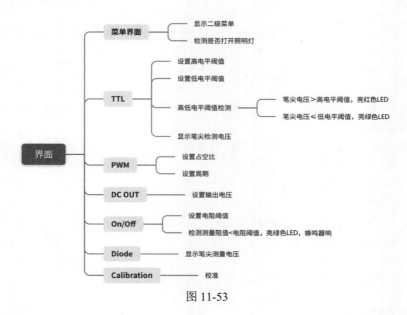

图 11-53

二、控制

控制结构如图 11-54 所示。

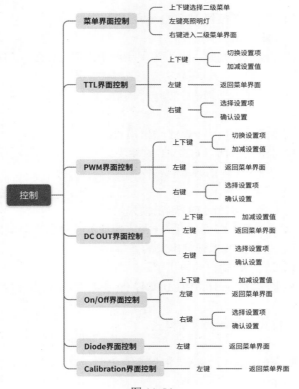

图 11-54

三、可调参数范围

可调参数范围如表 11-4 所示。

表 11-4　可调参数范围

参数名	最小值	最大值
TTL 高电平阈值	0mV	18000mV
TTL 低电平阈值	0mV	2000mV
PWM 占空比	0%	100%
PWM 频率	0Hz	100.999kHz
DC 输出电压	600mV	5800mV
On/Off 电阻值	0Ω	200Ω

四、电池电量显示

根据电池的充放电曲线，将电池电量根据电压划分为 3 段。

1. 第一段：电压>3.9V。

2. 第二段：3.7V≤电压≤3.9V。

3. 第三段：电压<3.7V。

电压在第一段，显示三格电量（即满电）。

电压在第二段，显示二格电量。

电压在第三段，显示一格电量。

电压<3.5V 就显示空电量，提示电量低并自动关机。

11.5.9　功能概览

该多功能测试笔具有多种功能：TTL 电平测量、PWM 输出、DC 输出、通断测量等。

一、TTL 电平测量

1. 根据 11.5.6 小节的模式，切换到 TTL 电平测量模式。

2. 采集笔尖电压，显示电压值。

3. 根据采集的电压值与阈值做判断，大于等于高电平阈值亮红色 LED，小于等于低电平阈值亮绿色 LED。

4. 控制任务里面可以设置高电平阈值、低电平阈值。

二、PWM 输出

1. 根据 11.5.6 小节的模式，切换到 PWM 输出模式。

2. 更改设置的频率和占空比，调节 GTIM1 的参数。

3. 控制任务里面可以设置 PWM 的频率和占空比。

三、DC 输出

1. 根据 11.5.6 小节的模式，切换到 DC 输出模式。

2. 根据公式 $y = 0.0647x-0.019$（y 是电量，x 是占空比）计算出当前输出的电压值并显示出来。公式中的参数是根据实测值进行曲线拟合算出来的。

3. 控制任务里面可以设置 DC 输出的电压值。

4. 设置好电压值，根据公式 $x=(y+0.019) /0.0647$（y 是电量，x 是占空比）计算出对应的占空比。

四、通断测量

1. 根据 11.5.6 小节的模式，切换到通断模式。

2. 采集笔尖电压。

3. 计算电阻值，电流源的电流为 2mA，根据欧姆定律计算。

4. 电阻补偿相关代码如下。

```
//分段电阻补偿
if(test_r <4)
{
test_r = 0;
}
else if (test_r < 85)
{
test_r += 6;
}
```

5. 显示电阻值，电阻值最大为 200Ω，超过则显示 OL（表示量程溢出）。

6. 判断电阻值是否小于电阻阈值，小于则亮绿灯，蜂鸣器响。

五、二极管挡测量

1. 根据 11.5.6 小节的模式，切换到二极管模式。

2. 采集笔尖电压。

3. 电压补偿，电压值大于 2500mV 时补偿−50mV，显示补偿后的电压值。

六、校准

校准主要是电压采集校准。

1. 根据 11.5.6 小节的模式，切换到 TTL 电平测量模式，X1 挡位。

2. 采集 100 次 ADC 数据，计算平均值，记录到 FLASH 存储器中（掉电后数据会保存）。

3. 根据第 11.5.6 小节的模式，切换到 TTL 电平测量模式，X10 挡位。

4. 采集 100 次 ADC 数据，计算平均值，记录到 FLASH 存储器中（掉电后数据会保存）。

5. 校准完成后自动退回菜单界面。

11.5.10 蓝牙功能

蓝牙模块使用的是串口通信，将 CW32 官方标准库中 Utilities 路径下的 log.c 和 log.h 文件里的串口切换为 UART2、波特率设置为 115200bit/s 即可。

log.c 定义了 fputc()函数，可以使用 printf()来输出串口数据。

在 TTL 电平模式下，调用以下函数就可以对接 PC 上位机。

vlote 是电压值，在上位机就可以看到该电压值的变化曲线。

实现蓝牙功能的代码如下。

```
void ttl_volte_to_ble(uint16_t vlote)
{
    static uint16_t cnt = 0;
    cnt++;
    if (cnt >= 10)
    {
        cnt = 0;
        printf("vlote:%u\n", vlote);
    }
}
```

第 *12* 章

基于CW32微处理器的运动目标控制系统与自动追踪系统

本章将从电赛备赛、解题的角度，深入介绍基于 CW32 微处理器的运动目标控制系统与自动追踪系统的基本原理、设计思路和实现方法。

通过对本章的学习，读者可以了解在电子竞赛有限的 4 天 3 夜里，应如何逐步进行系统设计、控制算法设计、硬件选型与设计、软件代码编写、系统调试、反复优化，直到最终完成竞赛题目要求。本章案例不仅是一个竞赛题目，也是一个单片机应用系统，而且融合了前沿的 AI 图像识别技术、现代控制理论、机电控制等技术。

所以，无论是准备参加全国大学生电子设计竞赛的师生，还是从事嵌入式系统开发的专业人士，或者是自动化和智能化技术的爱好者，通过对本章的学习，都将获得宝贵的实践经验和启示，可为今后参加比赛或实际项目开发打下坚实的基础。

12.1 项目背景及要求

本章的主题来自 2023 年全国大学生电子设计竞赛 E 题，此主题要求紧密围绕实际应用，旨在培养学生对复杂工程问题的解决能力。参赛团队需要发挥创造力，结合理论与实践，设计出高效、稳定、可靠的运动目标控制系统与自动追踪系统。

要在 4 天 3 夜里完成这个项目是个很大的挑战。参赛团队不但需要有扎实的嵌入式开发的功底，还需要综合运用控制理论、传感器技术、图像识别技术、机电控制技术等知识，这样才能实现精确的运动控制与快速的目标追踪。

本章的大部分内容来源于某竞赛小组的设计报告。本章引用的设计报告内容及软、硬件设计内容，均是在完成题目后重新修改、整理而成的。

12.1.1 全国大学生电子设计竞赛近十二年题目汇总

全国大学生电子设计竞赛（National Undergraduate Electronics Design Contest）简称 TI 杯，是教育部与工业和信息化部共同发起的大学生学科竞赛之一，该竞赛面向大学生，目的在于促进信息与电子类学科课程体系和课程内容改革。

全国大学生电子设计竞赛从 1997 年开始，每两年举办一届。全国大学生电子设计竞赛每逢单数年的 9 月份举办，赛期为 4 天 3 夜。在非竞赛年份，根据实际需要由全国大学生电子设计竞赛组委会和有关赛区组织开展全国的专题性竞赛，同时积极鼓励各赛区和学校根据自身条件适时组织开展赛区和学校级的大学生电子设计竞赛。

竞赛采用全国统一命题、分赛区组织的方式，以"半封闭、相对集中"的组织方式进行。竞赛期间学生可以查阅有关纸质或网络技术资料，队内学生可以集体商讨设计思想，确定设计方案，分工负责、团结协作，以队为基本单位完成竞赛任务；竞赛期间不允许任何教师或其他人员进行任何形式的指导或引导，参赛队员不得与队外任何人员讨论。为保证竞赛工作，竞赛所需设备、元器件等均由各参赛学校负责提供。

一般赛题主要有以下几大类型。

- 电源类：简易数控直流电源、直流稳压电源等的设计和制作。
- 信号源类：实用信号源（如波形发生器、电压控制 LC 振荡器等的设计和制作）。
- 高频无线电类：简易无线电遥控系统、调幅广播收音机、短波调频接收机、调频收音机等的设计和制作。
- 放大器类：实用低频功率放大器、高效率音频功率放大器、宽带放大器等的设计和制作。
- 仪器仪表类：简易电阻和电容及电感测试仪、简易数字频率计、频率特性测试仪、数字式工频有效值多用表、简易数字存储示波器、低频数字式相位测量仪、简易逻辑分析仪等的设计和制作。
- 数据采集与处理类：多路数据采集系统、数字化语音存储与回放系统、数据采集与传输系统等的设计和制作。
- 控制类：水温控制系统、自动往返电动小汽车、简易智能电动车、液体点滴速度监控装置等的设计和制作。

自 2007 年起，第八届全国大学生电子设计竞赛新增高职高专组。2011—2023 年全国大学生电子设计赛题目如表 12-1 所示。

表 12-1　2011—2023 年全国大学生电子设计竞赛题目

届数与举办年	本科组		高职高专组
第十六届 （2023 年）	A.单相逆变器并联运行系统	B.同轴电缆长度与终端负载检测装置	I.气垫悬浮车
	C.电感电容测量装置	D.信号调制方式识别与参数估计装置	J.线路故障自动检测系统
	E.运动目标控制与自动追踪系统	F.基于声传播的智能定位系统	
	G.空地协同智能消防系统	H.信号分离装置	K.辨音识键奏乐系统
第十五届 （2021 年）	A.信号失真度测量装置	B.三相 AC-DC 变换电路	I.具有发电功能的储能小车
	C.三端口 DC-DC 变换器	D.基于互联网的摄像测量系统	J.周期信号波形识别及参数测量装置
	E.数字-模拟信号混合传输收发机	F.智能送药小车	
	G.植保飞行器	H.用电器分析识别装置	K.照度稳定可调 LED 台灯
第十四届 （2019 年）	A.电动小车动态无线充电系统	B.巡线机器人	I.LED 线阵显示装置
	C.线路负载及故障检测装置	D.简易电路特性测试仪	
	E.基于互联网的信号传输系统	F.纸张计数显示装置	J.模拟电磁曲射炮
	G.双路语音同传的无线收发系统	H.模拟电磁曲射炮	K.简易多功能液体容器
第十三届 （2017 年）	A.微电网模拟系统	B.滚球控制系统	L.自动泊车系统
	C.四旋翼自主飞行器探测跟踪系统	E.自适应滤波器	M.管道内钢珠运动测量装置
	F.调幅信号处理实验电路	H.远程幅频特性测试装置	O.直流电动机测速装置
	I.可见光室内定位装置	K.单相用电器分析监测装置	P.简易水情检测系统
第十二届 （2015 年）	A.双向 DC-DC 变换器	B.风力摆控制系统	H.LED 闪光灯电源
	C.多旋翼自主飞行器	D.增益可控射频放大器	
	E.80MHz～100MHz 频谱仪	F.数字频率计	I.风板控制装置
	G.短距视频信号无线通信网络		J.小球滚动控制系统
第十一届 （2013 年）	A.单相 AC-DC 变换电路	B.四旋翼自主飞行器	J.电磁控制运动装置
	C.简易旋转倒立摆及控制装置	D.射频宽带放大器	K.简易照明线路探测仪
	E.简易频率特性测试仪	F.红外光通信装置	L.直流稳压电源及漏电保护装置
	G.手写绘图板		

届数与举办年	本科组		高职高专组
第十届 （2011 年）	A.开关电源模块并联供电系统	B.基于自由摆的平板控制系统	F.帆板控制系统
	C.智能小车	D.LC 谐振放大器	G.简易自动电阻测试仪
	E.简易数字信号传输性能分析仪		H.波形采集、存储与回放系统

12.1.2　2023 年全国大学生电子设计竞赛 E 题题目及要求

一、2023 年全国大学生电子设计竞赛 E 题题目

设计任务：设计制作一个运动目标控制与自动追踪系统。系统包括模拟目标运动的红色光斑位置控制系统和指示自动追踪的绿色光斑位置控制系统。系统结构示意及摆放位置见图 12-1（a）。图中两个激光笔固定在各自独立的二维电控云台上。

红色激光笔发射的光斑用来模拟运动目标，光斑落在正前方距离 1m 处的白色屏幕上，光斑直径≤1cm。红色光斑位置控制系统能控制光斑在屏幕范围内任意移动。

绿色激光笔发射的光斑由绿色光斑位置系统控制，用于自动追踪屏幕上的红色光斑，指示目标的自动追踪效果，光斑直径≤1cm。绿色激光笔放置线段如图 12-1（b）所示，该线段与屏幕平行，位于红色激光笔两侧，与红色激光笔的距离大于 0.4m、小于 1m。绿色激光笔在两个放置线段上任意放置。

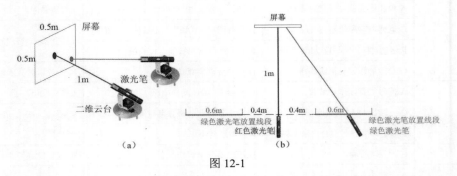

图 12-1

屏幕为白色，有效面积大于 0.6m×0.6m。用铅笔在屏幕中心画一个边长为 0.5m 的正方形，标识屏幕的边线；所画正方形的中心为原点，用铅笔画出原点位置，所用铅笔痕迹宽≤1mm。

二、要求

1. 基本要求

（1）设置运动目标位置复位功能。执行此功能，红色光斑能从屏幕任意位置回到原点。光斑中心距原点误差≤2cm。

（2）启动运动目标控制系统。红色光斑能在 30s 内沿屏幕四周边线顺时针移动一周，移动时光斑中心与边线的距离≤2cm。

（3）用约 1.8cm 宽的黑色电工胶带沿 A4 纸四边贴一个长方形，构成 A4 靶纸。将此 A4 靶纸贴在屏幕自定的位置。启动运动目标控制系统，红色光斑能 30s 内沿胶带顺时针移动一周。超时不得分，光斑完全脱离胶带一次扣 2 分，连续脱离胶带移动 5cm 以上记为 0 分。

（4）将上述 A4 靶纸以任意旋转角度贴在屏幕任意位置。启动运动目标控制系统，要求同（3）。

2. 发挥部分

（1）运动目标位置复位，一键启动自动追踪系统，控制绿色光斑能在 2s 内追踪红色光斑，追踪成功发出连续声光提示。此时两个光斑中心距离应≤3cm。

（2）运动目标重复基本要求（3）~（4）的动作。绿色激光笔发射端可以放置在其放置线段的任意位置，同时启动运动目标及自动追踪系统，绿色光斑能自动追踪红色光斑。启动系统 2s 后，应追踪成功，发出连续声光提示。此后，追踪过程中两个光斑中心距离大于 3cm 时，定义为追踪失败，一次扣 2 分。连续追踪失败 3 次以上记为 0 分。

运动目标控制系统和自动追踪系统均需设置暂停键。同时按下暂停键，红色和绿色光斑应立即制动，以便测量两个光斑中心距离。

（3）其他。

3. 说明

（1）红色、绿色光斑位置控制系统必须相互独立，之间不得有任何方式通信；光斑直径小于1cm；屏幕上无任何电子元件；控制系统不能采用台式计算机或笔记本计算机。不符合要求不进行测试。

（2）基本要求（3）、（4）未得分不进行发挥部分（2）的测试。

注意：12.2~12.8 节的内容均来自参赛队伍撰写的设计报告。设计报告内容主要包括系统总体设计方案、理论分析与计算、电路与程序设计、测试方案与测试结果。为充分展示竞赛题作品的具体开发实现过程以便参赛师生观摩、学习，本章保留了设计报告核心内容的原生状态，没有做润色和大幅改动（在完善作品后，只更新了程序代码和测试结果部分）。

12.2　系统总体设计方案

根据题目要求进行需求分析。整个系统的硬件设计使用 CW32 作为主控，使用舵机搭建一个二维简易云台，通过 OpenMV 模块进行图像识别，根据 OpenMV 识别返回的运动坐标控制二维云台及搭载的激光笔，以实现目标的自动追踪控制。

12.2.1　任务概述

根据题目要求，本项目拟设计制作一个运动目标控制与自动追踪系统，该系统包括模拟目标运动的红色光斑位置控制系统和指示自动追踪的绿色光斑位置控制系统。系统结构示意及摆放位置如图 12-2 所示。两个激光笔固定在各自独立的电控云台上。

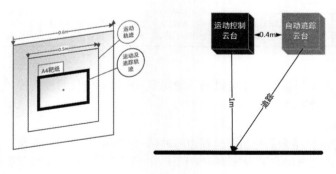

图 12-2

12.2.2　总体设计方案与论证

一、系统总体设计

根据题目要求，运动目标控制系统以红色激光笔发射的光斑模拟运动目标，完成对红色光斑的复位、固定轨迹移动及循迹功能。自动追踪系统以绿色激光笔发射的光斑作为追踪效果，完成对运动目标的精准、快速循迹。

　　根据设计需求分析，在该系统的硬件设计中可选用一款 32 位微处理器开发板，用舵机或步进电机搭建二维简易云台，采用 OpenMV 或 K210 视觉识别模块实现运动目标控制系统及自动追踪系统的搭建。对 32 位微处理器使用 Keil 软件完成程序的编写及开发，对视觉模块使用 Python 语言编写开发。

二、微处理器选型

　　方案一：STM32 微处理器。

　　意法半导体公司的 STM32F103C8T6 是一款基于 ARM Cortex-M3 内核 STM32 系列的 32 位微控制器，程序存储器容量为 64KB，需要电压为 2～3.6V、工作温度为 -40～85℃。

　　方案二：CW32 微处理器。

　　武汉芯源半导体有限公司的 CW32F030C8T6 是一款基于 ARM Cortex-M0+ 内核 32 位微控制器，主频高达 64MHz，集成了多至 64KB 的 FLASH 存储器和多至 8KB 的 SRAM，以及一系列全面的增强型外设和 I/O 接口。CW32F030 可以在 -40～105℃的温度范围内工作，工作电压范围为 1.65～5.5V。

　　两款微处理器都可以满足要求。考虑 CW32F030C8T6 成本较低，且有官方开发者扶持活动的支持，本项目选择 CW32 作为主控 MCU。

　　CW32F030x6/x8 硬件参数如表 12-2 所示。

表 12-2　CW32F030x6/x8 硬件参数

内核	ARM Cortex-M0+
FLASH 存储器	64KB
SRAM	8KB，支持奇偶校验
GPIO	39 个 GPIO 接口，分别为 PA0～PA15、PB0～PB15、PC13～PC15、PF0、PF1、PF6、PF7
定时器	16 位高级控制定时器，支持 6 路比较捕获通道和 3 对互补 PWM 输出、死区时间和灵活的同步功能
	4 个 16 位通用定时器
	看门狗定时器（IWDG、WWDG）
工作电压	1.65～5.5V
工作温度	-40～105℃
通信接口	两路 I^{2}C，两路 SPI，3 路 USART
系统时钟	4MHz～32MHz 的晶体振荡器、32kHz 的低速晶体振荡器、48MHz 的 RC 振荡器、32kHz 的 RC 振荡器、10kHz 的 RC 振荡器、150kHz 的 RC 振荡器、时钟监测系统，允许独立关断各外设时钟

三、电机选型

　　根据设计要求，本项目需要使用电机搭载激光笔，通过对电机角度的控制完成对运动目标的控制及追踪。电机选型方案如下。

　　方案一：步进电机。

　　步进电机是一种定位精确的电机，主要由脉冲信号控制，使其每次转动一个固定的角度，其精度可在 1°及以上。步进电机在云台控制中常用于相对精确的控制，比如控制摄像机的方向变化。

　　方案二：舵机。

　　舵机云台是一种装载了电子舵机、陀螺仪等控制元件并能够接收遥控信号的云台设备。通过云台内部的电子舵机进行控制，可以精确控制相机、传感器等负载物在 3 个维度上的角度。

　　综上所述，基于任务及成本要求，舵机云台成本更低，也符合本项目需求。因此，本项目采用两个 MG995 舵机搭建的二维云台，其详细参数如表 12-3 所示。

表 12-3 MG995 舵机硬件参数表

产品名称	MG995 舵机
产品重量	55g
转动速度	53～62r/m
工作扭矩	13kg/cm
使用温度	−30～55℃
死区设定	4μs
转动角度	180°/360°
使用电压	3～7.2V
工作电流	100mA

四、视觉模块选型

根据任务要求，需要对屏幕边线、黑色矩形边框进行识别，一般采用 OpenMV 和 K210 作为视觉识别模块。视觉模块方案如下。

方案一：OpenMV MV4H7Plus。

OpenMV 是一款开源、低成本、功能强大的机器视觉模块。这里选用 OpenMV MV4H7Plus 模块，它以 STM32F427 为核心，集成了 OV7725 摄像头芯片，在小巧的硬件模块上，用 C 语言高效地实现了核心机器视觉算法，提供 Python 编程接口，可以通过 Python 实现 OpenMV 提供的机器视觉功能。

方案二：K210。

K210 是一款基于 RISC-V 精简指令集的视觉模块。K210 架构包含 R 的自研神经网络硬件加速器 KPU，可以高性能地进行卷积神经网络运算。在 MCU 的 AI 计算方面，K210 的算力非常强大，根据嘉楠官网的描述，K210 的 KPU 算力能够达到 0.8TFLOPS（即 0.8 万亿次浮点运算每秒）。

根据本任务需求，运动目标在 30s 内完成沿 A4 纸边线运动即可，对运动速度无较高要求。考虑到成本及设计技术等，该运动目标控制系统采用 OpenMV 作为视觉识别模块，具体硬件参数如表 12-4 所示。

表 12-4 OpenMV 硬件参数

处理器	ARM 32bit Cortex-M7 CPUw/Double Precision FPU480 MHz (1027 DMIPS)
RAM 布局	256KB.DATA/.BSS/Heap/Stack32MB Frame Buffer/Stack 256KB DMA Buffers
FLASH 布局	128KB Boot Loader 16MB Embedded Flash Drive1 792KB Firmware
图像格式	Grayscale、RGB565、JPEG(and BAYER)
工作电压	3.3V
工作温度	−20～70℃

五、总体方案确定

综合前面的分析，进行系统框图及系统流程设计。控制系统框图如图 12-3 所示，控制系统流程如图 12-4 所示。

整个控制系统由运动目标控制系统和自动追踪系统两部分组成。

其中，运动目标控制系统由一套 OpenMV 模块（命名为 open MV-1）对一支红色激光笔射出的光斑进行定参，并且实时反馈数据坐标给 CW32 处理器，处理器再根据题目需求对一套云台（命名为 MG995 云台-1）进行运动控制，从而带动红色激光笔。

自动追踪系统由另外一套 OpenMV 模块（命名为 open MV-2）进行色块识别，主要识别红色激光笔射出的光斑，并反馈数据坐标给另一套 CW32 处理器，然后该处理器对另外一套云台（命名为 MG995 云台-2）进行运动控制，从而带动绿色激光笔，使绿色光斑追踪红色光斑，追踪到之后发出光电提示。

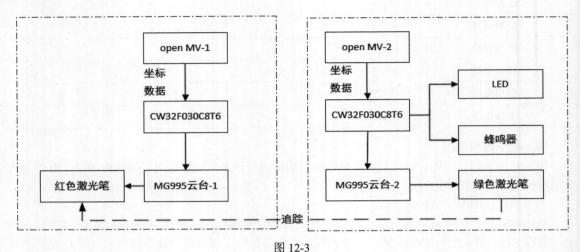

图 12-3

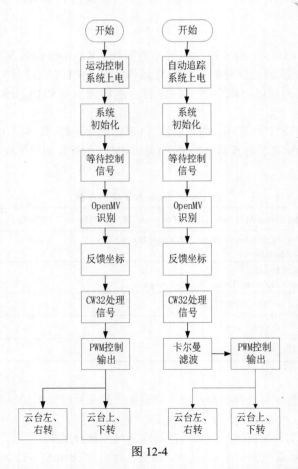

图 12-4

本方案已完成任务基本要求及发挥部分的要求，该运动目标控制系统能够较为精准、快速地实现运动目标（红色光斑）的复位、轨迹移动以及循迹功能。自动追踪系统可以实现在任意位置、要求时间内对红色光斑的精准追踪及提示。

12.3 运动目标控制理论及自动追踪方法

本节重点介绍 OpenMV 识别目标点坐标的思路，以及实现自动追踪的方法。

12.3.1 运动目标控制理论

在运动目标控制系统中，基于 OpenMV 识别目标点及轨迹并传送坐标数据给 MCU，由主控 MCU 调整 PWM 输出占空比实现对舵机运动参数的调整，从而控制云台转动实现对运动目标的复位、轨迹移动、循迹等功能。首先，将 OpenMV 固定在合适位置以观测到完整的目标屏幕，利用 OpenMV 识别红色激光点（以下简称红斑）的坐标，使激光笔在屏幕上移动。基于基本要求（2），用激光笔在屏幕边线上标记 8 个坐标点（包括 4 个顶点、每两个顶点之间的中点），分别按下按键记录相应坐标到 MCU，最后控制二维云台依次将记录的每一个点都走一遍。运动目标控制皆使用记录坐标构建坐标系的方法。

对于基本要求（3）和（4），需实现运动目标控制系统的循迹功能，可通过 OpenMV 完成对黑色 A4 纸边框的识别以确定矩形顶点坐标，利用顶点坐标分别计算出矩形 4 条边框的斜率，基于顶点及边框的斜率计算得到每条边框上的 20 个标记点（经过测试，20 个标记点效果较为理想）。最后识别红斑坐标，控制二维云台依次沿标记点完成移动，实现对黑色矩形的循迹功能。

12.3.2 自动追踪系统方法

在自动追踪系统中，OpenMV 需要完成对红斑以及绿色激光点（以下简称绿斑）的识别，因此需要单独将 OpenMV 固定在二维云台旁边，不随云台移动。OpenMV 将识别到的坐标数据通过串口返回主控端，系统中对红斑和绿斑设定有不同的帧头、帧尾以防止误判，主控端接收坐标数据之后再分别对它们的横、纵坐标相减以获取两运动目标的相对距离。根据两坐标差值的正、负，可获知两光斑的相对坐标位置。这时只需要利用位置式 PID 控制算法将期望误差值设定为想要的阈值，最后控制二维云台的 x、y 轴增加或者减小角度即可。

在测试过程中，发现 PWM 舵机偶尔会产生抖动，分析认为这是坐标数据存在噪声导致的。因此，本项目中采用卡尔曼滤波对 OpenMV 传送的坐标数据进行滤波，从而让 OpenMV 反馈的坐标与驱动 MG995 舵机变得更加稳定。

12.4 系统硬件设计

本节重点介绍以 CW32F030 为主控 MCU 实现运动目标控制系统及自动追踪系统的电路设计。

12.4.1 运动目标控制系统设计

根据设计需求，本项目运动目标控制系统主要由视觉识别模块、运动平台等模块构成。经过方案对比及分析，该设计以 CW32F030 作为主控 MCU，将 OpenMV 作为视觉识别模块，选用 MG995 舵机搭建二维云台，同时辅以 4×4 矩阵键盘、红色激光笔等，其硬件原理图如图 12-5 所示。

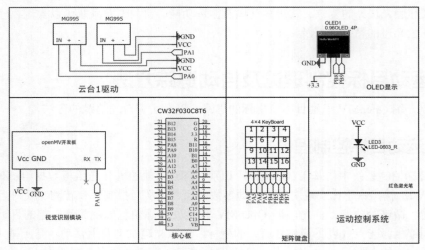

图 12-5

12.4.2 自动追踪系统设计

自动追踪系统以绿斑为追踪轨迹，在规定时间内完成对红斑的准确追踪。该系统中同样需要视觉模块对红斑进行识别，也需要运动平台搭载激光笔完成移动追踪。经过方案对比及分析，自动追踪系统使用 CW32F030 作为主控 MCU，采用 OpenMV 作为视觉识别模块及使用 MG995 舵机搭建二维云台，辅以蜂鸣器、发光二极管、按键、绿色激光笔等其他模块，其硬件原理图如图 12-6 所示。

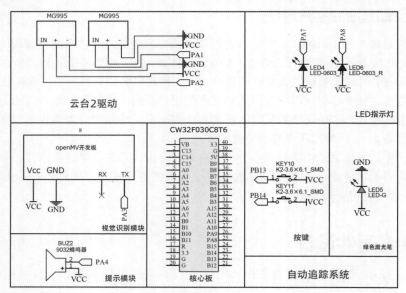

图 12-6

12.5　OpenMV 模块软件设计

OpenMV 是一个开源、低成本的机器视觉模块，内核集成了机器视觉算法，提供 Python 编程接口，可以通过 Python 实现 OpenMV 提供的机器视觉功能。

12.5.1　色块识别原理

OpenMV 实现对色块的识别，依据的是一个非常容易理解的原理——数值比较。首先设置色彩的范围阈值（只要在阈值范围内都被视为某个颜色），捕获每一帧图像之后把图像中的像素色彩数值与之前设置好的色彩阈值进行对比即可确定色块，再使用线框将色块框出，这样就完成了色块识别的工作。

12.5.2　色块识别及坐标输出

本节重点介绍 OpenMV 模块对色块识别的代码实现。

一、OpenMV 串口初始化

UART 接口是常见的串行接口，它可以用于与其他设备进行数据的传输。OpenMV 模块的串口主要用于与 CW32 处理器进行通信，实现坐标的传输。OpenMV 模块使用 UART3，波特率为 115200bit/s，其初始化代码如下。

```
from pyb import UART
uart = UART(3, 115200)
```

其中，"from pyb import UART" 用于导入 pyb 包中的 UART 模块。

"uart=UART(3,115200)" 用于创建一个 UART 对象，使用了 UART 模块的构造函数。这个 UART 对象被初始化为 UART3，波特率为 115200bit/s，可以用来进行串口通信。

通过创建 UART 对象，可以使用它的方法来发送和接收数据，以实现与其他设备的串口通信。这里 OpenMV 部分只设置为发送模式。

"uart.write(Data)" 语句可用于实现串口发送，Data 为发送的数据。

二、摄像头初始化

设置摄像头格式为 RGB565、像素格式为 QQVGA，不同格式会影响帧率。初始化时忽略捕获到的无效信息，然后初始化 LCD。

摄像头初始化的代码如下。

```
import sensor, image, time,lcd
        sensor.reset()
        sensor.set_pixformat(sensor.RGB565)
sensor.set_framesize(sensor.QQVGA)
        sensor.skip_frames(time = 2000)
        lcd.init()
```

三、设置色彩阈值

将红色和绿色的阈值通过阈值编辑器找出来。阈值定义参考代码如下。

```
red_thresholds = [(95, 83, -1, 51, -14, 44),(8, 65, 20, 65, -65, 71)] #红色阈值
green_thresholds=[(51, 75, -30, -20, -32, 29),(77, 89, -49, 19, -37, 44),(39, 73, -49, -16,
-17, 24),(26, 69, -25, -10, -45, 40)]#绿色阈值
```

四、寻找色块

通过遍历的方式寻找红色色块和绿色色块，并设置感兴趣区。参考代码如下。

```
red_blobs = img.find_blobs(red_thresholds, area_threshold = 2, pixels_threshold = 2)
green_blobs=img.find_blobs(green_thresholds, area_threshold = 2, pixels_threshold = 2)
```

五、追踪系统中的坐标传输

在自动追踪系统中需要找到红斑与绿斑，并将坐标发给 CW32 处理器。所以，为了可靠传输，如果找到红斑或绿斑，就将其 x 坐标和 y 坐标分为百位、十位、个位，然后加上帧头、帧尾结合成一帧数据通过串口发送给主控端。注意红斑和绿斑的帧头、帧尾不能一样，不然主控端无法分辨发送过来的坐标是红斑的还是绿斑的。

六、运动系统中的坐标传输

在运动目标控制系统中，视觉 OpenMV 需要将识别到的红斑及矩形框位置传输给主控 MCU。传输数据格式定义代码如下。

```
Tx_pointPacket = [0xFE, 0, 0, 0xFF, 0xFF]
Tx_recTaPacket = [0xFF, 0, 0, #左下角1,2
```

```
                               0, 0, #右下角 3,4
                               0, 0, #右上角 5,6
                               0, 0, #左上角 7,8
                               0xFF, 0xFF]
```

"Tx_pointPacket"是红斑位置数组,"Tx_recTaPacket"是矩形框位置数组,数组的第 0 位为数据帧头,最后两位为数据帧尾。"Tx_pointPacket"数组中索引为 1、2 的数据分别为红斑的 x、y 坐标。"Tx_recTaPacket"数组中索引为 1、2 的数据分别为矩形框左下角顶点的 x、y 坐标,然后以左下角为起点沿逆时针方向记录剩余 3 点的 x、y 坐标。

识别到红斑后,通过下面的代码传输坐标。

```
for item in Tx_pointPacket:
    uart.write(bytes([item]))
```

识别到矩形框四周顶点后,通过下面的代码传输坐标。

```
for item in Tx_recTaPacket:
    uart.write(bytes([item]))
```

12.5.3 运动目标控制系统中 OpenMV 模块程序代码

运动目标控制系统中 OpenMV 模块的完整程序代码如下。

```
import sensor, image, time,lcd
from pyb import UART

uart = UART(3, 115200)
sensor.reset()
sensor.set_pixformat(sensor.RGB565)
sensor.set_framesize(sensor.QQVGA)
sensor.skip_frames(time = 2000)
lcd.init() # 初始化 LCD 显示屏
red_thresholds = [(95, 83, -1, 51, -14, 44),(8, 65, 20, 65, -65, 71)] #,(92, 72, -22, 0, -4,
    85)(79, 100, 61, -17, 51, -50),(91, 100, -128, 34, 11, 53)
green_thresholds=[(70, 96, -26, -6, -2, 17)]#(23, 49, -34, -24, -54, 31)

Tx_pointPacket = [0xFE, 0, 0, 0xFF, 0xFF]
Tx_recTaPacket = [0xFF,  0, 0, #左下角 1,2
                        0, 0, #左下角 3,4
                        0, 0, #右上角 5,6
                        0, 0, #左上角 7,8
                        0xFF, 0xFF]

clock = time.clock()

def find_min(blobs):
    min_size = 160*160
    min_blob = None
    for blob in blobs:
        if blob[2]*blob[3] < min_size:
            min_blob = blob
            min_size = blob[2]*blob[3]
    return min_blob

def find_Rectangle():
    for r in img.find_rects(threshold = 40000,roi=(25,1,113,118)):
        index = 1
        for p in r.corners():
            img.draw_circle(p[0], p[1], 5, color = (0, 255, 0))
            if p[0]>=255:
                p[0]=255
            if p[1]>=255:
                p[1]=255
            Tx_recTaPacket[index] = p[0]
            index+=1
```

```
            Tx_recTaPacket[index] = p[1]
            index+=1

        Tx_recTaPacket[3]-=3
        Tx_recTaPacket[1]+=3
        Tx_recTaPacket[5]-=3
        Tx_recTaPacket[7]+=3

        Tx_recTaPacket[2]-=2
        Tx_recTaPacket[4]-=2
        Tx_recTaPacket[6]+=2
        Tx_recTaPacket[8]+=2
        for item in Tx_recTaPacket:
            uart.write(bytes([item]))
        print(Tx_recTaPacket)

while(True):
    clock.tick()
    img = sensor.snapshot()
    find_Rectangle()

    red_blobs = img.find_blobs(red_thresholds, area_threshold = 2, pixels_threshold =
    2,roi=(23,1,125,116))
    green_blobs = img.find_blobs(green_thresholds, area_threshold = 2, pixels_threshold =
    2,roi=(23,1,125,116))
    if red_blobs:  # 如果找到红斑
        min_red_blob = find_min(red_blobs)
        img.draw_rectangle(min_red_blob.rect(), color=[0,255,0]) # rect
        img.draw_cross(min_red_blob.cx(), min_red_blob.cy(), color=[0,255,0])  # cx, cy
        Tx_pointPacket[1] = min_red_blob.cx()
        Tx_pointPacket[2] = min_red_blob.cy()
        for item in Tx_pointPacket:
            uart.write(bytes([item]))
        print(Tx_pointPacket)

    elif green_blobs:  # 如果找到绿斑
        min_green_blob = find_min(green_blobs)
        img.draw_rectangle(min_green_blob.rect(), color=[0,255,0])# rect
        Tx_pointPacket[1] = min_green_blob.cx()
        Tx_pointPacket[2] = min_green_blob.cy()
        for item in Tx_pointPacket:
            uart.write(bytes([item]))
    lcd.display(img)
```

12.5.4　自动追踪系统中 OpenMV 模块程序代码

自动追踪系统中 OpenMV 模块的完整程序代码如下。

```
import sensor, image, time,lcd
from pyb import UART

uart = UART(3, 115200)
sensor.reset()
sensor.set_pixformat(sensor.RGB565)
sensor.set_framesize(sensor.QQVGA)
sensor.skip_frames(time = 2000)
lcd.init()

red_thresholds = [(95, 83, -1, 51, -14, 44),(8, 65, 20, 65, -65, 71)] #红色阈值
green_thresholds=[(51, 75, -30, -20, -32, 29),(77, 89, -49, 19, -37, 44),(39, 73, -49, -16,
  -17, 24),(26, 69, -25, -10, -45, 40)]#绿色阈值
clock = time.clock()

def find_min(blobs):
    min_size = 160*160
    min_blob = None
```

```
    for blob in blobs:
        if blob[2]*blob[3] < min_size:
            min_blob = blob
            min_size = blob[2]*blob[3]
    return min_blob

while(True):
    clock.tick()
    img = sensor.snapshot()
    lcd:display(sensor.snapshot())
    red_blobs = img.find_blobs(red_thresholds, area_threshold = 2, pixels_threshold =
2)#,roi=(28,22,110,86)
    green_blobs=img.find_blobs(green_thresholds, area_threshold = 2, pixels_threshold =
2)#,roi=(28,22,110,86)
    if red_blobs:  # 如果找到红斑
        min_red_blob = find_min(red_blobs)
        img.draw_rectangle(min_red_blob.rect(), color=[0,255,0]) #rect
        img.draw_cross(min_red_blob.cx(), min_red_blob.cy(), color=[0,255,0])  # cx, cy
        xhh=int(min_red_blob.cx()/100)#将坐标的个位、十位、百位分开，以避免超过最大限制
        xh=int(min_red_blob.cx()%100/10)
        xl=int(min_red_blob.cx()%10)
        yhh=int(min_red_blob.cy()/100)
        yh=int(min_red_blob.cy()%100/10)
        yl=int(min_red_blob.cy()%10)
        Data = bytearray([0x4C,xhh,xh,xl,yhh,yh,yl,0x6B])#给坐标数据加上帧头、帧尾，打包发送给主控MCU
        uart.write(Data)
        print(min_red_blob.cx(),min_red_blob.cy())
    if green_blobs:  #如果找到绿斑
        min_green_blob = find_min(green_blobs)
        img.draw_rectangle(min_green_blob.rect(), color=[0,255,0] #rect
        img.draw_cross(min_green_blob.cx(), min_green_blob.cy(), color=[0,255,0])  # cx, cy
        xhh=int(min_green_blob.cx()/100)
        xh=int(min_green_blob.cx()%100/10)
        xl=int(min_green_blob.cx()%10)
        yhh=int(min_green_blob.cy()/100)
        yh=int(min_green_blob.cy()%100/10)
        yl=int(min_green_blob.cy()%10)
        Data = bytearray([0x5C,xhh,xh,xl,yhh,yh,yl,0x7B])
        uart.write(Data)
        print(min_green_blob.cx(),min_green_blob.cy())
```

12.6 CW32 控制系统软件设计

本节重点介绍运动目标控制系统与自动追踪系统的程序设计思路。

12.6.1 运动目标控制系统中 CW32 程序设计

该运动目标控制系统程序设计思路：系统以 OpenMV 作为视觉模块完成对屏幕边线和黑色矩形边框的识别，并将识别目标的坐标数据传送给 MCU。MCU 接收到坐标数据后，进行数据帧分析处理，并根据功能需求输出 PWM 波调整舵机参数控制平台转动，即红斑的移动。在 OpenMV 模块识别时，优先识别红斑，如果没有找到红斑，则判断绿斑坐标，原因是红斑和绿斑重合后，由于绿色激光笔功率大，绿斑会覆盖红斑，所以两者坐标一致，可以用绿斑坐标代替红斑坐标。

具体实现过程：MCU 与 OpenMV 同时上电，先由 OpenMV 识别 A4 纸黑框坐标并发送给 MCU，MCU 验证有效性，有效就存储坐标，无效则继续等待。存储坐标后开始按键扫描，然后查看是否开启校准模式，如果开启校准模式就接收 OpenMV 发送的红斑或者绿斑坐标，MCU 验证有效性，若有效便进行屏幕铅笔黑线校准，若无效便进行键码判断，按下指定键后接收来自 OpenMV 的光斑坐标，再验证其有效性，若有效则执行键码指定程序，若无效则继续循环至按键扫描。

运动控制系统的流程图如图 12-7 所示。

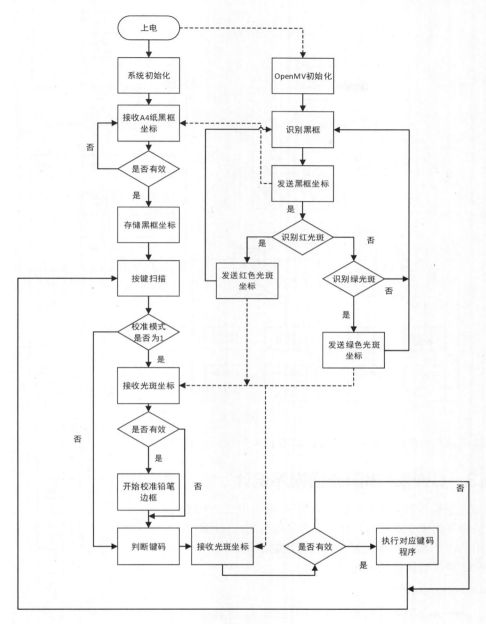

图 12-7

12.6.2 自动追踪系统中 CW32 程序设计

在自动追踪系统中，完成系统初始化以后，基于 OpenMV 模块识别红斑并将坐标数据传送给 MCU。在该环节中，由于坐标数据存在噪声，可能会造成舵机的偶然抖动，因此应用卡尔曼滤波对传送回来的坐标数据进行滤波，同时采用直线插补算法调控舵机参数，提高运动目标控制系统的稳定性及准确性。

自动追踪系统程序流程：OpenMV 与 CW32 处理器同时上电完成初始化，然后按键检测，再判断键码执行对应固定程序。键码为 0：没有按下按键，继续等待按键信号。键码为 1：开启定时器，CW32 处理器读取串口数据，根据题目要求对 x 坐标和 y 坐标做差值处理。键码为 2：关闭定时器、蜂鸣器和 LED。

自动追踪系统控制流程图如图 12-8 所示。

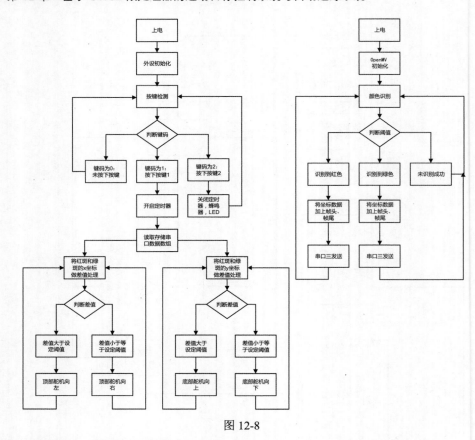

图 12-8

自动追踪系统串口中断处理流程图如图 12-9 所示。

12.6.3　CW32 串口通信程序设计

在运动目标控制系统 CW32 处理器中，使用串口 3、PA10 端口，波特率为 115200bit/s，只配置为接收模式。自动追踪系统使用 PA3 引脚，其他配置运动目标控制系统相同。

CW32 串口初始化代码如下。

```
void Serial_Init(void)
{
    RCC_AHBPeriphClk_Enable(RCC_AHB_PERIPH_GPIOA,ENABLE);
    RCC_APBPeriphClk_Enable1(RCC_APB1_PERIPH_UART3,ENABLE);

    PA10_AFx_UART3RXD();

    GPIO_Initstructure.IT=GPIO_IT_NONE;

    GPIO_Initstructure.Mode=GPIO_MODE_INPUT_PULLUP;
    GPIO_Initstructure.Pins=GPIO_PIN_10;
    GPIO_Initstructure.Speed=GPIO_SPEED_HIGH;
    GPIO_Init(CW_GPIOA,&GPIO_Initstructure);

    USART_InitTypeDef USART3_Initstructure;
    USART3_Initstructure.USART_BaudRate=115200;
    USART3_Initstructure.USART_HardwareFlowControl
=USART_HardwareFlowControl_None;

    USART3_Initstructure.USART_Mode=USART_Mode_Tx|US
ART_Mode_Rx;
    USART3_Initstructure.USART_Over=USART_Over_16;
```

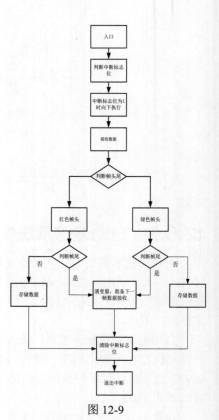

图 12-9

```
USART3_Initstructure.USART_Parity=USART_Parity_No;
USART3_Initstructure.USART_Source=USART_Source_PCLK;
USART3_Initstructure.USART_StartBit=USART_StartBit_FE;
USART3_Initstructure.USART_StopBits=USART_StopBits_1;
USART3_Initstructure.USART_UclkFreq=64000000;
USART_Init(CW_UART3,&USART3_Initstructure);

USART_DirectionModeCmd(CW_UART3,USART_Mode_Tx,ENABLE);
USART_DirectionModeCmd(CW_UART3,USART_Mode_Rx,ENABLE);

USART_ITConfig(CW_UART3,USART_IT_RC,ENABLE);
NVIC_SetPriority(UART3_IRQn,1);
NVIC_EnableIRQ(UART3_IRQn);
}
```

12.7　CW32 软件编写说明

本节详细介绍运动目标控制系统与自动追踪系统的 CW32 程序代码。

CW32 的软件编写均在 MDK 开发环境中完成。

12.7.1　运动目标控制系统中 CW32 的软件编写

本小节从软件工程的文件构成、主程序、串口接收中断处理这几个方面介绍软件编写，更多源代码请参考本书配套资源。

一、文件构成

运动目标控制系统中 CW32 的工程代码在 MDK 开发环境中打开后包含 6 个文件夹。

1. Start：CW32 启动文件，主要包含"startup_cw32f030.S"启动文件。

2. Library：CW32 外设固件库文件，包含源文件及头文件。

3. Delay：延时函数文件，使用 SysTick 时钟完成延时函数编写。

4. System：串口、ATIM、GTIM 等外设初始化文件。

5. Hardware：LED、矩阵键盘、OLED、PWM 初始化、舵机控制等底层驱动程序文件。

6. User：主程序控制文件。

二、主程序

运动目标控制系统中 CW32 的主程序 main.c 文件源代码如下。

```
#include "CW32F030.h"
#include "cw32_include.h"
#include "Delay.h"
#include "OLED.h"
#include "PWM.h"
#include "Matrix.h"
#include "Serial.h"
#include "Servo.h"

uint8_t P_Flag;
uint8_t X_wish;
uint8_t Y_wish;
uint8_t Now_X,Now_Y;
uint8_t i,p=60;
uint8_t X_Position[100];//存放所有红斑 x 坐标
uint8_t Y_Position[100];//存放所有红斑 y 坐标
uint8_t Position[10];//存放黑框坐标
float K[5];//每条斜边的斜率
float Ki=1;
int8_t Mode=1;
uint8_t Rectangle[20];

int main(void)
```

```
{
  OLED_Init();        //初始化 OLED
  PWM_Init();         //初始化 PWM
  Matrix_Init();    //初始化矩阵键盘
  Servo_SetAngle_UP(77);    //设置舵机 y 轴的初始角度
  Servo_SetAngle_Down(125);//设置舵机 x 轴的初始角度
  Serial_Init();        //串口初始化
  while(1)
  {
      if(Serial_RxFlag==1)
      //接收完一组黑框坐标后的标志位，1 为接收到一组完整数据，不用清零该标志位，因为只需要接收一次
      {
          for(i=1;i<=8;i++)
          {
              Position[i]=Serial_RxPacket[i];
          //将黑框坐标存入数组 Position[]中
          }
          //获取每条边的斜率
          K[1] = Get_K(Position[5],Position[6],Position[7],Position[8]);
          K[2] = Get_K(Position[3],Position[4],Position[5],Position[6]);
          K[3] = Get_K(Position[1],Position[2],Position[3],Position[4]);
          K[4] = Get_K(Position[7],Position[8],Position[1],Position[2]);
          //以黑框的 4 个顶点为基准，在每条边上划分 20 个点
          Set_NPosition(X_Position,Y_Position,20.0);
          OLED_ShowNum(1,9,X_Position[74],3);
          //OLED 显示 CW32 有没有接收到黑框坐标
          break;  //如果接收到一组完整黑框坐标，则跳出 while 循环
      }
  }

  while (1)
  {
      KeyNum = Key_Scan();    //扫描矩阵按键，获取按下的按键对应的值
      OLED_ShowNum(1,1,KeyNum,2);//显示按下的按键对应的值
      OLED_ShowNum(2,1,Rectangle[1],3);//用于显示铅笔边框坐标
      OLED_ShowNum(2,5,Rectangle[2],3);
      OLED_ShowNum(2,9,Rectangle[3],3);
      OLED_ShowNum(2,13,Rectangle[4],3);
      OLED_ShowNum(3,1,Rectangle[5],3);
      OLED_ShowNum(3,5,Rectangle[6],3);
      OLED_ShowNum(3,9,Rectangle[7],3);
      OLED_ShowNum(3,13,Rectangle[8],3);
      OLED_ShowNum(4,1,Rectangle[9],3);
      OLED_ShowNum(4,5,Rectangle[10],3);
      OLED_ShowNum(1,5,Mode,1);
      if(Mode)  //校准，开始时需要按下按键 10
      {
          if(Serial_RxFlag_R==1)
//接收完一组红斑坐标后的标志位，1 为接收到一组完整数据
          {
              Now_X = Red_Position[1];
              Now_Y = Red_Position[2];

//手动输入铅笔画的边框，边框的 4 个顶点加上每边两顶点的中点，共 8 个点，存放在 Rectangle[]中，按键 1~8 以左
  上角为起点，按顺时针方向分别对应
              //按键 9 表示输入中心点坐标
              if(KeyNum == 1)
{Rectangle[1] = Now_X; Rectangle[2] = Now_Y;KeyNum=0; }
              else if(KeyNum == 2)
{Rectangle[3] = Now_X; Rectangle[4] = Now_Y; KeyNum=0;}
              else if(KeyNum == 3)
{Rectangle[5] = Now_X; Rectangle[6] = Now_Y; KeyNum=0;}
              else if(KeyNum == 4)
{Rectangle[7] = Now_X; Rectangle[8] = Now_Y; KeyNum=0;}
              else if(KeyNum == 5)
{Rectangle[9] = Now_X; Rectangle[10] = Now_Y;KeyNum=0;}
```

```
                else if(KeyNum ==  6)
{Rectangle[11] = Now_X; Rectangle[12] = Now_Y;KeyNum=0;}
                else if(KeyNum ==  7)
{Rectangle[13] = Now_X; Rectangle[14] = Now_Y;KeyNum=0;}
                else if(KeyNum ==  8)
{Rectangle[15] = Now_X; Rectangle[16] = Now_Y;KeyNum=0;}
                else if(KeyNum ==  9)
{Rectangle[17] = Now_X; Rectangle[18] = Now_Y;KeyNum=0;}
                Serial_RxFlag_R = 0;//清零该标志位
            }
        }

    if( KeyNum ==10)
    {
        Mode =0;
    }
    else if( KeyNum ==11 )//暂停
    {
        GTIM_Cmd(CW_GTIM2, DISABLE);
    }
    else if( KeyNum ==12 )//继续
    {
        GTIM_Cmd(CW_GTIM2, ENABLE);
    }
    else if(KeyNum == 13)  //复位
    {
        if(Serial_RxFlag_R==1)
        {
        Now_X = Red_Position[1];//获取红斑 x 坐标
        Now_Y = Red_Position[2];//获取红斑 y 坐标
        X_wish =Rectangle[17];//红斑目标 x 坐标
        Y_wish =Rectangle[18];//红斑目标 y 坐标
        Red_Sport(X_wish,Y_wish,Now_X,Now_Y,1,1);//红斑运动函数
        Serial_RxFlag_R = 0;
        }
    }
    /*
```

运动思路：不断设置红斑目标 x、y 坐标，且是有顺序的，通过条件判断到达第一个目标点后，更改下一个目标值，最后调用红斑运动函数。

例如，针对基本要求（2）将边框分为 8 步走，也就是 8 个点。红斑初始在原点，此时 P_Flag=0，第一个 if 条件 P_Flag=0 成立，现在设置目标点为左上角第一个点且立马将 P_Flag 置 1，到达左上角第一个点后，X_Flag、Y_Flag 置 1 且现在 P_Flag=1，则第二个 if 条件成立，又将设置下一个目标点，且立马清零 X_Flag、Y_Flag，并把 P_Flag 置 2，以此类推，最后达成一个循环。解决基本要求（3）和（4）的问题的思路也是如此。*/

```
    else if(KeyNum == 14)  //基本要求（2）
    {
        if(Serial_RxFlag_R==1)
        {
            Now_X = Red_Position[1];
            Now_Y = Red_Position[2];
            if(P_Flag==0)
            {
            X_wish =Rectangle[1];Y_wish =Rectangle[2];P_Flag=1;}
            else if( X_Flag && Y_Flag && P_Flag==1)
            {
            X_Flag = 0;Y_Flag = 0;
            X_wish =Rectangle[3];Y_wish =Rectangle[4];P_Flag=2;}
            else if( X_Flag && Y_Flag && P_Flag==2)
            {
            X_Flag = 0;Y_Flag = 0;
            X_wish =Rectangle[5];Y_wish =Rectangle[6];P_Flag=3;}
            else if( X_Flag && Y_Flag && P_Flag==3)
            {
            X_Flag = 0;Y_Flag = 0;
            X_wish =Rectangle[7];Y_wish =Rectangle[8];P_Flag=4;}
            else if( X_Flag && Y_Flag && P_Flag==4)
            {
```

```
                    X_Flag = 0;Y_Flag = 0;
                    X_wish =Rectangle[9];Y_wish =Rectangle[10];P_Flag=5;}
                    else if( X_Flag && Y_Flag && P_Flag==5)
                    {
                    X_Flag = 0;Y_Flag = 0;
                    X_wish =Rectangle[11];Y_wish =Rectangle[12];P_Flag=6;}
                    else if( X_Flag && Y_Flag && P_Flag==6)
                    {
                    X_Flag = 0;Y_Flag = 0;
                    X_wish =Rectangle[13];Y_wish =Rectangle[14];P_Flag=7;}
                    else if( X_Flag && Y_Flag && P_Flag==7)
                    {
                    X_Flag = 0;Y_Flag = 0;
                    X_wish =Rectangle[15];Y_wish =Rectangle[16];P_Flag=8;}
                    else if( X_Flag && Y_Flag && P_Flag==8)
                    {
                    X_Flag = 0;Y_Flag = 0;
                    X_wish =Rectangle[1];Y_wish =Rectangle[2];P_Flag=1;}
                    Red_Sport(X_wish,Y_wish,Now_X,Now_Y,2,2);
                    Delay_ms(5);
                    Serial_RxFlag_R = 0;
                    }
            }
        else if(KeyNum == 15 )
//基本要求（3），分为四大步，每步又分为 20 个小点，所以 P_Flag 最大为 4
        {
                if(Serial_RxFlag_R==1)
                {
                    Now_X = Red_Position[1];
                    Now_Y = Red_Position[2];

                    if(P_Flag==0)
                    {
                    X_wish=Position[7];Y_wish=Position[8];P_Flag = 1;
                    }
                    else if( X_Flag && Y_Flag && P_Flag==1)
                    {
                    X_Flag = 0;Y_Flag = 0;
                    X_wish =X_Position[p];Y_wish =Y_Position[p];
                    p--;Ki=K[1];
                    if(p<=40) P_Flag=2;
                    }
                    else if( X_Flag && Y_Flag && P_Flag==2)
                    {
                    X_Flag = 0;Y_Flag = 0;
                    X_wish =X_Position[p];Y_wish =Y_Position[p];
                    p--;Ki=K[2];
                    if(p<=20) P_Flag=3;
                    }
                    else if( X_Flag && Y_Flag && P_Flag==3)
                    {
                    X_Flag = 0;Y_Flag = 0;
                    X_wish =X_Position[p];Y_wish =Y_Position[p];
                    p--;Ki=K[3];
                    if(p<=1) {P_Flag=4;p=80;}
                    }
                    else if( X_Flag && Y_Flag && P_Flag==4)
                    {
                    X_Flag = 0;Y_Flag = 0;
                    X_wish =X_Position[p];
                    Y_wish =Y_Position[p];
                    p--;Ki=K[4];
                    if(p<=60) {P_Flag=1;p=60;}
                    }
                    Red_Sport(X_wish,Y_wish,Now_X,Now_Y,1,1);
                    Serial_RxFlag_R = 0;
```

```
                }
        }
        else if(KeyNum == 16 )
//基本要求（4），分为四大步，每步又分为 20 个小点，所以 P_Flag 最大为 4
        {
                if(Serial_RxFlag_R==1)
                {
                        Now_X = Red_Position[1];
                        Now_Y = Red_Position[2];

                        if(P_Flag==0)
                        {
                        X_wish =Position[7];Y_wish =Position[8];P_Flag = 1;
                        }
                        else if( X_Flag && Y_Flag && P_Flag==1)
                        {
                        X_Flag = 0;Y_Flag = 0;
                        X_wish =X_Position[p];Y_wish =Y_Position[p];
                        p--;Ki=K[1];
                        if(p<=40) P_Flag=2;
                        }
                        else if( X_Flag && Y_Flag && P_Flag==2)
                        {
                        X_Flag = 0;Y_Flag = 0;
                        X_wish =X_Position[p];Y_wish =Y_Position[p];
                        p--;Ki=K[2];
                        if(p<=20) P_Flag=3;
                        }
                        else if( X_Flag && Y_Flag && P_Flag==3)
                        {
                        X_Flag = 0;Y_Flag = 0;
                        X_wish =X_Position[p];Y_wish =Y_Position[p];
                        p--;Ki=K[3];
                        if(p<=1) {P_Flag=4;p=80;}
                        }
                        else if( X_Flag && Y_Flag && P_Flag==4)
                        {
                        X_Flag = 0;Y_Flag = 0;
                        X_wish =X_Position[p];Y_wish =Y_Position[p];
                        p--;Ki=K[4];
                        if(p<=60) {P_Flag=1;p=60;};
                        }

                        Red_Sport(X_wish,Y_wish,Now_X,Now_Y,1,1);
                        Delay_ms(5);
                        Serial_RxFlag_R = 0;
                }
        }
    }
}
```

三、串口接收中断处理

在运动目标控制系统 CW32 处理器中，使用串口 3、PA10 端口，波特率为 115200bit/s，只配置为接收模式。

用于串口接收相关的变量定义如下。

```
uint8_t Serial_RxPacket[20];
uint8_t Red_Position[10];
uint8_t Serial_RxFlag;
uint8_t Serial_RxFlag_R;
```

"Serial_RxPacket[20]"是用于存放矩形框坐标的数组，"Serial_RxFlag"是接收一帧矩形框坐标数据完成的标志。

"Red_Position[10]"是用于存放红斑坐标的数组，"Serial_RxFlag_R"是接收一帧红斑坐标数据完成的标志。

在接收完一组红斑、矩形框位置数据帧后，会分别置接收完毕标志位"Serial_RxFlag_R" "Serial_RxFlag"为 1，并在主程序中判断标志位是否为 1，若是则执行相应操作并把标志位清零。

串口接收中断处理函数的代码如下。

```
void UART3_IRQHandler(void)
{
  static uint8_t RxState = 0;
  static uint8_t pRxPacket = 0;
  static uint8_t RxState_R = 0;
  static uint8_t pRxPacket_R = 0;
  if (USART_GetITStatus(CW_UART3, USART_IT_RC) == SET)
  {
    uint8_t RxData = USART_ReceiveData(CW_UART3);
    //矩形框
    if (RxState == 0)
    {
        if (RxData == 0xFF && Serial_RxFlag == 0)
        {
            RxState = 1;
            pRxPacket = 0;
        }
    }
    else if (RxState == 1)
    {
        if (RxData == 0xFF)
        {
            RxState = 2;
        }
        else
        {
            pRxPacket ++;
            Serial_RxPacket[pRxPacket] = RxData;
        }
    }
    else if (RxState == 2)
    {
        if (RxData == 0xFF)
        {
            RxState = 0;
            Serial_RxFlag = 1;
        }
    }

    //红斑
    if (RxState_R == 0)
    {
        if (RxData == 0xFE && Serial_RxFlag_R == 0)
        {
            RxState_R = 1;
            pRxPacket_R = 0;
        }
    }
    else if (RxState_R == 1)
    {
        if (RxData == 0xFF)
        {
            RxState_R = 2;
        }
        else
        {
            pRxPacket_R ++;
            Red_Position[pRxPacket_R] = RxData;
        }
    }
    else if (RxState_R == 2)
    {
```

```
        if (RxData == 0xFF)
        {
            RxState_R = 0;
            Serial_RxFlag_R = 1;
        }
    }

    USART_ClearITPendingBit(CW_UART3, USART_IT_RC);
  }
}
```

主程序中判断是否接收到一组数据并进行处理的代码如下。

```
if(Serial_RxFlag_R==1)
  {
    /*这里省略了"执行""舵机""运动函数"等语句*/
    Serial_RxFlag_R = 0;
  }
```

四、功能函数说明

其中几个重要的函数功能说明如下。

"void Set_NPosition(uint8_t* X,uint8_t* Y, float Prc);"：以矩形框的 4 个顶点，将黑色边框的每一条边划分为 Prc（程序设定为 20）等份取点坐标，将它们的 x、y 坐标分别存放于数组 X 和 Y 中。

"uint8_t Key_Scan(void);"：获取矩阵键盘按下的按键对应的键值。

"void Red_Sport(uint8_t Target_X,uint8_t Target_Y,uint8_t Now_X,uint8_t Now_Y, float X,float Y);"：舵机运动函数，"Target_X"为目标 x 坐标，"Target_Y"为目标 y 坐标，"Now_X"为现在的 x 坐标，"Now_Y"为现在的 y 坐标，x、y 分别用于设置 x 轴和 y 轴的移动速度。

获取矩形框 4 个顶点坐标的代码如下。

```
for(i=1;i<=8;i++)
  {
    Position[i]=Serial_RxPacket[i];
  }
```

其中，"Serial_RxPacket[i]"是 OpenMV 发送的矩形框 4 个顶点的 x、y 坐标，存放在"Position[i]"数组中。

12.7.2　自动追踪系统中 CW32 的软件编写

本小节从软件工程的文件构成、主程序、舵机控制、外设初始化、按键切换功能、红斑和绿斑的坐标获取、卡尔曼滤波、颜色追踪控制等方面介绍软件编写，完整源代码请参考本书配套资源。

一、文件构成

自动追踪系统中 CW32 的工程代码在 MDK 开发环境中打开后包含 6 个文件夹。

1. Start：CW32 启动文件，主要包含"startup_cw32f030.S"启动文件。

2. Library：CW32 外设固件库文件，包含源文件及头文件。

3. Delay：延时函数文件，使用 SysTick 时钟完成延时函数编写。

4. System：BTIM 外设初始化文件。

5. Hardware：LED、按键、OLED、PWM 初始化、串口初始化、坐标处理等底层驱动程序文件。

6. User：主程序控制文件。

二、主程序

自动追踪系统中 CW32 的主程序 main.c 文件源代码如下。

```
#include "CW32F030.h"
#include "cw32_include.h"
#include "Coord.h"
int main(void)
{
  Coord_Init();//初始化所有外设
```

```
while(1)
    {
        Key_Coord_function();//按键追踪
    }
}
```

三、舵机控制

使用通用定时器 2 的通道 2 和通道 3 输出 50Hz（周期为 20ms）的 PWM 来控制舵机。GTIM2 的 PWM 初始化及控制代码如下。

```
void PWM_Init(void)
{
  RCC_AHBPeriphClk_Enable(RCC_AHB_PERIPH_GPIOA,ENABLE);
  RCC_APBPeriphClk_Enable1(RCC_APB1_PERIPH_GTIM2,ENABLE);

  PA01_AFx_GTIM2CH2();
  PA02_AFx_GTIM2CH3();

  GPIO_InitTypeDef GPIO_Initstructure;
  GPIO_Initstructure.IT=GPIO_IT_NONE;
  GPIO_Initstructure.Mode=GPIO_MODE_OUTPUT_PP;
  GPIO_Initstructure.Pins=GPIO_PIN_1;
  GPIO_Initstructure.Speed=GPIO_SPEED_HIGH;
  GPIO_Init(CW_GPIOA,&GPIO_Initstructure);

  GPIO_Initstructure.IT=GPIO_IT_NONE;
  GPIO_Initstructure.Mode=GPIO_MODE_OUTPUT_PP;
  GPIO_Initstructure.Pins=GPIO_PIN_2;
  GPIO_Initstructure.Speed=GPIO_SPEED_HIGH;
  GPIO_Init(CW_GPIOA,&GPIO_Initstructure);

  GTIM_InitTypeDef GTIM_Initstructure;
  GTIM_Initstructure.Mode=GTIM_MODE_TIME;
  GTIM_Initstructure.OneShotMode=GTIM_COUNT_CONTINUE;
  GTIM_Initstructure.Prescaler=GTIM_PRESCALER_DIV64;
  GTIM_Initstructure.ReloadValue=20000-1;
  GTIM_Initstructure.ToggleOutState=DISABLE;
  GTIM_TimeBaseInit(CW_GTIM2,&GTIM_Initstructure);

  GTIM_OCInit(CW_GTIM2,GTIM_CHANNEL2,GTIM_OC_OUTPUT_PWM_LOW);
  GTIM_OCInit(CW_GTIM2,GTIM_CHANNEL3,GTIM_OC_OUTPUT_PWM_LOW);

  GTIM_ITConfig(CW_GTIM2,GTIM_IT_OV,ENABLE);
  GTIM_Cmd(CW_GTIM2,ENABLE);
}
/*******************************************
底部舵机控制
形参：占空比设置
*******************************************/
void GTIM2_Low_SetCompare(uint16_t value)
{
  GTIM_SetCompare2(CW_GTIM2,value);
}
/*******************************************
顶部舵机控制
形参：占空比设置
*******************************************/
void GTIM2_High_SetCompare(uint16_t value)
{
    GTIM_SetCompare3(CW_GTIM2,value);
}
```

四、外设初始化

工程所用到的所有初始化外设的函数代码如下。

```
void Coord_Init(void)
{
    OLED_Init();
    LED_Buzzer_Init();
```

```
    Key_Init();
    Uart_Init();
    PWM_Init();
    GTIM2_Low_SetCompare(1000);
    GTIM2_High_SetCompare(1600);
    Delay_ms(200);
    GTIM_Cmd(CW_GTIM2,DISABLE);
    LED_Buzzer_OFF();
}
```

五、按键切换功能

按下按键 1，开启定时器，一键启动追踪功能。按下按键 2，关闭定时器，系统暂停工作，同时关闭蜂鸣器。在 OLED 的第 1 行、第 14 列显示当前状态。

按键控制代码如下。

```
void Key_Coord_function(void)
{
    if(Key_num()==1)
    {
        GTIM_Cmd(CW_GTIM2,ENABLE);
        Tracking_Color();
    }
    else if(Key_num()==2)
    {
        GTIM_Cmd(CW_GTIM2,DISABLE);
        LED_Buzzer_OFF();
    }
    OLED_ShowNum(1,14,Key_num(),1);
}
```

六、获取红斑和绿斑的坐标

因为在 OpenMV 中得到的红斑和绿斑的坐标可能会超过变量最大值，所以将它的个位、十位、百位分开发送。在 CW32 端接收到之后将它存于数组中，使用时再组合在一起。

坐标读取代码如下。

```
/*******************************************
获取红斑 x 坐标
返回值：x 坐标
*******************************************/
uint16_t Receive_Coord_X_Red(void)
{
    uint16_t Coord_X;
    Coord_X=Rx_Data[0]*100+Rx_Data[1]*10+Rx_Data[2];
    return Coord_X;
}
/*******************************************
获取红斑 y 坐标
返回值：y 坐标
*******************************************/
uint16_t Receive_Coord_Y_Red(void)
{
    uint16_t Coord_Y;
    Coord_Y=Rx_Data[3]*100+Rx_Data[4]*10+Rx_Data[5];
    return Coord_Y;
}
/*******************************************
获取绿斑 x 坐标
返回值：x 坐标
*******************************************/
uint16_t Receive_Coord_X_Green(void)
{
    uint16_t Coord_X;
    Coord_X=Rx_Data_Green[0]*100+Rx_Data_Green[1]*10+Rx_Data_Green[2];
    return Coord_X;
}
/*******************************************
获取绿斑 y 坐标
返回值：y 坐标
```

```
******************************************/
uint16_t Receive_Coord_Y_Green(void)
{
  uint16_t Coord_Y;
  Coord_Y=Rx_Data_Green[3]*100+Rx_Data_Green[4]*10+Rx_Data_Green[5];
  return Coord_Y;
}
```

七、卡尔曼滤波

使用一维卡尔曼滤波来滤掉接收数据中的噪声，让坐标波形更加平滑。卡尔曼滤波算法的代码实现如下。

```
/******************************************
卡尔曼滤波滤 x 坐标
返回值：x 坐标
形参：x 坐标
******************************************/
uint16_t Kalman_X(uint16_t Coord_Now_X)
{
  Coord_X.Z_mearure = Coord_Now_X;

  Coord_X.X_mid = Coord_X.X_last;
  Coord_X.P_mid = Coord_X.P_last + Coord_X.Q;

  Coord_X.Kg = Coord_X.P_mid/(Coord_X.P_mid+Coord_X.R);//卡尔曼增益
  Coord_X.X_now = Coord_X.X_mid + Coord_X.Kg*(Coord_X.Z_mearure-Coord_X.X_mid);//最优估计值
  Coord_X.P_now = (1 - Coord_X.Kg)*Coord_X.P_mid;

  Coord_X.X_last = Coord_X.X_now;
  Coord_X.P_last = Coord_X.P_now;

  return Coord_X.X_now;
}
/******************************************
卡尔曼滤波滤 y 坐标
返回值：y 坐标
形参：y 坐标
******************************************/
uint16_t Kalman_Y(uint16_t Coord_Now_Y)
{
  Coord_Y.Z_mearure = Coord_Now_Y;

  Coord_Y.X_mid = Coord_Y.X_last;
  Coord_Y.P_mid = Coord_Y.P_last + Coord_Y.Q;

  Coord_Y.Kg = Coord_Y.P_mid/(Coord_Y.P_mid+Coord_Y.R);//卡尔曼增益
  Coord_Y.X_now = Coord_Y.X_mid + Coord_Y.Kg*(Coord_Y.Z_mearure-Coord_Y.X_mid);//最优估计值
  Coord_Y.P_now = (1 - Coord_Y.Kg)*Coord_Y.P_mid;

  Coord_Y.X_last = Coord_Y.X_now;
  Coord_Y.P_last = Coord_Y.P_now;

  return Coord_Y.X_now;
}
```

八、颜色追踪控制

在颜色追踪控制中，只需要根据红斑和绿斑的坐标差值就可以判断绿斑相对于红斑的位置，比如该差值为正，那么绿斑就在红斑右边，差值为负则绿斑在红斑左边。然后通过差值的绝对值大小来控制舵机运动，调节每次增加或者减小的角度来进行运动追踪。

颜色追踪控制的代码如下。

```
/******************************************
颜色跟踪，利用坐标差值判断是否追踪成功
******************************************/
void Tracking_Color(void)
{
  OLED_ShowString(1,1,"Red_X:");
  OLED_ShowNum(1,7,Receive_Coord_X_Red(),3);
```

```
OLED_ShowString(2,1,"Gerrn_X:");
OLED_ShowNum(2,9,Receive_Coord_X_Green(),3);
OLED_ShowString(3,1,"Red_Y:");
OLED_ShowNum(3,7,Receive_Coord_Y_Red(),3);
OLED_ShowString(4,1,"Gerrn_Y:");
OLED_ShowNum(4,9,Receive_Coord_Y_Green(),3);

Difference_X=Receive_Coord_X_Green()-Receive_Coord_X_Red();//x轴差值
Difference_Y=Receive_Coord_Y_Green()-Receive_Coord_Y_Red();//y轴差值

if(Difference_X<5 && Difference_X>-5)//设定阈值
{
   GTIM2_Low_SetCompare(Angle_X);
}
else if(Difference_X<0)
{
   Angle_X-=2;
   Delay_ms(30);
   if(Angle_X<500){Angle_X=500;}
   GTIM2_Low_SetCompare(Angle_X);
}
else if(Difference_X>0)
{
   Angle_X+=2;
   Delay_ms(30);
   if(Angle_X>2500){Angle_X=2500;}
   GTIM2_Low_SetCompare(Angle_X);
}

if(Difference_Y<5 && Difference_Y>-5)
{
   GTIM2_High_SetCompare(Angle_Y);
}
else if(Difference_Y<0)
{
   Angle_Y-=2;
   Delay_ms(30);
   if(Angle_Y<500){Angle_Y=500;}
   GTIM2_High_SetCompare(Angle_Y);
}
else if(Difference_Y>0)
{
   Angle_Y+=2;
   Delay_ms(30);
   if(Angle_Y>2500){Angle_Y=2500;}
   GTIM2_High_SetCompare(Angle_Y);
}
if(Difference_Y<5 && Difference_Y>-5 && Difference_X<5 && Difference_X>-5)
{
   LED_Buzzer_ON();
}
else
{
   LED_Buzzer_OFF();
}
}
```

12.8　系统测试

整个系统硬件搭建完成后，需要花大量的时间在系统测试上。

12.8.1　测试方案设计

根据各个题目测试要求，在测试环节采用智能手机对规定动作进行计时，测试精度可达 0.01s。采用全长为 13cm 和全长为 100cm 的直尺进行距离测量。该设计对运动目标控制系统和自动追踪系统分别进行了 6 次测试，对每组运动时间、光斑距离等数据进行记录。

12.8.2 测试结果及分析

运动目标控制系统测试数据如表 12-5 所示。在该测试环节中，运动目标控制系统有效地实现了对红斑的复位控制，能够在 30s 内完成固定轨迹移动及循迹动作，并控制光斑距离小于 2cm，较好地完成了任务要求。

表 12-5 运动目标控制系统测试数据

次数	动作 1		动作 2			动作 3			动作 4		
	$S \leqslant 2cm$	是否符合	$T<30s$	$S \leqslant 2cm$	是否符合	$T<30s$	是否脱离	是否符合	$T<30s$	是否脱离	是否符合
1	1.06	√	29.02	1.02	√	28.73	否	√	28.66	否	√
2	1.23	√	28.53	1.32	√	29.64	否	√	29.75	否	√
3	1.08	√	28.61	0.96	√	28.02	否	√	29.56	否	√
4	1.55	√	29.11	1.05	√	28.74	否	√	28.01	否	√
5	1.06	√	28.62	0.89	√	29.67	否	√	28.84	否	√
6	1.72	√	29.22	1.46	√	28.04	否	√	29.89	否	√

注：S，红绿光斑的距离；T，任务完成时间。

自动追踪系统测试数据如表 12-6 所示。分析测试数据可知，自动追踪系统的绿色激光笔追踪时间均小于 2s，且在追踪过程中绿斑与红斑距离均小于 2cm，完全符合任务要求。

表 12-6 自动追踪系统测试数据

次数	动作 5			动作 6		
	$T<2s$	$S \leqslant 3cm$	是否符合	$T<2s$	$S \leqslant 3cm$	是否符合
1	1.78	0.82	√	1.04	0.53	√
2	1.56	0.45	√	1.26	1.95	√
3	1.62	2.51	√	1.78	1.67	√
4	1.81	1.84	√	1.64	0.94	√
5	1.68	1.39	√	1.82	2.04	√
6	1.75	1.25	√	1.63	0.99	√

注：S，红绿光斑的距离；T，任务完成时间。

12.9 比赛经验分享

本节是参赛队员的比赛经验分享。

12.9.1 赛前准备环节

全国大学生电子设计竞赛赛题会在比赛第一天公布，但参赛者及团队要在比赛前做好充足的准备，具备一定的理论基础、器件资源及实践经验。

一般情况下，在正式参加全国大学生电子设计竞赛以前，参赛者应通过专业课程或自学掌握一定的电子设计理论知识，包括电路原理、C 语言设计基础、嵌入式系统开发基础等。同时，组织好队伍并简单进行分工，以保证比赛期间开展良好的合作。在正式比赛前，可以登录"全国大学生电子设计竞赛培训网"官方网站，提前进行历年赛题的训练。组委会一般会在当年 2 月发布比赛通知，此后会在官网上发布竞赛系列直播、竞赛训练营、竞赛元器件及设备清单等，参赛团队应密切关注，随时了解相关信息。

另外，建议参赛团队在确定好应题方向后，有针对性地依据往年题目进行练习，一方面可以通过实战训练购置相关元器件，另一方面可以通过真实题目的训练积累解决问题的经验，以在有限的比赛时间内快速、有效地处理可能出现的问题。

参赛团队应在元器件清单公布后、比赛开始前，做好相关元器件的购买，以保证大赛期间具有充足的硬件资源及耗材。在比赛中用到的主流芯片一般为 51 单片机系列、MSP430 系列、32 位处理器、Arduino 系列。近年来主要使用的执行器有步进电机、直流减速电机、空心杯电机、舵机、三相无刷电机等，大都以电机为核心作为执行器。机械部分需要 2～5mm 的螺丝、螺母等，其中 3mm 的最常用。除此之外，在条件允许的情况下，实验室可配置一台 3D 打印机以实现赛题要求的机械装置。

12.9.2　比赛过程

正式比赛前一天，应提醒参赛队员合理分配时间，保证充足的休息以应对接下来 4 天 3 夜高强度工作的挑战。

一、第一天

比赛赛题一般会在比赛第一天早上公布，在此之后，参赛团队应充分讨论各题型关键技术及可能出现的问题，迅速确定最终选题，并做好队员之间的任务分工，以保证人力资源得到充分利用。

比赛初期，应对题目进行详细分析，确定设计方案及技术难点，统计所需元件，做好元件及耗材的选型及补充购置工作。其中，较为关键的环节是方案设计，一套有效、良好的技术方案能够规避大多数可能出现的技术问题。因此，比赛第一天不必急于动手，队员之间可充分讨论，尽量确定一套前期资源充足、符合队伍实力的合理解决方案。

二、第二天

根据所确定的技术方案，对材料进行整理，并利用已经具备的硬件资源设计出基本模型。本小组由于在前期准备中参赛队员针对 CW32F030 做了大量的训练，积累了较多的实战经验，因此在此次比赛中迅速确定将 CW32F030 作为主控 MCU；结合硬件资源及开发难易程度，确定使用 OpenMV 为视觉识别模块，用 MG995 舵机搭建二维简易云台以搭载激光笔。

三、第三天

准备好硬件部分的材料以及简单地搭建好场地，整理好所有思路，本小组开始全力攻克赛题。在前两天也在尝试做赛题，但只是顺着题目做了雏形、勾勒大概题目要求，精度与赛题要求尚相差较大。本小组逐渐进入状态，不断提高精度并尝试脱机调试，同时整理资料、撰写报告与测试方案。

四、第四天

整理所有的资料以及代码，开始准备完全脱机操作，实时跟进作品进度修改报告。完全脱机调试后，根据测试方案进行调试，最后更改场地的位置和光线的强弱进行脱机操作调试，作品很好地达到所选赛题要求。完成报告撰写后，整理个人资料，作品封箱。

五、思路历程

本小组在比赛过程中遇到的最大问题在脱机操作上，刚开始用固定坐标方式操作运动目标控制系统，让舵机云台采集每一个固定坐标并按照逻辑行动，以达到赛题要求。但在这个过程中舵机云台有一点移动，它所变现的坐标与之前表现的坐标相差甚远，所以系统对舵机云台位置的要求极高，另一个场地显然不可能百分百复刻。本小组便开始尝试调整思路，利用算法处理舵机云台反馈的坐标点，但始终达不到令人满意的精度效果。

经过反复测试、思考，本小组才找到灵感，决定在源头改变，不再利用舵机云台反馈坐标，利用 OpenMV 进行坐标定位并通过 MCU 记住坐标，这样可以让作品在更改场地的情况下随时确定坐标参数，再让舵机云台按照逻辑行动，从而达到赛题要求。

参考文献

[1] 黄智伟, 黄国玉. 全国大学生电子设计竞赛技能训练（第 3 版）[M]. 北京：北京航空航天大学出版社, 2020.

[2] 李胜铭, 王贞炎, 刘涛. 全国大学生电子设计竞赛备赛指南与案例分析——基于立创 EDA[M]. 北京：电子工业出版社, 2021.

[3] 宋凯, 王启松. 智能仪器设计基础（第 2 版）[M]. 北京：机械工业出版社, 2021.